T0074386

Polymer Engineering 3

Peter Eyerer
Helmut Schüle
Peter Elsner
(Hrsg.)

Polymer Engineering 3

Werkstoff- und Bauteilprüfung, Recycling, Entwicklung

2. Auflage

Hrsg.
Peter Eyerer
Fraunhofer-Institut für
Chemische Technologie
Pfinztal, Deutschland

Helmut Schüle
Campus Pirmasens
Hochschule Kaiserslautern
Pirmasens, Deutschland

Peter Elsner
Fraunhofer-Institut für
Chemische Technologie
Pfinztal, Deutschland

ISBN 978-3-662-59838-2   ISBN 978-3-662-59839-9   (eBook)
https://doi.org/10.1007/978-3-662-59839-9

Die Deutsche Nationalbibliothek verzeichnet diese Publikation in der Deutschen Nationalbibliografie; detaillierte bibliografische Daten sind im Internet über http://dnb.d-nb.de abrufbar.

Ursprünglich erschienen in einem Band unter Eyerer, Peter, Hirth, Thomas, Elsner, Peter (Hrsg.)

Springer Vieweg ist ein Imprint der eingetragenen Gesellschaft Springer-Verlag GmbH, DE und ist ein Teil von Springer Nature.
Die Anschrift der Gesellschaft ist: Heidelberger Platz 3, 14197 Berlin, Germany

Inhaltsverzeichnis

Prüfung von Kunststoffen und Bauteilen

Peter Eyerer

© Springer-Verlag GmbH Deutschland, ein Teil von Springer Nature 2020
P. Eyerer et al. (Hrsg.), *Polymer Engineering 3*, https://doi.org/10.1007/978-3-662-59839-9_1

1.1 Thermoplaste

1.1.1 Entstehung von Orientierungen und Eigenspannungen und ihre Untersuchungsmöglichkeiten

1.1.1.1 Einleitung

Bei der Verarbeitung von Kunststoffen zu Bauteilen treten infolge der Scherbeanspruchungen in der Schmelze beim Füllen der Form Orientierungen im Werkstoff auf. Es handelt sich hierbei um eine räumliche Ausrichtung von Molekülketten, daraus gebildeten kristallinen Einheiten wie Kristallite, Lamellen, Sphärolithe und Fibrillen, des Weiteren Füllstoffe wie Fasern sowie Materialinhomogenitäten wie Lunker und Crazes. Diese Orientierungen können reversibler oder irreversibler Natur sein und beeinflussen entscheidend die Werkstoff- und Bauteileigenschaften.

1.1.1.2 Entstehen von Orientierungen

Die Formgebung polymerer Werkstoffe kann in der Schmelze, im festen Zustand und im gasförmigen Zustand erfolgen. Die größte technische Bedeutung besitzt die Verarbeitung aus dem Schmelzezustand. Die wesentlichsten Verfahren sind hierbei das Spritzgießen und Extrudieren neben Pressen, Blasformen und anderen. Das polymere Material wird durch die mechanischen Beanspruchungen in der Schmelze ausgerichtet. Unter Berücksichtigung der strömungstechnischen und geometrischen Gegebenheiten treten Dehn- und Scherfelder auf, die zu lokalen Unterschieden in der Ausrichtung der Molekülketten und Füllstoffe führen. Die Abkühlbedingungen bestimmen, in welcher Weise die in der Schmelze vorliegenden Orientierungen eingefroren werden. Aufgrund nichtisothermer Bedingungen resultieren häufig Kern-Mantel-Strukturen und Strukturen mit einer komplexen Orientierungsverteilung.

Die Verarbeitung im festen Zustand erfolgt infolge Temperatur und mechanischer Beanspruchung im plastischen Deformationsbereich. Verfahren sind hier das Verstrecken, Thermoformen und andere.

Die Strukturbildung in der Gasphase führt durch Fehlen äußerer mechanischer Beanspruchungen zu orientierungsfreien Strukturen. Orientierungen lassen sich durch epitaktisches Aufwachsen der Schichten über den morphologischen Einfluss der Substratoberfläche erreichen, siehe als Beispiel die Gasphasenepitaxie (CVD).

1.1.1.3 Reversibilität der Orientierungen

Es ist zwischen reversiblen und irreversiblen Orientierungen zu unterscheiden. Die Reversibilität ist sowohl durch Energiebarrieren in der molekularen Beweglichkeit als auch durch strukturelle Aspekte wie Vernetzungen und Kristallisation begründet. Hinsichtlich der molekularen Beweglichkeit führt eine Zunahme von Temperatur und mechanischer Spannung zu Phänomenen der Orientierungsrelaxation und des Schrumpfens mit Änderungen der Bauteilgeometrie. Hierbei kann das Volumen konstant (Schrumpfen) oder aber auch verändert (Schwinden) werden.

1.1.1.4 Untersuchungen zu Orientierungen (Auswahl)

Je nach betrachtetem Strukturelement stehen für die Orientierungsanalyse unterschiedliche Methoden zur Verfügung, ◘ Tab. 1.1.

1.1.1.5 Eigenspannungen

Eigenspannungen sind Spannungen im Bauteil ohne Einwirkung äußerer Spannungen. Die Eigenspannungen befinden sich in einem statischen Gleichgewichtszustand und können sich wegen des Relaxationsvermögens infolge molekularer Beweglichkeit zeit- und temperaturabhängig abbauen. Eindiffundiertes Wasser kann über weichmachende Wirkung zu einem beschleunigten Abbau von Eigenspannungen führen.

Eigenspannungen sind unmittelbar nach ihrer Entstehung am größten und für das Bauteil am gefährlichsten. Ob Eigenspannungen zum Bruch führen, wird durch die Summe aus von außen einwirkenden Belastungen und sich abbauenden Eigenspannungen zu jedem Zeitpunkt in Abhängigkeit der Zeitstand- oder Zeit-Festigkeitskennlinie bestimmt.

1.1.1.6 Nachweis von Eigenspannungen

Nachfolgend werden die schrumpf- und die spannungsoptischen Untersuchungsmethoden näher diskutiert.

◘ Tab. 1.1 Untersuchungsmethoden zur Charakterisierung der Orientierungen (Auswahl)

Strukturelement	Methode
Molekülketten	Kernresonanzspektroskopie (NMR) IR-Dichroismus Polarisationslichtmikroskopie (Doppelbrechung)
Kristallit	Röntgenweitwinkelbeugung (WAXD)
Lamelle	Röntgenkleinwinkelbeugung (SAXS) Transmissionselektronenmikroskopie (TEM)
Sphärolith Fibrille	Polarisationslichtmikroskopie Rasterelektronenmikroskopie (REM)
Partikel (µm-Bereich) Fasern Lunker Crazes	Polarisationslichtmikroskopie Rasterelektronenmikroskopie (REM) TEM MRT Raster-Elektronen-Mikroskop Ultraschall

1.1.1.6.1 Schrumpfuntersuchungen

Durch temperaturabhängige Schrumpfuntersuchungen lässt sich für thermoplastische Werkstoffe im Temperaturbereich oberhalb der Glastemperatur die Wirkung entropieelastischer Rückstellkräfte durch Messung der Zeitabhängigkeit von

- Längenänderung bei konstanter Spannung (Schrumpfdehnung), ◘ Abb. 1.1 [1]
- Spannungsänderung bei konstanter Dehnung (Schrumpfspannung), ◘ Abb. 1.2 [1]

ermitteln.

Die Schrumpfdehnung (S) ist definiert als

$$S = 100\,\%(lo-l)/lo \tag{1.1}$$

mit l – Länge nach dem Schrumpfen und lo – Ausgangslänge.

1.1.1.6.2 Spannungsoptik

Eine Vorzugsrichtung der Molekülketten zeigt sich in einer optischen Anisotropie in Form des Brechungsindexes. Zum Nachweis der Doppelbrechung dienen z. B. Mikroskope mit einem Ehringhaus-Kompensator oder Polariskope. Sichtbares Licht (Wellenlänge 390 bis 790 nm) ist

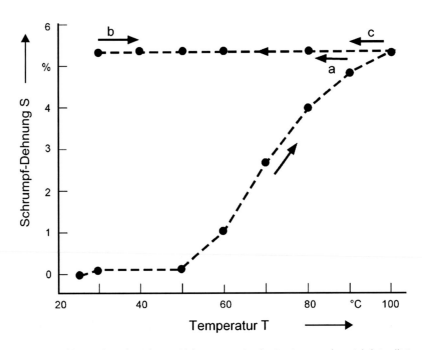

◘ Abb. 1.1 Temperaturabhängigkeit der Schrumpfdehnung von hochorientiertem, aber nichtkristallisiertem PET (nach U. Göschel [1])

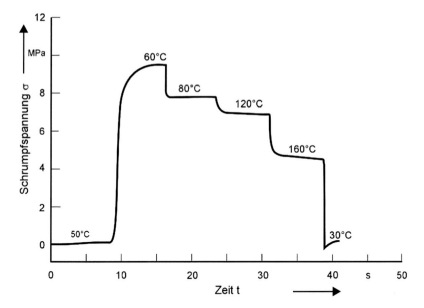

Abb. 1.2 Zeitabhängigkeit der Schrumpfspannung von hochorientiertem PET für verschiedene Temperaturen (nach U. Göschel [1])

eine elektromagnetische Welle, bei der sich ein elektrisches und ein magnetisches Feld, charakterisiert durch die elektrische ($\vec{E}$) und magnetische Feldstärke ($\vec{H}$), mit Lichtgeschwindigkeit ausbreitet.

Die Feldvektoren $\vec{E}$ und $\vec{H}$ stehen senkrecht aufeinander

und schwingen gleichphasig.

■ **Polariskop**

Ein Polariskop besteht aus einem Lichtkasten, in dem weißes Licht (Überlagerung verschiedener Wellenzüge ohne feste Phasenbeziehung) mit Glühlampen oder monochromatisches (einfarbiges mit gleicher Frequenz) Licht mit einer Natriumdampflampe erzeugt wird, zwei Polarisationsfilter (Polarisator und Analysator) und zwei λ/4 Platten. Durch den Polarisator wird das Licht linear polarisiert. Der $\vec{E}$-Vektor des Lichts schwingt in der Schwingungsebene, die durch den Polarisator vorgegeben wird (■ Abb. 1.3).

Mit dem Analysator wird der durch die Probe gegangene Strahl betrachtet. Die Durchlassrichtung von Polarisator und Analysator wird senkrecht zueinander gestellt, sodass ohne Probe ein Dunkelfeld entsteht (Auslöschung). Beim Durchgang durch die Kunststoffprobe wird die Lichtwelle mit Vektor $\vec{A}$ in zwei senkrecht zueinander schwingende Teilwellen mit den Komponenten $\vec{A}_1$ und $\vec{A}_2$ (Hauptebenen) zerlegt.

$$\vec{A} = \vec{A}_1 + \vec{A}_2 \tag{1.2}$$

Diese Teilwellen durchlaufen die Probe mit nachfolgenden Brechungsindizes (n_1, n_2) unter Berücksichtigung des Brechungsindexes des unverspannten Materials (n_0), den optischen Materialkonstanten (C_1, C_2) und den Hauptspannungen (σ_1, σ_2):

$$n_1 = n_0 + C_1\sigma_1 + C_2\sigma_2 \tag{1.3}$$

$$n_2 = n_0 + C_1\sigma_2 + C_2\sigma_1 \tag{1.4}$$

Der resultierende Laufzeitunterschied zwischen den beiden Teilstrahlen mit der Ausbreitungsgeschwindigkeit (c_1, c_2) bei gegebener Probendicke (d) beträgt:

$$\Delta t = t_1 - t_2 = d/c_0\,(n_1 - n_2) \tag{1.5}$$

Daraus folgt ein Gangunterschied (Δ):

$$\Delta = d\,(n_1 - n_2) \tag{1.6}$$

Der Analysator lässt nur Lichtwellen einer bestimmten Schwingungsrichtung durch. Der Gangunterschied $\Delta = \varphi\ \lambda)/2\pi$ (mit der Phasendifferenz φ) bewirkt, dass sich die horizontalen Komponenten der beiden Strahlen entweder addieren (Helligkeit) oder subtrahieren (Dunkelheit).

1

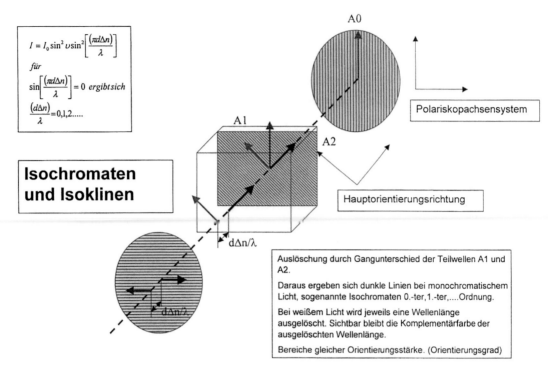

$$I = I_0 \sin^2 \upsilon \sin^2\left[\frac{(\pi d\Delta n)}{\lambda}\right]$$

für

$$\sin\left[\frac{(\pi d\Delta n)}{\lambda}\right] = 0 \; ergibt\, sich$$

$$\frac{(d\Delta n)}{\lambda} = 0,1,2.....$$

Isochromaten und Isoklinen

A0

Polariskopachsensystem

A1

A2

Hauptorientierungsrichtung

dΔn/λ

dΔn/λ

Auslöschung durch Gangunterschied der Teilwellen A1 und A2.

Daraus ergeben sich dunkle Linien bei monochromatischem Licht, sogenannte Isochromaten 0.-ter, 1.-ter, ...Ordnung.

Bei weißem Licht wird jeweils eine Wellenlänge ausgelöscht. Sichtbar bleibt die Komplementärfarbe der ausgelöschten Wellenlänge.

Bereiche gleicher Orientierungsstärke. (Orientierungsgrad)

Abb. 1.3 Wirkprinzip eines Polariskops mit Isochromaten und Isoklinen

Isoklinen Dunkle Linien, verbinden Orte gleicher Hauptspannungsrichtung. Gangunterschied (Δ) zwischen den Teilstrahlen ist proportional zur Differenz der Hauptspannungen, $\Delta = \sigma_1 - \sigma_2$.

Isochromaten Dunkle Linien bei Verwendung von monochromatischem Licht. Bei weißem Licht: Linien gleicher Orientierungsrichtung und Ordnung in gleicher Farbe (statt dunkel die Komplementärfarbe der ausgelöschten Wellenlänge). 0te Ordnung ist schwarz (Farbe fehlt), Abb. 1.4.

1.1.1.7 Spannungsrissbildung (s. a. Band 1)

Für den Nachweis von Eigenspannungen kann auch die Beurteilung des Spannungsrissverhaltens herangezogen werden, Tab. 1.2. Bei dieser Methode zeigt sich bei Einwirkung von Löse- und Benetzungsmitteln ein Auftreten von Rissen senkrecht zum Spannungsverlauf. Die Rissbildung wird durch die Phänomene Benetzung, Diffusion und Quellung bestimmt. Insbesondere Zugspannungen an der Oberfläche können eine Spannungsrissbildung in Verbindung mit einem Medieneinfluss fördern.

Nachfolgende Medien lösen eine Spannungsrissbildung aus:

1.1.2 Dynamisch-mechanische-Analyse (DMA) am Beispiel Torsionsschwingversuch

Hans-Christian Ludwig und Martin Keuerleber

1.1.2.1 Allgemeines

Die mechanischen Eigenschaften hochpolymerer Stoffe weisen eine wesentlich größere Temperaturabhängigkeit auf als die der Metalle. Dabei durchlaufen die Kunststoffe mehrere Zustände, in denen sie sich glasähnlich hart, kautschukähnlich weichelastisch oder flüssigkeitsähnlich plastisch verhalten. Durch Messung des Moduls und der Schwingungsdämpfung [2], z. B. im Torsionsschwingversuch [3], lassen sich die Temperaturbereiche dieser Zustände feststellen, da Modul und Schwingungsdämpfung sich in den Übergangsbereichen auf charakteristische Weise ändern. Solche dynamischen Messungen können auch in Zug-, Druck- oder Biegebeanspruchung erfolgen. Entsprechend der

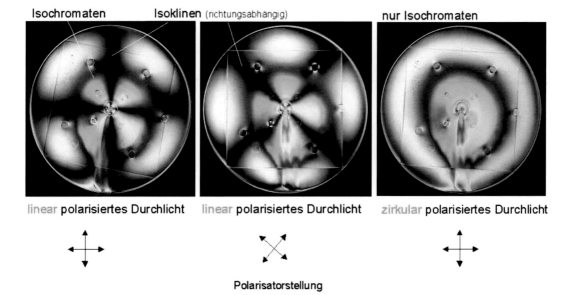

Isochromaten Isoklinen (richtungsabhängig) nur Isochromaten

linear polarisiertes Durchlicht linear polarisiertes Durchlicht zirkular polarisiertes Durchlicht

Polarisatorstellung

☐ **Abb. 1.4** Zentralangespritzte Kreisscheibe aus Polycarbonat PC

☐ **Tab. 1.2** Spannungsrissauslösende Medien (Beispiele)	
Material	**Medien**
PE, PP	Tenside, Alkohole, Äther, Silikonöle, Ketone, Ester
PS	Benzin, Äther, n-Heptan, Methanol, Ölsäure, Planzenöle
PVC	Methanol
PMMA	Alkohole, Glycerin, Benzol, Aceton
PC	Methanol, Isopropylalkohol

☐ **Tab. 1.3** Mögliche Messmethoden	
Single point	T, ω fest
Temperature sweep	$T_{Anfang} \rightarrow T_{Ende}, \omega$ fest
Frequency sweep	T fest, $\omega_{Anfang} \rightarrow \omega_{Ende}$
Temperature-frequency sweep	$T_{Anfang} \rightarrow T_{Ende};$ $\omega_{Anfang} \rightarrow \omega_{Ende}$

Werkstoffsteifigkeit und vorliegenden Probenform wird die Beanspruchungsform gewählt, z. B. werden dünne Folien auf Zug beansprucht. Es sind auch Messungen zu Vernetzungsreaktionen oder Viskositäten von Schmelzen möglich. Dann bezeichnet man die Geräte eher als Rheometer.

1.1.2.2 **Relaxationsspektrometer (erzwungene Schwingung)**

Heutzutage wird der Schubmodul meist mit Geräten ermittelt, die die Probe mit einer erzwungenen Schwingung anregen [3]. Geräte mit freier gedämpfter Schwingung werden nur noch selten eingesetzt, da die Messungen schlechter reproduzierbar und die Messdatenerfassung in der Regel nicht automatisiert erfolgen kann.

1.1.2.2.1 **Versuchsdurchführung**

Torsionsschwingversuche können an Proben mit rundem oder rechteckigem Querschnitt in verschiedenen Messmethoden durchgeführt werden, ☐ Tab. 1.3. Für den Ingenieur ist meist die Charakterisierung des Materialverhaltens durch den „temperature sweep" bei 1 Hz ausreichend. Aus einem temperature-frequency sweep kann eine Masterkurve bestimmt werden. Hiermit wird z. B. das Materialverhalten auch außerhalb der mit dem Gerät möglichen Prüffrequenzen errechnet. Die Gültigkeit einer solchen Kurve ist abzusichern.

In ☐ Abb. 1.5 ist der Versuchsaufbau für eine Rechteckprobe dargestellt. Die Probe wird mit einer definierten Frequenz sinusförmig ausgelenkt (über den mit der unteren Einspannung verbundenen Motor) und der zeitliche Verlauf des resultierenden Torsionsmomentes am Aufnehmer der oberen Einspannung, die Antwort

1

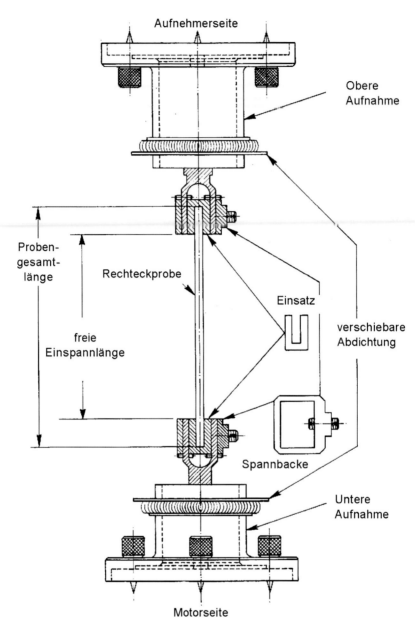

Aufnehmerseite

Obere
Aufnahme

Proben-
gesamt-
länge

Rechteckprobe

Einsatz

verschiebare
Abdichtung

freie
Einspannlänge

Spannbacke

Untere
Aufnahme

Motorseite

◘ **Abb. 1.5**   Probenanordnung für Torsionsschwingversuch an einer Rechteckprobe [4]

der Probe auf die erzwungene Auslenkung, gemessen.

Der zeitliche Verlauf des Torsionsmoments unterscheidet sich zu dem der erzwungenen Schwingung. Daraus lässt sich die Phasenverschiebung δ ermitteln. Aus dem Torsionsmoment wird der Betrag des komplexen Schubmoduls berechnet.

Der komplexe Schubmodul $\underline{G}$ beinhaltet den Speicherschubmodul G' und Verlustschubmodul G'', die von der Phasenverschiebung δ abhängen.

Die Phasenverschiebung δ stellt den mechanische Verlustfaktor dar.

Sämtliche Berechnungen erfolgen bei den erhältlichen Geräten [5–7] mit einer umfangreichen Steuerungs- und Auswertungssoftware. Die Herleitung erfolgt in den folgenden Unterkapiteln.

Der Zusammenhang von Schubmodul $\underline{G}$ und Speicherschubmodul G' sowie Verlustschubmodul G'' ist in ◘ Abb. 1.6 dargestellt. Der Schubmodul $\underline{G}$ ist als komplexe Größe in einem Diagramm aufgetragen. Mit der Phasenverschiebung δ können

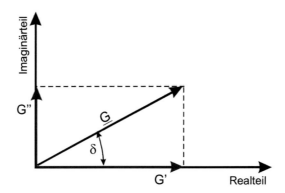

◘ Abb. 1.6   Zusammenhang von Schubmodul $\underline{G}$ und Phasenverschiebung δ

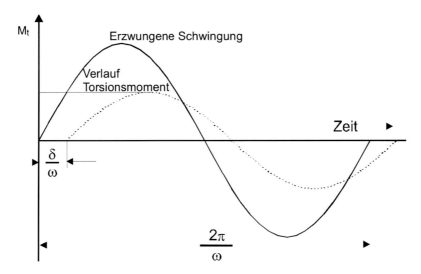

◘ Abb. 1.7   Verlauf des Torsionsmoments M_t und der erzwungenen Schwingung

nun Speicherschubmodul G' und Verlustschubmodul G'' grafisch bestimmt werden. Mit steigender Phasenverschiebung δ steigt der Anteil des Verlustschubmoduls G''. Eine große Phasenverschiebung tritt insbesondere bei viskosen Materialien auf, die eine hohe Dämpfung besitzen, siehe hierzu ► Gl. 1.21.

1.1.2.2.2 Versuchsergebnisse und deren Auswertung

Aufgrund des viskoelastischen Verhaltens polymerer Werkstoffe tritt zwischen erzwungener Schwingung und dem gemessenen Verlauf des Torsionsmoments eine Phasenverschiebung δ auf, ◘ Abb. 1.7.

Anhand der Phasenverschiebung können die Werkstoffe klassifiziert werden:

$\delta \cong 0$ - rein elastisch
$\delta \cong \frac{\pi}{2}$ - rein viskos
$0 < \delta < \frac{\pi}{2}$ - viskoelastisch

Aus dem gemessenen Torsionsmoment kann der Schubmodul $\underline{G}$ bestimmt werden.

- **Bestimmung des Schubmoduls eines geraden zylindrischen Stabs**

Wird das in ◘ Abb. 1.8 dargestellte Wellenstück mit einem Torsionsmoment M_t belastet, so ergibt sich eine Verdrehung zwischen unterer Fläche und oberer Fläche um den Winkel $d\phi$. Die Mantellinie AB geht in die Linie AB' über. Der ursprünglich rechte Winkel zwischen der Mantellinie und der Tangente A ändert sich um den Winkel γ, der als Schiebung bezeichnet wird.

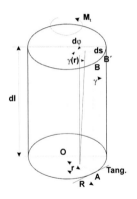

Abb. 1.8   Verformung eines Stabelementes

Aufgrund der geometrischen Verhältnisse ergeben sich folgende Beziehungen:

$$ds = rd\varphi \tag{1.7}$$

und

$$ds \approx dl \tan \gamma(r) \approx dl \gamma(r) \tag{1.8}$$

Daraus folgt

$$rd\varphi = \gamma(r) dl \tag{1.9}$$

Die Integration über die Stablänge liefert:

$$r \int_0^\varphi d\varphi = \gamma(r) \int_0^1 dl \tag{1.10}$$

$$r\varphi = \gamma(r) l' \tag{1.11}$$

Die Schiebung ergibt sich zu:

$$\gamma(r) = \frac{\varphi}{l} r \tag{1.12}$$

Die Schubspannung τ kann mithilfe der Elastizitätstheorie aus der Schiebung und dem Schubmodul $\underline{G}$ ermittelt werden:

$$\tau(r) = \underline{G}\gamma(r) = \frac{\underline{G}\varphi}{l} r \tag{1.13}$$

Für das Torsionsmoment gilt:

$$M_t = \underline{G}\frac{I_p}{l}\varphi \tag{1.14}$$

I_p: polares Trägheitsmoment (von der Geometrie abhängig)
Daraus ergibt sich für den Verdrehwinkel:

$$\varphi = \frac{M_t l}{\underline{G}I_p} \tag{1.15}$$

- **Bestimmung des Schubmoduls eines geraden Stabs mit rechteckigem Querschnitt**

Für die Torsion eines Stabes mit rechteckigem Querschnitt ergeben sich aufgrund der Verdrehung Verwölbungen. Im Falle unbehinderter Verwölbung gilt die Theorie von de Saint-Vénant.

Die Schiebung berechnet sich nach:

$$\gamma = K_\gamma \varphi \tag{1.16}$$

K_γ Konstante für Geometrie; γ-Wahl in Software: $\gamma \cdot 100 = \%$ Drehung

$$K_\gamma = \frac{T}{L}\left[1 - 0.378\left[\frac{T}{W}\right]^2\right] \tag{1.17}$$

T = Dicke, W = Breite, L = Länge
Die Schubspannung berechnet sich nach:

$$\tau = MK_\tau \tag{1.18}$$

$$K_\tau = 1000\left[\frac{3 + 1.8\left[\frac{T}{W}\right]}{WT_2}\right]G_c \tag{1.19}$$

Bei Torsion an rechteckigen Proben tritt im Gegensatz zu runden Proben eine Schiebung γ in zwei Ebenen auf. Es treten Schubspannungen auf, die als Richtung die Achse besitzen, um die tordiert wird. **Abb. 1.9** veranschaulicht dies. Wird die Probe um die 1-Achse tordiert, so treten in der 12- und 13-Ebene Schiebungen auf. In der 32-Ebene treten keine Schiebungen auf.

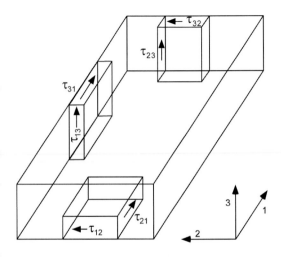

Abb. 1.9   Definition der Schubspannungen

Die Querschnitte in den beiden Flächen der Rechteckprobe parallel zur 32-Ebene werden verdreht und nicht verschoben.

1.1.2.3 Theoretische Betrachtungen des dynamischen Schwingversuchs

Bei sinusförmiger Anregung und kleiner Amplitude lässt sich der Spannungs- und Dehnungsverlauf wie folgt darstellen:

$$\sigma = \sigma_0 \cos \omega t \tag{1.20}$$

$$\varepsilon = \varepsilon_0 \cos (\omega t - \delta) \tag{1.21}$$

σ_0, ε_0: Amplitudenwerte; ω: Frequenz; t: Zeit, δ: Phasenverschiebung

Sinusförmige Schwingungsvorgänge werden in komplexer Schreibweise dargestellt. Für die Spannungen und Dehnungen gilt dann

$$\underline{\sigma} = \sigma_0\, e^{i\,(\omega t)} \tag{1.22}$$

$$\underline{\varepsilon} = \varepsilon_0 e^{i\,(\omega t - \delta)} \tag{1.23}$$

mit

$$e^{i\,(\omega t)} = \cos \omega t + i \sin \omega t \tag{1.24}$$

Der Querstrich unter dem Symbol kennzeichnet σ und ε als komplexe Größen. Der komplexe Elastizitätsmodul $\underline{E}$ wird entsprechend dem Hookeschen Gesetz als Quotient aus komplexer Spannung σ und komplexer Dehnung ε definiert (der komplexe Schubmodul ist analog definiert als Quotient aus komplexer Schubspannung τ und komplexer Schiebung γ):

$$\underline{E} = \frac{\underline{\sigma}}{\underline{\varepsilon}} \tag{1.25}$$

$$\underline{E} = \frac{\sigma_0 e^{i\omega t}}{\varepsilon_0 e^{i(\omega t - \delta)}} = |\underline{E}| e^{i\delta} = E' + iE'' = E'(1 + id) \tag{1.26}$$

Der Realteil E' ist ein Maß für die bei schwingender Beanspruchung im Werkstoff gespeicherte wiedergewinnbare Arbeit. Er wird deshalb als Speichermodul bezeichnet. Der Imaginärteil E'' ist ein Maß für die bei jeder Schwingung in Wärme umgewandelte dissipierte Energie und wird als Verlustmodul bezeichnet.

Der Quotient

$$d = \frac{E''}{E'} = \left[\frac{|\underline{E}| i \sin \delta}{|\underline{E}| i \cos \delta}\right] = \tan \delta \tag{1.27}$$

ist ein Relativmaß für die Energieverluste bei der Schwingung, der mechanische Verlustfaktor. Statt der genormten Ausdrücke Verlustfaktor oder Verlustmodul hieße es besser: d Dissipationsfaktor oder E'' Dissipationsmodul.

$$\text{Der Betrag } |\underline{E}| = E = \sqrt{E'^2 + E''^2} = \frac{\sigma}{\underline{\varepsilon}} = \frac{\sigma_0}{\varepsilon_0} e^{i\delta} \tag{1.28}$$

wird als absoluter Modul bezeichnet.

Bei sehr geringer Dämpfung – also für $d << 1$ – ist

$$E = \underline{E} \approx E' \tag{1.29}$$

Für isotrope Werkstoffe lässt sich aus dem ermittelten Speichermodul G' näherungsweise der E-Modul nach folgender Formel berechnen.

$$E' = 2G'(1 + \mu) \tag{1.30}$$

μ Querkontraktionszahl.

Im Glaszustand ist $\mu \approx 1/3$, im gummielastischen Zustand $\approx 1/2$. Für nicht isotrope Werkstoffe, z. B. kurzglasfaserverstärkte spritzgegossene Thermoplaste mit orthotropem Verhalten, kann der E-Modul nicht aus dem Schubmodul bestimmt werden.

1.1.2.4 Das Voigt-Kelvin-Modell

Das oben formal beschriebene Verhalten lässt sich am Voigt-Kelvin-Modell veranschaulichen, ◘ Abb. 1.10 (siehe ausführlicher ► Abschn. 1.1.6.3.2). Hier wird das elastische Verhalten durch die Hookesche Feder E' und das viskose Verhalten durch eine Öldämpfer E'' dargestellt.

Für E' gilt dann das Hookesche Gesetz

$$\sigma' = E'\varepsilon \tag{1.31}$$

σ' = Spannung; E' = Speichermodul; ε = Dehnung

und für das viskose Verhalten das Newtonsche Gesetz

$$\sigma'' = \eta\dot{\varepsilon} = \eta \frac{d\varepsilon}{dt} \tag{1.32}$$

1

$\sigma'' =$ durch Viskosität erzeugte Spannung;
$\dot{\varepsilon} =$ Verformungsgeschwindigkeit;
$\eta =$ Viskosität

Im Allgemeinen entspricht η der dynamischen Viskosität eines Werkstoffs. Durch die Art der Kopplung des Voigt-Kelvin-Modells, ◐ Abb. 1.10, ergeben sich für die beiden Elemente Feder (E') und Dämpfer (E'') die gleiche Dehnung, also

$$\varepsilon = \varepsilon' = \varepsilon'' \tag{1.33}$$

Die Einzelspannungen hingegen addieren sich und ergeben:

$$\sigma = \sigma' + \sigma'' \tag{1.34}$$

(1.31) und (1.32) in (1.34) eingesetzt

$$\sigma = E'\varepsilon + \eta\dot{\varepsilon} \tag{1.35}$$

(1.22) und (1.23) in (1.35) eingesetzt

$$\sigma_0 e^{i\omega t} = E' + \varepsilon_0 e^{i(\omega t - \delta)} + i\eta\omega\varepsilon_0 e^{i(\omega t - \delta)} \tag{1.36}$$

$$\sigma_0 e^{i\omega t} = \left(E' + i\omega\eta\right)\varepsilon_0 e^{i(\omega t - \delta)} \tag{1.37}$$

daraus folgt mit ▶ Gl. (1.26)

$$\left(E' + i\omega\eta\right) = \frac{\sigma_0 e^{i\omega t}}{\varepsilon_0 e^{i(\omega t - \delta)}} = \frac{\sigma_0}{\varepsilon_0}e^{i\delta} = \underline{E} \tag{1.38}$$

Der Koeffizientenvergleich zwischen ▶ Gl. (1.26) und (1.38) ergibt:

$$\omega\eta = E'' \tag{1.39}$$

Der E-Modul der Feder stellt den Speichermodul E' dar, während der Ausdruck $\omega\eta$ dem Verlustmodul E'' entspricht.

1.1.2.5 Messergebnisse und Diskussion

◐ Abb. 1.11 und 1.12 zeigen den Verlauf von G', G'' und $\tan\delta$ in Abhängigkeit von der Temperatur bei einer konstanten Frequenz von 1 Hz.

Bei amorphen Kunststoffen ist der Schubmodul G' bis knapp unter die Glastemperatur nur schwach von der Temperatur abhängig. Im

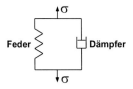

◐ **Abb. 1.10** Voigt-Kelvin-Modell

Glaszustand sind die langen Molekülketten eingefroren. Konformationsänderungen sind nicht möglich. Lediglich die Nebenvalenzabstände und die Valenzwinkel können sich ändern und zur Verformung beitragen. Bei den meisten amorphen Kunststoffen treten im Glaszustand sekundäre Dispersionsgebiete auf. Das sekundäre Dispersionsgebiet (auch Nebenrelaxationsgebiet genannt) wird auf die Bewegung einzelner Kettenstücke zurückgeführt. Diese ist im Wesentlichen durch die intramolekulare Wechselwirkung längs der polymeren Kette beeinflusst. Die amorphen Thermoplaste liegen bei Raumtemperatur im Glaszustand vor. Im Erweichungsgebiet sinkt der Schubmodul innerhalb eines kleinen Temperaturbereichs um mehrere Zehnerpotenzen. Ursache dieses Hauptdispersions- oder Hauptrelaxationsgebiets ist das „Auftauen" von Bewegungsfreiheiten der Hauptkette, sodass Segmentrotationen, Kettenkurbelbewegungen und ähnliches möglich werden. Hierbei spielen die zwischenmolekularen Wechselwirkungen eine wesentliche Rolle. Glasübergangstemperaturen lassen sich mittels dynamisch-mechanischer-Analyse (DMA) sehr viel besser ermitteln als mit dynamischer Differenzkalorimetrie (DDK, engl. DSC), mit der z. B. der Schmelzbereich besser untersucht werden kann. Charakteristisch für den weichelastischen Zustand ist die volle Ausbildung der Mikrobrownschen Bewegung. In diesem Zustand ändern alle Moleküle unter dem Einfluss der Wärmebewegung permanent ihre Gestalt. Bei der Fließtemperatur geht der Stoff in den Zustand des plastischen Fließens über. In diesem Zustand gleiten die Molekülketten segmentweise aneinander ab.

Bei den teilkristallinen Kunststoffen wird beim Erwärmen von tiefen Temperaturen nach dem glasartigen Zustand und dem Überschreiten des Erweichungsgebiets ein zähelastischer Zustand erreicht. Der Übergang ist durch ein Nebendispersionsgebiet und durch eine merkliche Abnahme des Schubmoduls G' gekennzeichnet, die sich stärker als im Glaszustand bemerkbar macht. Der Abfall des Schubmoduls kann in diesem Gebiet durch eine kurbelwellenartige Rotationsbewegung eines Kettenbausteins um seine angrenzenden C-C-Bindungen erklärt werden. Ein nichtkristalliner Stoff verliert dadurch an Steifigkeit und Festigkeit und mit steigender Temperatur fällt der Schubmodul sehr

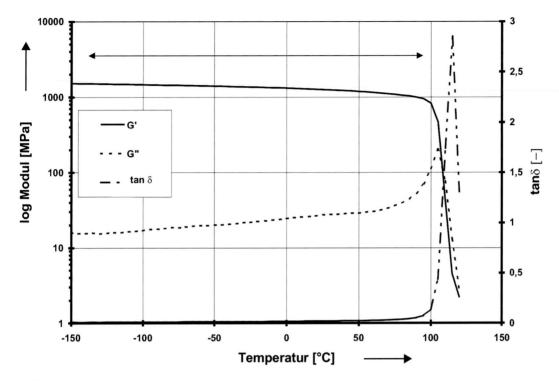

■ **Abb. 1.11**   Messergebnisse für Polystyrol

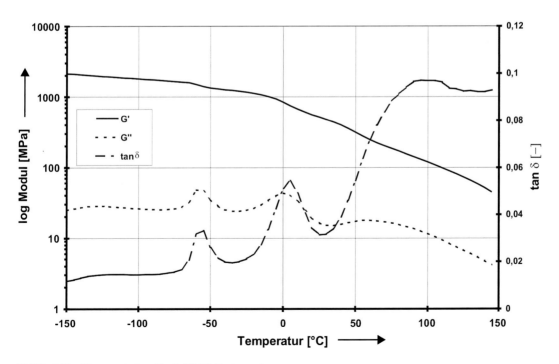

■ **Abb. 1.12**   Messergebnisse für ein PE-PP-Blockcopolymer

1

steil ab (wie bei Polystyrol in ◧ Abb. 1.11). Bei einem kristallinen Stoff bleibt der Zusammenhalt dagegen bestehen, solange noch kristalline Strukturen vorhanden sind. Die Existenz solcher, verhältnismäßig starrer Strukturen verhindert eine ausgeprägte Gummielastizität wie bei amorphen Kunststoffen oberhalb von T_g. Mit steigender Temperatur erweichen mehr und mehr Kristallite, und der Schubmodul sinkt zunächst langsam und dann immer schneller ab (Hauptdispersionsgebiet), bis beim Aufschmelzen der letzten Kristallite der Fließzustand erreicht ist.

Die in ◧ Abb. 1.12 dargestellten Messergebnisse wurden an einem PE-PP-Blockcopolymer ermittelt. Dieses Copolymer zeigt zwei Glastemperaturen und zwei Schmelztemperaturen, wobei die Schmelztemperatur von PP aufgrund der niedrigen Steifigkeit nicht mehr im Versuch gemessen werden konnte.

1.1.3 Kunststoffe im Zugversuch

Guntmar Rüb

1.1.3.1 Einleitung

Kunststoffe zeigen bei mechanischer Beanspruchung im Vergleich zu den meisten anderen Werkstoffen ein besonders stark ausgeprägtes viskoelastisches Verhalten. Das Zusammenwirken elastischer und viskoser Komponenten hat zur Folge, dass Kenngrößen wie z. B. der E-Modul, der Schubmodul oder die Zugfestigkeit nicht nur von der Temperatur, sondern auch von der Beanspruchungsgeschwindigkeit und der Belastungsdauer abhängen.

Die Ursache hierfür ist eine verzögerte Gleichgewichtseinstellung, der durch äußere Krafteinwirkung ausgelenkten Kettensegmente bzw. Moleküle. Diese sogenannten Relaxationsprozesse hängen vor allem von der Struktur der Polymerwerkstoffe ab, d. h. der Kettenbeweglichkeit, die durch physikalische oder chemische Bindungen, sperrige Seitengruppen oder behinderte Drehbarkeit der Hauptkette usw. bestimmt wird.

Haben Umlagerungsmechanismen genügend Zeit zur Einstellung eines Gleichgewichtszustandes für die Spannungen, reagieren die Polymerwerkstoffe oft zäh und weich, sodass bei ein und derselben Anwendung bei verschiedenen

Temperaturen oder Beanspruchungsgeschwindigkeiten sprödes oder zähes Verhalten vorliegen kann.

Mittels geeigneter Prüfverfahren müssen dem Konstrukteur diejenigen Werkstoffkennwerte geliefert werden, die er für seinen Anwendungsfall benötigt.

Da die Eigenschaften der Kunststoffe stark von der Belastungsart, der Temperatur, der Belastungsgeschwindigkeit und der Belastungsdauer abhängig sind, lassen sich natürlich nur Eigenschaftswerte vergleichen, die unter gleichen Prüfbedingungen ermittelt wurden.

Die Versuche sind daher in internationalen Normen festgelegt, z. B.:

DIN EN ISO 178 Bestimmung der Biegeeigenschaften

DIN EN ISO 179 Bestimmung der Charpy-Schlagzähigkeit

DIN EN ISO 527 Bestimmung der Zugeigenschaften

DIN EN ISO 899 Bestimmung des Kriechverhaltens

DIN EN ISO 6603 Bestimmung der Durchstoßeigenschaften von Kunststoffen

1.1.3.2 Bestimmung der Zugeigenschaften

Der Zugversuch dient neben anderen mechanischen Versuchen zur Charakterisierung des Festigkeitsverhaltens eines steifen oder halbsteifen Werkstoffes bei quasi einachsiger (uniaxialer) Beanspruchung. Hier wird ein Prüfkörper in einer Prüfeinrichtung mit konstanter Geschwindigkeit verformt, ◧ Abb. 1.13. Die Geschwindigkeiten nach Norm liegen hier im Bereich von 1 bis 50 mm/min. Dabei werden kontinuierlich die Kraft und die Verlängerung des Prüfkörpers gemessen. Je nach Anwendungsfall, wenn z. B. Kennwerte für eine Crashsimulation ermittelt werden sollen, können aber auch deutlich höhere Geschwindigkeiten von z. B. 10 m/s oder höher interessant sein.

Als Prüfkörper für thermoplastische Werkstoffe werden die Schulterstäbe vom Typ 1A oder 1B verwendet, ◧ Abb. 1.14. Für Elastomere gibt es kleinere Schulterstäbe mit breiterer Schulter und für endlosfaserverstärkte Kunststoffe parallele Flachstäbe mit Aufleimern an den Einspannstellen. Selbstverständlich können auch andere Formen von Zugstäben geprüft werden. Ein

obere Einspannung

Feindehnaufnehmer

Probekörper

untere Einspannung

◘ Abb. 1.13   Eingespannter Schulterstab in der Zugprüfmaschine

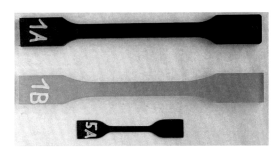

◘ Abb. 1.14   Einige Standardkörper für den Zugversuch nach DIN EN ISO 527–2 Typ 1 A, 1B und Typ 5

Vergleich der Ergebnisse ist dann jedoch sehr schwierig.

Ein Stab ohne Schulter oder ein Flachstab ohne Aufleimer bricht an der Einspannung, da hier die Belastung durch die zusätzliche Einspannung am größten ist. Bei Schulterstäben macht es natürlich wenig Sinn, die Verlängerung der Probe über die Einspannung, also den Traversenweg der Maschine, zu messen. Die Probe weist innerhalb der Einspannung, bedingt durch die Schulter, nicht denselben Querschnitt auf und wird sich somit über der Einspannlange nicht gleichmäßig dehnen. Deshalb werden für die Dehnungsmessung zusätzlich sogenannte Feindehnaufnehmer verwendet, die die Längenänderung im parallelen Querschnitt der Probe aufzeichnen. Der Abstand der beiden Fühler wird als Messlange L_0 bezeichnet und hat bei der Standardprobe, wie in ◘ Abb. 1.14 dargestellt, eine Länge von 50 mm.

Da die Probekörper, innerhalb gewisser festgelegter Toleranzen, unterschiedliche Dicken und Breiten haben können, wird, um die ermittelten Werte miteinander vergleichen zu können, die gemessene Kraft (F in [N]) in eine Spannung umgerechnet. Die Spannung wird bei Kunststoffen immer auf den Anfangsquerschnitt

(A_0 in [mm^2]) bezogen. Während des Versuches verkleinert sich jedoch der Probenquerschnitt, da sich die Probe einschnürt. Die wahre Spannung, die vom Probekörper ertragen wird, ist in Wirklichkeit also höher als die berechnete Spannung nach Norm.

$$\sigma = \frac{F}{A_0} [MPa]$$

Die Dehnung (ε) ist die auf die ursprüngliche Länge bezogene Änderung der Messlänge.

$$\varepsilon = \frac{\Delta L}{L_0} \cdot 100 [\%]$$

Der Zugversuch vermittelt anschaulich die Zusammenhänge zwischen wirkenden Kräften und den durch sie verursachten Deformationen. Er ist in der Norm DIN EN ISO 527 festgeschrieben. Hier sind auch die weiteren Prüfbedingungen festgelegt. Normalerweise wird bei Normalklima nach DIN EN ISO 291, also bei 23 °C und 50 % Luftfeuchte, geprüft. Selbstverständlich sind auch andere Klimabedingungen möglich. Die Probekörper müssen vor der Prüfung durch Lagerung im gewünschten Klima auf die Bedingungen konditioniert werden. Während des Versuches muss dann das gewünschte Klima konstant gehalten werden.

Die wichtigsten Kennwerte, ◘ Abb. 1.15, die man aus dem Zugversuch erhält, sind:
- Zugfestigkeit (maximale Spannung, die der Werkstoff aufnehmen kann)
- Bruchdehnung (maximale Verformung des Werkstoffes, bis der Bruch eintritt)
- E-Modul

Der E-Modul wird nach Norm bei einer Geschwindigkeit von 1 mm/min bestimmt. Die Normgeschwindigkeit zur Bestimmung der anderen Kennwerte ist werkstoffspezifisch

1

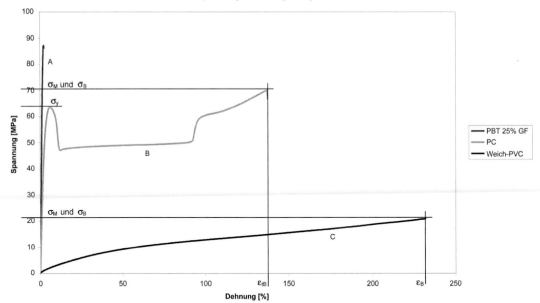

□ **Abb. 1.15** Typische Spannungs-Dehnungs-Kurven von Kunststoffen [8]: σ_Y Streckspannung, σ_M Zugfestigkeit, σ_B Bruchspannung, ε_M Dehnung bei Zugfestigkeit, ε_B Bruchdehnung. Beispiele für Kurven der Form A können Duroplaste, verstärkte Thermoplaste (hier: 25 % kurzglasfaserverstärktes PBT) oder sprödharte Thermoplaste (z. B. Polystyrol) sein. Die der Form B können unverstärkte reckbare Thermoplaste wie z. B. Polyethylen oder Polyamid (hier: Polycarbonat) sein. Kurvenform C können weiche Kunststoffe wie hier im Beispiel Weich-PVC oder auch Elastomere sein.

festgelegt und beträgt bei den meisten Thermoplasten 50 mm/min.

Der E-Modul ist die Steigung der Spannungs-Dehnungs-Kurve in einem festgelegten Abschnitt und somit ein Maß für die Steifigkeit des Werkstoffes nach Norm.

$$E = \frac{\sigma_2 - \sigma_1}{(\varepsilon_2 - \varepsilon_1) \cdot 100} \ [MPa] \ \text{mit} \ \varepsilon_1 = 0,05\,\%$$

$$\text{und} \ \varepsilon_2 = 0,25\,\%$$

Weitere Modularten sind der Tangentenmodul (E_T) und Sekantenmodul (ES), □ Abb. 1.16. Diese Moduln werden z. B. benötigt, um Spannungen oder Dehnungen bei kurzzeitiger Beanspruchung eines Bauteiles zu berechnen.

1.1.3.3 Einflüsse auf die Versuchsergebnisse

1.1.3.3.1 Prüfgeschwindigkeit und Temperatur

Die Prüfgeschwindigkeit und die Temperatur haben entgegengesetzte Wirkung auf das Festigkeitsverhalten von Kunststoffen. Bei erhöhter Temperatur oder geringerer Prüfgeschwindigkeit

vermindern sich der E-Modul und die Zugfestigkeit, während die zugeordneten Dehnungen zunehmen, □ Abb. 1.17. Als mechanisch äquivalentes Modell kann das Voigt-Kelvin Modell (siehe hierzu Band 1 oder □ Abb. 1.10), das aus einer Parallelschaltung eines Dämpfers und einer Feder besteht, dienen. Es ist auch dadurch erklärbar, dass die Molekülketten Zeit brauchen, um aneinander abzugleiten.

1.1.3.3.2 Struktur, Verstärkung, Verarbeitung und Nachbehandlung

Beim Weichmachungseffekt werden durch Einlagerung kleinerer Moleküle die Abstände der Molekülketten vergrößert, was ein Abgleiten der Ketten aneinander erleichtert. Dieser Weichmachungseffekt tritt z. B. bei Polyamid durch Wasseraufnahme auf. Deshalb ist es sehr wichtig, feuchtigkeitsempfindliche Kunststoffe vor der Prüfung durch Lagerung im Normalklima auf einen konstanten und definierten Feuchtigkeitsgehalt zu bringen. Technisch wird dieser Effekt bei PVC genutzt. Hier werden gezielt geeignete Weichmacher in den Kunststoff eingebracht, um ihn auf den Anwendungsfall hin zu modifizieren.

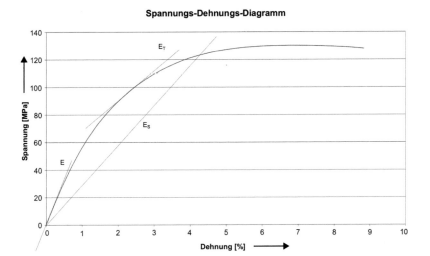

Abb. 1.16   E-Modul (E), Sekantenmodul E_S und Tangentenmodul (E_T) beim Zugversuch

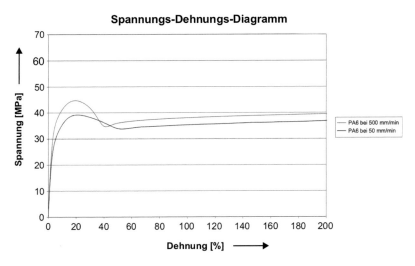

Abb. 1.17   Polyamid 6 im Zugversuch mit unterschiedlichen Geschwindigkeiten

Eine Veränderung der mechanischen Eigenschaften der Kunststoffe kann auch durch die Zugabe von Füllstoffen erfolgen. Hierzu werden bei thermoplastischen Kunststoffen häufig Glasfasern zur Verstärkung eingesetzt, siehe **Abb. 1.18.** Erfolgt die Herstellung des Kunststoffes im Spritzguss, so werden die Glasfasern bedingt durch die Verarbeitung stark in Fließrichtung der Schmelze orientiert. Die Verstärkungswirkung ist bei Glasfasern parallel zu den Fasern höher als senkrecht zu ihnen. Dadurch sind die im Zugversuch gemessenen Steifigkeiten und Zugfestigkeiten bei glasfaserverstärkten Kunststoffteilen parallel zur Fließrichtung generell auch höher als senkrecht dazu. Zu beachten ist, dass sich in faserverstärkten Bauteilen aufgrund einer anderen Orientierung der Glasfasern oder auch Bindenähten deutlich geringere Festigkeiten messen lassen, als zuvor am Normzugstab ermittelt oder im Datenblatt angegeben wurden.

Auch durch Verarbeitung entstandene Orientierungen (siehe hierzu ► Abschn. 1.1.1) können unter Umständen das Festigkeitsverhalten stark beeinflussen. Durch Nachkristallisation erhöht sich der Kristallisationsgrad des Kunststoffes und die Festigkeit sowie auch die Eigenspannungen steigen an. Dies kann zum einen Verzug der Probekörper zur Folge haben, aber auch die Bruchdehnung herabsetzen.

1

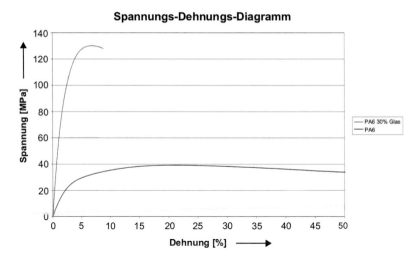

◘ Abb. 1.18   Einfluss von Glasfasern auf das Spannungs-Dehnungs-Verhalten von PA6

1.1.3.4 Probenherstellung

Die Probekörper können nach drei Verfahren hergestellt werden:

- Spritzguss: Es entstehen Orientierungen und Eigenspannungen.
- Pressen: Das polymere Granulat wird in einer Form aufgeschmolzen und abgekühlt. Spannungs- und orientierungsfreie isotrope Probekörper, aber langwieriger Prozess (→ viskositätsabhängig).
- Spangebend: Kann bei der Herstellung von Proben aus Halbzeugen oder Fertigteilen (Bauteilprüfung) angewandt werden. Zu beachten ist eine mögliche Anisotropie des Ausgangsmaterials sowie der Einfluss der Rautiefe (Mikrokerben) auf das Versagen der Probekörper.

1.1.3.5 Versuchsdurchführung

- Konditionierung der Probekörper
- Ausmessen der Probekörper (Breite, Dicke)
- Einspannen der Probe in die Zugprüfmaschine
- Anfahren der Vorkraft
- Versuchsstart: Belasten der Probe mit konstanter Traversengeschwindigkeit bis zum Bruch mit kontinuierlicher Aufzeichnung der Kraft-Weg-Kurve (durch die Prüfmaschine)
- Berechnen der Spannungs-Dehnungs-Kurve und der Kennwerte für die Probe
- Diskussion der Ergebnisse

1.1.3.6 Weitere gebräuchliche mechanische Prüfverfahren

1.1.3.6.1 Charpy-Schlagzähigkeit

Um die Schlagzähigkeit nach DIN EN ISO 179 zu bestimmen, wird der Probekörper, der als waagerechter Balken auf zwei Widerlagern liegt, in der Mitte mit einem einzelnen Schlag eines Pendels gebrochen. Das Pendel hat je nach Arbeitsvermögen eine Auftreffgeschwindigkeit von 2,9 oder 3,8 m/s. Die Schlagzähigkeit ist die beim Bruch aufgenommene Schlagarbeit bezogen auf den Anfangsquerschnitt des Probekörpers. Sie wird in Kilojoule je Quadratmeter angegeben (◘ Abb. 1.19).

Bei zähen Werkstoffen oder hohen Temperaturen kann es erforderlich sein, in die Probekörper eine definierte Kerbe einzuarbeiten, dass sie brechen. Je zäher ein Werkstoff, desto höher ist sein Arbeitsaufnahmevermögen und somit ist bei gleichem Probenquerschnitt seine Schlagzähigkeit ebenfalls größer.

1.1.3.6.2 Kugeldruckhärte

Das gängigste Verfahren zur Bestimmung der Härte von Kunststoffen ist der Kugeldruckversuch (DIN EN ISO 2039-1). Hier wird eine polierte und gehärtete Stahlkugel mit 5 mm Durchmesser und einer konstanten Prüfkraft in die Oberfläche des Probekörpers eingedrückt. Die Oberfläche des Eindrucks kann aus der

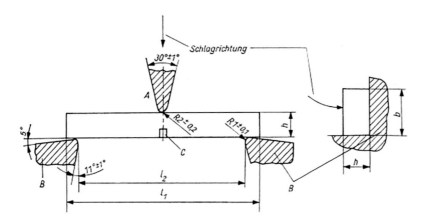

Abb. 1.19 Schlagbeanspruchung, Charpy-Anordnung [9] **b** Breite; **t** Dicke des Probekörpers; **A** Hammerschneide; **B** Widerlager; **C** Kerbe

Eindringtiefe der Kugel berechnet werden. Dabei ist die Kugeldruckhärte der Quotient aus der Prüfkraft und der Oberfläche des Eindruckes nach einer vorgegebenen Belastungsdauer (nach Norm: 30 s). Sie wird in Newton je Quadratmillimeter angegeben. Je härter ein Werkstoff ist, desto weniger dringt die Kugel in den Werkstoff ein. Die Kugeldruckhärte dieses Werkstoffes ist somit größer.

1.1.3.6.3 Durchstoßversuch

Beim Durchstoßversuch nach DIN EN ISO 6603 wird mit einem halbkugelförmigen Stoßkörper mit 20 mm Durchmesser eine flache Probe durchstoßen. Der Stoßkörper bewegt sich dabei mit konstanten 4,4 m/s durch die Probe hindurch. Gleichzeitig wird die Kraft und die Verformung aufgezeichnet. Das Prüfverfahren liefert eine ausführliche Beschreibung des mehrachsigen Stoßverhaltens rechtwinklig zur Ebene des Probekörpers.

1.1.4 Infrarotspektroskopie an Kunststoffen und Bauteilen

1.1.4.1 Einleitung

Die infrarote Strahlung, als ein Teil des elektromagnetischen Spektrums, schließt sich direkt an den Bereich des sichtbaren Lichts an und umfasst Wellenlängen zwischen 1 mm und 750 nm (**Abb. 1.20**). Anstatt der Wellenlänge λ wird in Spektren jedoch meist die

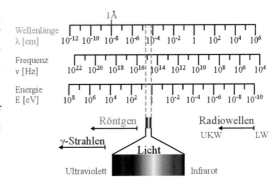

Abb. 1.20 Elektromagnetisches Spektrum

sogenannte „Wellenzahl" $\tilde{v} = \lambda - 1$ (Einheit cm^{-1}) angegeben. Durch Absorption von infraroter Strahlung können Atome in Molekülen zu Schwingungen angeregt werden. Voraussetzung für die Absorption von IR-Strahlung ist, dass mit der betreffenden Schwingung eine periodische Änderung des Dipolmoments verbunden ist.

In welchem spektralen Bereich bestimmte Gruppen im Molekül IR-Absorptionen verursachen, hängt von der Anregungsenergie der entsprechenden Schwingung ab. Die Anregungsenergie ist umso größer, je stärker die betrachtete Bindung und je kleiner die Masse der an einer Schwingung beteiligten Atome ist. Außerdem besitzen Schwingungen entlang einer Bindungsachse (Valenz- oder Streckschwingungen) eine höhere Energie als Schwingungen, bei denen lediglich die Bindungswinkel verändert werden (Deformationsschwingungen), die Bindungslänge jedoch unverändert bleibt.

1

1.1.4.2 Zuordnung von Absorptionsbanden

Die N Atome eines beliebigen Moleküls besitzen N Freiheitsgrade. Dies bedeutet, dass zur vollständigen Beschreibung der räumlichen Lage aller Atome N Koordinatenpunkte notwendig sind (die im völlig ruhenden, nicht schwingenden Molekül durch die Atomabstände und Bindungswinkel festgelegt sind). Bewegt sich ein solches Molekül, so werden zur Beschreibung der Translations- und Rotationsbewegung sechs Freiheitsgrade benötigt, da der Molekülschwerpunkt in je drei Richtungen Translationen und Rotationen ausführen kann. Für Atomschwingungen stehen demnach noch $3\,N - 6$ Freiheitsgrade zur Verfügung, oder, anders ausgedrückt, das N-atomige Molekül kann insgesamt $3\,N - 6$ „Normalschwingungen" ausführen[1]. Für Benzol (C_6H_6) beispielsweise sind demnach also 30 Normalschwingungen möglich, von denen allerdings nur solche Schwingungen IR-aktiv sind, die mit einer Änderung des Dipolmoments verbunden sind. Da aber zu diesen Normalschwingungen auch Oberschwingungen hinzukommen können und da sich Absorptionsbanden benachbarter Bindungen gegenseitig überlagern, ist die vollständige Analyse eines IR-Spektrums auch nur mäßig komplizierter Moleküle schwierig oder sogar unmöglich.

Bei jeder Normalschwingung bewegen sich auch die meisten anderen Atome des Moleküls in gewissem Ausmaß mit, während aber bei gewissen Schwingungsformen alle Atome annähernd dieselbe Verschiebung erfahren, ist bei anderen die Verschiebung einer bestimmten Gruppe von Atomen viel größer als die Verschiebung der restlichen Atome. Dies führt zur Unterteilung der Normalschwingungen bzw. ihrer spektralen Bereiche in die beiden Gebiete der „Gruppenfrequenzen" und der „Skelett-" oder „Molekülschwingungen".

In einem IR-Spektrum werden die Schwingungen für die wichtigsten Gruppen im Molekül organischer Moleküle im Bereich zwischen 4000 und 200 Wellenzahlen [cm^{-1}] wiedergegeben (entsprechend dem Wellenlängenbereich 2,5–50 µm). Dieser Bereich wird als mittleres Infrarot (MIR) bezeichnet und stellt den analytisch wichtigsten Bereich dar. Das Gebiet der Molekülschwingungen umfasst den Wellenzahlbereich von ungefähr 1300 bis 600 cm^{-1}. Da an diesen Schwingungen die Gesamtheit aller Atome, also das Molekül als Ganzes, beteiligt ist, wird die exakte Zuordnung der Absorptionsbanden sehr schwierig. Dagegen ist das Absorptionsspektrum in diesem Bereich charakteristisch für das betreffende Molekül, und ändert sich z. B. beim Ersatz eines einzigen Atoms durch ein anderes oft sehr deutlich. Man nennt aus diesem Grund den Bereich der Wellenzahlen von 1300–600 cm^{-1} das „Fingerprint"-(Fingerabdruck-) Gebiet eines IR-Spektrums. Im Wellenzahlbereich oberhalb 1300 cm^{-1} können Schwingungen als einigermaßen lokalisierte, ungekoppelte Normalschwingungen betrachtet und auf empirischem Weg – durch Vergleich der Spektren möglichst zahlreicher Verbindungen mit gemeinsamen Strukturelementen – gewissen Bindungen oder Atomgruppen zugeordnet werden. Zu diesen gehören in erster Linie die Bindungen der C-Atome mit H-, O-, S- oder Halogenatomen, (weil sich die aneinandergebundenen, die Schwingung ausführenden Atome bezüglich ihrer Massen genügend unterscheiden) sowie die Bindungen mit höheren Kraftkonstanten, wie Doppel- und Dreifachbindungen. Völlige Nichtkopplung von Schwingungen stellt jedoch einen seltenen Idealfall dar, d. h. die genaue Lage der Absorptionsbanden wird durchaus von der Umgebung der schwingenden Atome beeinflusst. Die Lage einiger IR-Absorptionsbanden zeigt ❐ Tab. 1.4.

Neben dem mittleren Infrarot existieren zwei Infrarotbereiche, das nahe IR und das ferne IR:

Im nahen Infrarot (NIR) zwischen 800 nm und 2,5 µm finden sich die höchstfrequenten Grundschwingungen sowie Oberschwingungen und Kombinationsschwingungen.

Das ferne Infrarot (FIR) reicht von 50 µm bis in den mm-Bereich (kurzwellige Mikrowellen). In diesem Bereich finden sich nur wenige, für die Grundlagenforschung freilich wichtige Absorptionen.

---

1   Dies gilt für ein nichtlineares Molekül. Im Falle eines linearen Moleküls entspricht der Rotation um die Bindungsachse keine Ortsveränderung der Atome, sodass Translation und Rotation nur 5 Freiheitsgrade beanspruchen und deshalb $3\,N{-}5$ Normalschwingungen möglich sind.

◻ **Tab. 1.4**   Lage einiger charakteristischer IR-Absorptionen

Bindung	Verbindung	Bereich der Wellenzahlen [cm^{-1}]	Bemerkungen
C-H	Alkane	2850–2960	C-H-Streckschwingung
		1350–1470	C-H-Beugeschwingung
		1430–1470	CH$_2$-Gruppe; C-H-Beuge-schwingung
		1375	-CH$_3$: sym. C-H-Beugeschwingung
	Olefine	3020–3080	C-H-Streckschwingung
	Aromatische Ringe	3000–3100	C-H-Streckschwingung
	Alkine	3300	C-H-Streckschwingung
C=C	Olefine	1640–1680	Wenn symmetrisch substituiert, IR-inaktiv
C≡C	Alkine	2150–2260	
C=C	Aromatische Ringe	1450–1600	Vier Banden; sehr charakteristisch
C-O	Alkohol, Ether, Carbonsäuren, Ester	1080–1300	Genaue Lage abhängig von Struktur der Bindung
C=O	Aldehyde, Ketone, Carbonsäuren, Ester	1690–1760	
O-H	Alkohole, Phenole (nicht assoziiert)	3590–3640	O-H-Streckschwingung (freies Hydroxyl)
	Alkohole, Phenole mit H-Brücken	3200–3600	
N-H	Amine	3300–3500 1550–1650	N-H-Streckschwingung N-H-Streckschwingung
≡C-F	Halogenide	1050	C-Halogen-Streckschwingung
≡C-Cl		730	
≡C-Br		600	
≡C-I		530	

1.1.4.3 **Absorptionsgesetze**

Jeder Absorptionsspektroskopie liegt das Bouguer-Lambert-Beersche Gesetz zugrunde. Wir denken uns ein isotropes Medium, z. B. eine Lösung oder ein Gas, das sich in einer Küvette mit planparallelen Platten befindet. Die Platten seien vollständig durchlässig für die Strahlung und die Reflexionen werden rechnerisch oder experimentell eliminiert. Der innere Abstand der Platten sei b [m], die Konzentration der absorbierenden Spezies im Medium sei c [mol m^{-3}]. Druck und Temperatur seien konstant. Nun werde die Küvette von senkrecht einfallendem Licht durchsetzt; seine ursprüngliche Intensität (in beliebiger Maßeinheit) sei I0,

seine Intensität beim Verlassen der Zelle sei I. Das Intensitätsgefälle längs der Strecke x ist proportional dem vom Licht zurückgelegten Weg x, wobei der Proportionalitätsfaktor sich zusammensetzt aus der Konzentration c der absorbierenden Spezies und deren besonderen Absorptionsvermögen α:

$$-\frac{dI}{dx} = \alpha cI \, (c = const.)$$

Durch Integration in den Grenzen I_0, $x = 0$ und I, $x = b$ wird

$$I = I_0 e^{-abc}$$

1

durch Logarithmieren und Umrechnen in den dekadischen
Logarithmus erhalten wir:

$$\ln \frac{I_0}{I} = abc$$

$$\log \frac{I_0}{I} = 2{,}303\,abc$$

und mit $\alpha = : 2{,}303a$

$$\log \frac{I_0}{I} = A = abc\,(I_0 \geq I)$$

Hierin ist a die *molare dekadische Absorptivität;* ihre SI-Einheit ist $m^2\,mol^{-1}$. A nennen wir die *Absorbanz* (engl. absorbance). Der Zahlenwert von a und bei gegebenem *bc,* in gleichem Maß der von A ist abhängig von der Wellenzahl der einfallenden Strahlung. Die Darstellung dieser Abhängigkeit nennen wir ein „Spektrum". Auf der Abszisse trägt man gewöhnlich $\tilde{v}$ auf. A kann alle Werte zwischen 0 und ∞ annehmen. Bei den üblichen Spektrometern erstreckt sich der Ordinatenmaßstab jedoch zwischen $T=0$ und $T=1$ (meist als „% Durchlässigkeit"; engl. *transmittance* bezeichnet) mit

$$T = \frac{I}{I_0}$$

1.1.4.4 Anwendungen

Das IR-Spektrum gehört zu denjenigen Eigenschaften einer organischen Substanz, die am meisten direkte Information über ihre Molekülstruktur liefert. Die Aufnahme eines IR-Spektrums ist darum heute – ebenso wie die Bestimmung des Schmelzpunktes – eine routinemäßig durchgeführte Untersuchung. Da Glas Infrarot stark absorbiert, verwendet man Küvetten aus NaCl oder CaF_2. Feste Stoffe werden mit KBr verrieben und zu einer klaren Tablette verpresst oder in Lösung spektroskopiert. Da jedoch alle Lösungsmittel im IR ebenfalls absorbieren, kommen für die Praxis nur solche Lösungsmittel infrage, welche, wie CS_2 oder CCl_4, im IR nur sehr wenige Absorptionsbanden zeigen. CS_2 und CCl_4 haben darüber hinaus den Vorteil, dass sie als unpolare Stoffe die gelösten Substanzen durch Solvatationseffekte nur wenig beeinflussen. Polymere lassen sich in Form von Dünnschnitten, Thermoplasten auch als dünne Folien (ca. 20 bis 100 μm dick) spektroskopieren, siehe ◻ Tab. 1.5, 1.6, 1.7, 1.8, 1.9, 1.10 sowie ◻ Abb. 1.21, 1.22, 1.23, 1.24, 1.25, 1.26 samt zugehöriger Interpretationen.

Glatte ebene Bauteiloberflächen lassen sich mithilfe der ATR-Methode (abgeschwächte Totalreflexion oder attenuated total reflexion) infrarotspektroskopisch erfassen. Die Untersuchung von Kunststoffen im Bauteil kann üblicherweise nur durch (zerstörende) Entnahme von Material erfolgen, wobei häufig kleinste Mengen ausreichen, die entweder gelöst und in die KBr-Tabletten verpresst oder als Dünnschnitt mit dem Mikrotom präpariert werden.

Die Anwendungen der IR-Spektroskopie sind derartig vielseitig, dass hier nur einige wenige Hinweise gegeben werden können. Häufig wird beispielsweise das Fortschreiten einer Reaktion

◻ **Tab. 1.5**   Polyethylen

Wellenlänge/cm^{-1}	Schwingungstyp	Interpretation
ca. 2950	-CH_3-Valenz	Gesättigter Kohlenwasserstoffrest
ca. 2920	-CH_2-Valenz	Gesättigter Kohlenwasserstoffrest
ca. 1500 bis 1400	-CH_3- und -CH_2-Deformation	Gesättigter Kohlenwasserstoffrest

◻ **Tab. 1.6**   Polypropylen

Wellenlänge/cm^{-1}	Schwingungstyp	Interpretation
ca. 2950	-CH_3-Valenz	Gesättigter Kohlenwasserstoffrest
ca. 2920	-CH_2-Valenz	Gesättigter Kohlenwasserstoffrest
ca. 1500 bis 1400	-CH_3- und -CH_2-Deformation	Gesättigter Kohlenwasserstoffrest

❑ Tab. 1.7   Polystyrol

Wellenlänge/cm^{-1}	Schwingungstyp	Interpretation
3100–3000	=C-H-Valenz-Aromat	Aromat
2950–2900	-CH$_2$- und -CH-Valenz	Gesättigter Kohlenwasserstoffrest
1900–1700 (4 Banden)	Aromat	Aronat
ca. 1600	Ringschwingung	Aromat
ca. 1500	Ringschwingung	Aromat
ca. 1470	-CH$_2$-Deformation	Gesättigter Kohlenwasserstoffrest
700–800 (2 Banden)	=C-H-Deformation	Monosubstituierter Benzen

❑ Tab. 1.8   PMMA

Wellenlänge/cm^{-1}	Schwingungstyp	Interpretation
ca. 3000	-CH$_3$- und -CH$_2$-Valenz	Gesättigter Kohlenwasserstoffrest
1700	-C = O-Valenz	Ester
1500–1450	-CH$_3$- und -CH$_2$-Deformation	Gesättigter Kohlenwasserstoffrest
1300–1100	-C-O-C-Valenz	Ester
700	-CH$_2$-Deformation	Gesättigter Kohlenwasserstoffrest

❑ Tab. 1.9   PA 6.6

Wellenlänge/cm^{-1}	Schwingungstyp	Interpretation
300	-N-H-Valenz	Amid
3000–2900	-CH$_2$-Valenz	Gesättigter Kohlenwasserstoffrest
1650	-C = O-Valenz	Amid (Amidbande I)
1550	-N-H-Deformation	Amid (Amidbande II)
1450–1400	-CH$_2$-Deformation	Gesättigter Kohlenwasserstoffrest
700	-CH$_2$-Deformation	Gesättigter Kohlenwasserstoffrest
300	-N-H-Valenz	Amid

❑ Tab. 1.10   POM

Wellenlänge/cm^{-1}	Schwingungstyp	Interpretation
3000–2900	-CH$_2$- Valenz	Gesättigter Kohlenwasserstoffrest
1500	-CH$_2$-Deformation	Gesättigter Kohlenwasserstoffrest
1200–900	-C-O-C-Valenz	Etherbindung
700	-CH$_2$-Deformation	Gesättigter Kohlenwasserstoffrest

oder einer chromatografischen Trennung dadurch verfolgt, dass in bestimmten Zeitabständen Proben entnommen und deren IR-Spektren aufgenommen werden. Bei der Oxidation eines Alkohols beispielsweise erscheint nach einiger Zeit die C=O-Bande, während die O-H-Bande verschwindet. IR-Spektren dienen häufig zum exakten Identitätsbeweis von Verbindungen. Dies ist besonders für den präparativ arbeitenden Chemiker wichtig, weil er damit entscheiden kann, ob bei einer bestimmten Reaktion das gewünschte Produkt entstanden ist oder ob Nebenprodukte auftreten und welche Substanzen dies sind. Wenn zwei Substanzen in verschiedener Weise miteinander reagieren können, lässt sich die Entscheidung, welche Reaktion tatsächlich abgelaufen ist, unter Umständen durch die IR-Spektroskopie entscheiden. Auch nur intermediär auftretende Reaktionszwischenprodukte lassen sich in gewissen Fällen im IR-Spektrum erkennen. Weil die Lage der O-H- und N-H-Banden vom Ausmaß der H-Brückenbildung abhängt, vermag schließlich die IR-Spektroskopie auch Aufschluss über Lösungsmitteleffekte und Assoziationsgleichgewichte zu liefern.

In modernen Recyclinganlagen helfen spezielle IR-Spektrometer bei der sortenreinen Trennung von Kunststoffen, die im Fallen analysiert und entsprechend in verschiedene Behälter geleitet werden [10, 11].

Die Kopplung der IR-Spektroskopie mit chemischen Trennverfahren, wie Chromatografie oder Thermogravimetrie erweitert deren Möglichkeiten. In durchströmten Gaszellen ist eine kontinuierliche „Online"-Messung von Gasgemischen möglich, was z. B. in der Prozesskontrolle eingesetzt wird.

Kunststoffe können IR-spektroskopisch qualitativ gut identifiziert werden. Die IR-Spektren der gängigen Polymere und Kunststoffe sind in der Literatur wiedergegeben [12] oder heute als Spektrenbibliotheken in der Auswertungssoftware heutiger FTIR-Spektrometern erhältlich.

(Die Auswertung der ❏ Abb. 1.21 bis 1.26 hat Otto Grosshardt, Fraunhofer ICT, durchgeführt.)

1.1.5 Thermoanalytische Methoden zur Charakterisierung von Kunststoffen

1.1.5.1 Einführung

Die Methoden der thermischen Analyse (TA) werden zur Charakterisierung physikalischer und chemischer Eigenschaften polymerer Werkstoffe durch Ermittlung sowohl absoluter thermodynamischer Kennwerte als auch materialspezifischer Eigenschaften genutzt. Hieraus ergeben sich vielfältige Einsatzmöglichkeiten im Bereich der Forschung und Entwicklung sowie der Materialprüfung und Qualitätssicherung.

Durch die Weiterentwicklung der Messgeräte konnte die Empfindlichkeit deutlich gesteigert werden. Dies ermöglicht die Verwendung kleiner Probenmengen und hoher Heiz- und Kühlraten. Durch die Verkürzung der Versuchszeiten finden die Verfahren der thermischen Analyse vermehrt Einzug in die Wareneingangskontrolle. Automatische Probenwechsler und Auswertungsmethoden gestatten zudem einen hohen Probendurchsatz. Die nachfolgenden Messverfahren gehören zur Standardausrüstung eines Polymerlabors.

1.1.5.1.1 Einteilung Messverfahren

Entsprechend ihrer Messgröße werden die nachfolgenden Messverfahren unterschieden (❏ Tab. 1.11).

❏ **Tab. 1.11**   Messverfahren der thermischen Analyse

Messverfahren	Abkürzung	Messgröße als Funktion der Temperatur
Dynamische Differenzkalorimetrie engl. Differential Scanning Calorimetry	DDK DSC	Wärmestrom
Thermo-gravimetrische Analyse engl. Thermogravimetrical Analysis	TGA	Masse
Thermo-mechanische Analyse engl. Thermomechanical Analysis	TMA	Länge
Dynamisch-mechanische Analyse engl. Dynamic Mechanical Analysis	(DMTA) DMA	Komplexer Modul, Phasenbeziehung zwischen sinusförmiger Kraft und Weg

❏ **Tab. 1.12** Phänomene und Kennwerte der thermischen Analyse

Methode	Phänomene	Kennwerte	
DSC	Schmelzverhalten Kristallisationsverhalten Stabilitätsuntersuchungen Modifikationsänderungen Chemische Reaktionen (Vernetzung, Abbau) Chargenvergleiche	T_s ΔH_s T_K ΔH_K T_g T_{Onset} $T_{\beta\alpha\chi}$ T_{RP} ΔH_R	Schmelztemperatur Schmelzenthalpie Kristallisationstemperatur Kristallisationsenthalpie Glastemperatur Beginn Phasenumwandlung Temp. Kristallumwandlung Peaktemperatur Reaktionsenthalpie
TGA	Abdampfen flüchtiger Bestandteile Quantitative Bestimmung von Einzelkomponenten Stabilitätsuntersuchungen	Δm T_{Onset}	Masseänderungen Beginn Phasenumwandlung
TMA	Längenänderungen, z. B. Schrumpfen, Fließen im Festkörper	T_g α	Glastemperatur Thermischer Längenausdehnungskoeffizient
DMA	Mechanische Eigenschaften in Abhängigkeit der Temperatur und Frequenz, molekulare Beweglichkeit	E G $\tan \delta$	Komplexer Elastizitätsmodul Komplexer Schubmodul Verlustfaktor

1.1.5.1.2 Phänomene und Kennwerte

❏ Tab. 1.12 gibt einen kurzen Überblick über die zu untersuchenden Phänomene und Kennwerte der einzelnen Messverfahren. Für sämtliche Verfahren müssen die Versuchsbedingungen in Form der Start- und Endtemperatur sowie der Heiz- und Kühlrate vorgegeben werden. Diese Versuchsparameter sind sorgfältig entweder auf der Basis von Prüfvorschriften (z. B. DIN-Normen) oder entsprechend der Aufgabenstellung auszuwählen.

Üblicherweise werden die Messzellen mit einem Gas gespült. Dabei unterscheidet man zwischen Inert- und Reaktionsgas. In den meisten Fällen wird Stickstoff als Inertgas verwendet. Es dient zum Ausspülen der leicht flüchtigen Bestandteile und verhindert auf diese Weise das Verschmutzen der Messzelle. Ferner sorgt es für eine bessere Temperaturverteilung und verhindert eine Reaktion der Probekörper mit dem Luft-Sauerstoff. Soll bewusst eine Reaktion zwischen Gas und Probe herbeigeführt werden, so spricht man von Reaktionsgas.

1.1.5.2 Dynamische Differenzkalorimetrie (DSC)

1.1.5.2.1 Anwendungen

Die Dynamische Differenzkalorimetrie (DSC) ist bei der thermischen Analyse von Polymeren die am häufigsten angewandte Methode. Entstanden ist sie aus der Differenz-Thermoanalyse (DTA), mit der sich lediglich Temperaturen von Phasenumwandlungen bestimmen lassen. Die DSC ermittelt die beim Schmelzen, Kristallisieren, Vernetzen und Zersetzen auftretende Enthalpieänderungen (ΔH) sowie die Glastemperatur (T_g).

1.1.5.2.2 Theoretische Grundlagen

Bei der dynamischen Differenzkalorimetrie (DSC) wird zwischen zwei verschiedenen Messprinzipien, dem Wärmestrom- und Leistungsprinzip, unterschieden. Die dynamische Wärmestrom-Differenzkalorimetrie (System beispielsweise der Fa. Mettler) verwendet einen Ofen zur gemeinsamen Temperierung (Aufheizung und Abkühlung) von Probe (mit Untersuchungsmaterial gefüllter Tiegel) und Referenz (leerer Tiegel) entsprechend ❏ Abb. 1.27. Die Temperatur beider Messstellen, die sich auf einer wärmeleitenden Scheibe befinden, wird kontinuierlich gemessen. Folgen Probe und Referenz dem Temperaturprogramm in unterschiedlicher Weise, so resultiert aus der Temperaturdifferenz durch exotherme oder endotherme Reaktionen der Probe ein nichtkonstanter Wärmestrom ($\delta Q / \delta t$). Aus diesem berechnen sich die spezifische Wärmekapazität (c_p) und die Enthalpieänderung (ΔH) nach folgenden Formeln:

1

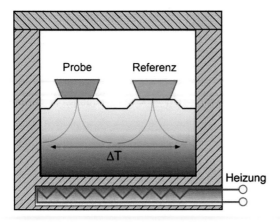

◻ Abb. 1.27   Schematische Darstellung einer DSC-Messzelle. Probentiegel (Tiegel mit Probe) und Referenztiegel (leerer Tiegel) werden während des Aufheizens und Abkühlens auf gleiche Temperatur gebracht. Die Materialunterschiede zeigen sich in unterschiedlichen Heizströmen, die nach entsprechender Kalibrierung den Wärmestrom als Messparameter liefern. Bei der dynamischen Leistungsdifferenzialkalorimetrie werden zwei getrennte Öfen verwendet

$$c_p = \frac{1}{m} \cdot \frac{\delta Q}{\delta T} \text{ bei } p \text{ konst.} \qquad (1.40)$$

$$\frac{\delta Q}{m \delta T} = v \cdot c_p \qquad (1.41)$$

$$\Delta H = \int_{T1}^{T2} s\, c_p\, dT \qquad (1.42)$$

mit der Masse des Untersuchungsmaterials (m), dem Druck (p) und der Heizrate (v).

Die Wärmestrom-Differenzkalorimeter sind robust, ermöglichen eine problemlose Messung auch bei ausgasenden Proben und zeigen eine stabile Basislinie.

Bei der dynamischen Leistungsdifferenzkalorimetrie (System beispielsweise der Fa. Perkin Elmer) besteht die Messzelle aus zwei getrennten kleinen Öfen, die unabhängig voneinander nach einem definierten Grundleistungsheizprogramm geregelt werden. Die sich während der Temperaturbeanspruchung ergebende Temperaturdifferenz wird (abweichend zum Wärmestromprinzip) durch verstärktes Heizen des Probenofens zu null ausgeglichen. Die gegenüber der Referenzheizleistung ermittelte Heizleistungsdifferenz entspricht der Wärmestromänderung ($\delta Q/\delta t$). Die Leistungsdifferenzkalorimeter ermöglichen aufgrund geringer Zeitkonstanten der verwendeten kleinen Öfen

(schnelle elektrische Kompensation geringer Temperaturdifferenzen) eine Messung sehr schneller Reaktionsabläufe. Eine der Anwendungen liegt in der Untersuchung der Kristallisationskinetik.

1.1.5.2.3 Justierung und Kalibrierung

Um die Messgenauigkeit zu gewährleisten, ist es erforderlich, die Messzellen regelmäßig zu kalibrieren (d. h. die Abweichung von einem Bezugsnormal festzustellen). Gegebenenfalls ist eine Justierung mit anschließender nochmaliger Kalibrierung notwendig. Bei der DSC werden hierfür Referenzmaterialien mit bekannten Schmelztemperaturen und -enthalpien verwendet. Bei der Auswahl ist darauf zu achten, dass sie den gesamten zu untersuchenden Temperaturbereich einschließen. Wichtig ist die Verwendung von mindestens zwei unterschiedlichen Kalibrierpunkten. ◻ Tab. 1.13 zeigt eine Auswahl möglicher Referenzmaterialien.

1.1.5.2.4 Versuchsdurchführung

1. Ziel: vergleichende Untersuchungen, Schmelz- und Kristallisationsverhalten, Glastemperaturen, Aushärtereaktionen
2. Protokoll erstellen: Probenvorbehandlung und -bezeichnung, Versuchsparameter dokumentieren
3. Bereich der Umwandlungen abschätzen, danach Start- und Endtemperatur, Heizraten, Haltezeiten und Spülgas festlegen
4. Messzelle vorbereiten: Vortemperieren auf Einsatztemperatur, Spülgasdurchfluss einstellen
5. Bestimmung der Masse (Einwaage) und Einsetzen der Probe
6. Versuch starten
7. Auswerten: Plausibilität des Kurvenverlaufs prüfen, gemessene Umwandlungen auswerten
8. Rückwiegen der Probe bei eventuellem Masseverlust

Es ist besonders auf einen guten Wärmekontakt zwischen Tiegelboden und Untersuchungsmaterial zu achten. Anzustreben ist eine möglichst flache Bedeckung des Tiegelbodens durch Verwendung von Filmen oder feinzerkleinerten Materialstücken, die ggf. Bauteilen entnommen werden. Je nach Aufgabenstellung liegt die Einwaage im Bereich von 3–20 mg. Bei hohen

❏ **Tab. 1.13** Referenzmaterialien für die DSC nach DIN 53765

	n-Hexan	Wasser	Indium	Blei	Zink
Schmelztemperatur T_S (°C)	−90,5	0,0	156,6	327,5	419,5
Schmelzenthalpie ΔH_S (J/g)	139,7	333,44	28,56	23,02	108,61

Füllstoffanteilen kann eine entsprechend höhere Einwaage nötig sein. Die Tiegel bestehen meist aus Aluminium und können nur einmal verwendet werden. Für spezielle Anwendungen kommen weitere Tiegelarten und -materialien zum Einsatz (z. B. Edelstahl, Glas, Keramik und andere Metalle). Bei unbekannten Proben sollten die Temperaturgrenzen im Bereich hoher Temperaturen ggf. durch Verwendung weiterer Methoden (z. B. TGA) ermittelt werden, um durch Reaktionswärmen verursachte Schäden oder Verschmutzungen der Messzelle auszuschließen. Durch Rückwaage kann die während des Versuchs aufgetretene Masseänderung bestimmt werden.

Ausgewertet werden hauptsächlich Peaktemperaturen und -flächen sowie Stufen in der Temperaturabhängigkeit des Wärmestroms. ❏ Abb. 1.28 zeigt eine typische DSC-Kurve für das Aufschmelzen und Kristallisieren eines kristallisationsfähigen polymeren Werkstoffs.

1.1.5.3 Thermogravimetrische Analyse (TGA)

1.1.5.3.1 Anwendungen

Bei polymeren Werkstoffen können in allen Temperaturbereichen Masseänderungen (vorwiegend eine Abnahme der Masse) auftreten. Im Bereich von 30 °C bis ca. 300 °C handelt es sich überwiegend um leicht flüchtige Bestandteile wie Feuchtigkeit, Restanteile von Lösemitteln oder Weichmachern. Bei höheren Temperaturen zersetzen sich die Polymere in einer oder mehreren Stufen. Sofern sich Einzelkomponenten eines mehrphasigen Polymers in unterschiedlichen Bereichen zersetzen, ist es möglich, quantitativ die Zusammensetzung zu bestimmen. Für qualitative Untersuchungen der beim Aufheizen entstehenden Gase besteht die Möglichkeit, die Thermowaage mit einem Infrarot- oder Massenspektrometer zu koppeln. Neuere Thermowaagen sind zudem gasdicht, d. h. sie sind evakuierbar

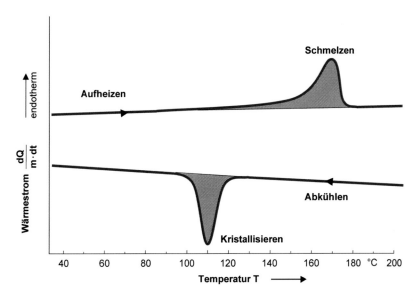

❏ **Abb. 1.28** Schmelz- und Kristallisationsverhalten von isotaktischem Polypropylen (iPP). Bestimmt wird aus der Aufheizkurve die Peaktemperatur beim Schmelzen von 167 °C und aus der Abkühlkurve 110 °C für das Kristallisieren. Aus den jeweiligen Peakflächen lassen sich die Schmelzenthalpie von 94 J/g und die Kristallisationsenthalpie von 96 J/g ermitteln. Unter Berücksichtigung der Schmelzenthalpie von 207 J/g für vollständig kristallines iPP berechnet sich aus der gemessenen Schmelzenthalpie ein massebezogener Kristallinitätsgrad von 45 %

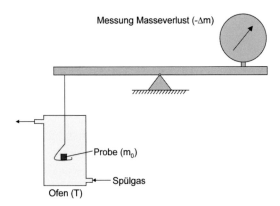

Abb. 1.29 Schematische Darstellung einer TGA-Messzelle (Thermowaage)

und können anschließend mit einem Spülgas befüllt werden. Auf diese Weise lässt sich eine definierte Gasatmosphäre einstellen. Einige der Thermowaagen gestatten einen Spülgaswechsel während der Messung.

1.1.5.3.2 Theoretische Grundlagen

Ausgewertet werden Massenänderungen in Abhängigkeit der Zeit und Temperatur bezogen auf die Einwaage (**Abb. 1.29**). Die Festlegung der Stufengrenzen erfolgt über den Schnittpunkt von Tangenten oder mithilfe der ersten Ableitung der Messkurve (**Abb. 1.30**).

So ist z. B. die thermische Depolymerisation durch eine Gerade mit negativer Steigung charakterisiert:

$$-\frac{dm}{dt} = k \cdot m \qquad (1.43)$$

wobei m gleich der Masse des noch vorhandenen Polymers und k eine Proportionalitätskonstante ist. Durch die Änderung der Dichte der Gasatmosphäre ergeben sich scheinbare Masseänderungen, die durch eine Verrechnung einer sogenannten Leer- oder Blindkurve korrigiert werden.

1.1.5.3.3 Justierung und Kalibrierung

Abhängig vom Aufbau der Thermowaage kommen bei der Temperaturjustierung und -kalibrierung Referenzmaterialien mit unterschiedlichen Phasenumwandlungen zum Einsatz. Befindet sich im Probenträger ein Temperaturfühler, so ist eine Kalibrierung mit Referenzmaterialien analog zur DSC möglich. Eine Alternative besteht

durch die Verwendung von Referenzmaterialien mit bekannten Curie-Temperaturen. Anstatt der Probe werden Referenzmaterialien in den Tiegel eingesetzt. Nach dem Tarieren wird ein konstantes Magnetfeld an den Ofen angelegt. Durch die Änderung im Magnetfeld beim Erreichen der Curie-Temperatur wird ein scheinbarer Masseverlust ermittelt. Diese Stufe kann für die Kalibrierung bzw. Justierung genutzt werden. Die Überprüfung der Waage erfolgt mithilfe von Kalibriermassen.

1.1.5.2.4 Versuchsdurchführung

1. Ziel: vergleichende Untersuchungen, Abdampfen flüchtiger Bestandteile, Rückstandsbestimmung, Zersetzungsverhalten
2. Protokoll erstellen: Probenvorbehandlung und -bezeichnung, Versuchsparameter dokumentieren
3. Bereich der Umwandlungen abschätzen, danach Start- und Endtemperatur, Heizraten, Haltezeiten und Spülgas festlegen
4. Messzelle vorbereiten, Vortemperieren der Messzelle auf Einsetztemperatur, Spülgasdurchfluss einstellen
5. Einwiegen und Einsetzen der Probe
6. Versuch starten
7. Auswerten: Plausibilität des Kurvenverlaufs prüfen, gemessene Massenverluste auswerten

Der Auswahl des Spülgases kommt bei der thermogravimetrischen Analyse eine besondere Bedeutung zu. Dadurch kann gezielt eine Pyrolyse oder Verbrennung erreicht werden. Bei vergleichenden Messungen sind die Proben mit ähnlichen Oberfläche-zu-Volumen-Verhältnissen zu verwenden. In den meisten Fällen erfolgen die Untersuchungen in Keramiktiegeln. Für spezielle Anwendungen sind andere Tiegelmaterialien verfügbar. Typische Einwaagen liegen im Bereich von 5–20 mg.

1.1.5.4 Thermomechanische Analyse (TMA)

1.1.5.4.1 Anwendungen

Die Methode der thermomechanischen Analyse (TMA) wird zur Bestimmung des thermischen Längenänderungskoeffizienten (α) an Festkörpern eingesetzt. Dieser Kennwert besitzt

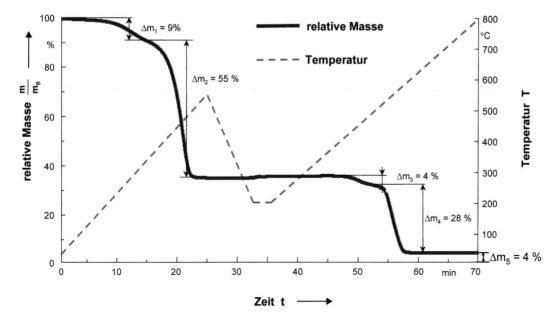

☐ Abb. 1.30 Zusammensetzung eines Elastomers, TGA-Aufheizkurve mit Stufenauswertung. Erkennbar sind vier Stufen relativer Masseänderung mit zugeordneten Reaktionstemperaturen. Die Interpretation der Reaktionsphänomene kann im Allgemeinen nicht allein aus dem TGA-Experiment erfolgen

eine große praktische Bedeutung für die Festlegung von thermischen Einsatzgrenzen. Darüber hinaus ist der Längenänderungskoeffizient eine wesentliche materialspezifische Größe und steht im Zusammenhang mit der molekularen Struktur sowie der durch die Verarbeitung induzierten Strukturanisotropie. So weisen beispielsweise chemisch vernetzte Polymere (Duroplaste) eine höhere Dimensionsstabilität als vergleichbare lineare thermoplastische Materialien auf. Während der Verarbeitung ausgerichtete Molekülketten können infolge thermischer Beanspruchung aufgrund entropischer Effekte schrumpfen und zu einer Verringerung der Probenlänge führen. Des Weiteren ist auch eine Zunahme der Länge durch irreversibles Kettengleiten (plastische Deformationen) möglich. Damit lassen sich Bezüge zu Phasenumwandlungen, z. B. der Glastemperatur, herstellen.

In den meisten Fällen wird das Längenänderungsverhalten in einer ausgewählten Materialrichtung untersucht. Jedoch erfolgt für einige Anwendungen auch eine Erweiterung auf die drei Hauptachsen.

Spezielle Probenhalterungen ermöglichen es, planparallele Formkörper, Folien und Fäden zu untersuchen.

1.1.5.4.2 Theoretische Grundlagen

Das Volumen (V) eines Körpers (Gas, Flüssigkeit, Festkörper) unterliegt einer Temperaturabhängigkeit (T). Üblicherweise werden durch Temperaturerhöhung die Wärmeschwingungen (thermische Fluktuationen) größer, und es kann zu Platzwechselvorgängen kommen. Im Falle von Gasen und Flüssigkeiten sind die temperaturinduzierten relativen Volumenänderungen ($\Delta V/V_0$) größer als in Festkörpern.

Der entsprechende thermische Volumenänderungskoeffizient (γ) bestimmt sich aus:

$$\gamma = \frac{\Delta V}{\Delta T \cdot V_0} \tag{1.44}$$

Für Festkörper ist zusätzlich der thermische Längenänderungskoeffizient (α) unter Berücksichtigung der relativen Längenänderung ($\Delta l/l_0$) von Bedeutung (☐ Abb. 1.31).

$$\alpha = \frac{\Delta l}{\Delta T \cdot l_0} \tag{1.45}$$

1

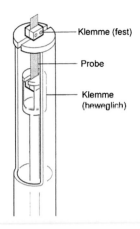

Klemme (fest)

Probe

Klemme (beweglich)

◻ **Abb. 1.31** Schematische Darstellung einer TMA-Messzelle. Die Probe wird zwischen zwei Klemmen eingespannt und temperiert. Ermittelt wird die relative Längenänderung als Funktion der Temperatur. Zum Einsatz gelangen Zugbelastungen (siehe Bild) und Druckbelastungen, wobei die Spannungsbelastung äußerst gering ist (Vorlast) und nicht zur Deformation der Probe beiträgt

◻ **Tab. 1.14** Übersicht zu mittleren linearen Längenänderungskoeffizienten für ausgewählte anorganische und polymere Werkstoffe

Werkstoff	Längenänderungskoeffizient α (in K^{-1}), Temperaturbereich 20 bis 100 °C
Quarzglas	$0{,}5 \cdot 10^{-6}$
Normales Glas	$9 \cdot 10^{-6}$
Stahl C60	$11 \cdot 10^{-6}$
Kupfer	$16 \cdot 10^{-6}$
Aluminium	$24 \cdot 10^{-6}$
Lineare Polyimide (hochtemperaturstabil)	$5\text{–}50 \cdot 10^{-6}$
Duromere (chem. vernetzt)	$30\text{–}80 \cdot 10^{-6}$
Polypropylen (linear, teilkristallin)	$50\text{–}200 \cdot 10^{-6}$

Hierin kennzeichnen V_0 und l_0 die jeweiligen Anfangszustände. In ◻ Tab. 1.14 sind die mittleren linearen Längenänderungskoeffizienten für einige ausgewählte Werkstoffe dargestellt.

Die polymeren Werkstoffe zeigen eine im Vergleich zu anorganischen Werkstoffen geringere Formstabilität. Benzolringe (z. B. bei Polyimiden) oder chemische Vernetzungen (z. B. bei Duroplasten) führen zu geringeren Längenänderungskoeffizienten und damit einer höheren Formstabilität.

1.1.5.4.3 Justierung und Kalibrierung

Als Referenz für die Temperatur haben sich kalibrierte Temperaturfühler im Tieftemperaturbereich bewährt. Im oberen Temperaturbereich kann auf reine Metalle wie bei der DSC zurückgegriffen werden. Die Längenkalibrierung und -justierung erfolgt mit Endmaßen.

1.1.5.4.4 Versuchsdurchführung

1. Ziel: Bestimmung des thermischen Längenausdehnungskoeffizienten, der Glastemperatur, Schwindung durch Aushärtereaktionen
2. Probenherstellung und Konditionierung
3. Auswahl eines geeigneten Messfühlers
4. Protokoll erstellen: Probenvorbehandlung und -bezeichnung, Versuchsparameter dokumentieren
5. Temperaturobergrenze abschätzen, danach Start- und Endtemperatur, Heizraten, Haltezeiten, Spülgas und Auflagekraft festlegen
6. Messzelle vorbereiten: Anwärmzeiten beachten, Vortemperieren der Messzelle auf Einsetztemperatur, Spülgasdurchfluss einstellen
7. Ausgangslänge der Probe bestimmen
8. Versuch starten
9. Auswerten: Plausibilität des Kurvenverlaufs prüfen, Auswerten der Messkurve
10. Formgeometrie kontrollieren, Länge der Probe messen

Der Probenpräparation kommt bei der TMA eine besondere Bedeutung zu. Für die Messungen sind Probekörper mit planparallelen und senkrecht zueinanderstehenden Flächen erforderlich. Zudem hat die Auswahl des Messfühlers Einfluss auf das Messergebnis. Für die Bestimmung des thermischen Längenausdehnungskoeffizienten muss die Auflage- bzw. Zugkraft so gewählt werden, dass sie die Längenänderung nicht beeinflusst. Zu berücksichtigen

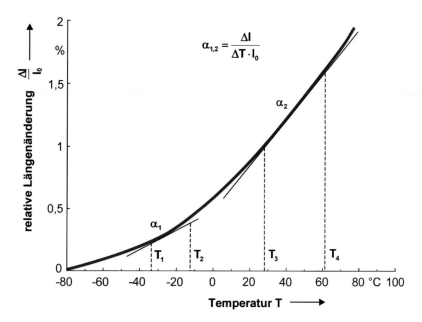

$$\alpha_{1,2} = \frac{\Delta l}{\Delta T \cdot l_0}$$

Abb. 1.32 Ausdehnungsverhalten von isotaktischem Polypropylen (iPP), TMA-Aufheizkurve mit Bestimmung des Längenänderungskoeffizienten (α) aus dem Anstieg der Tangenten. Ein starker Unterschied im Anstieg (hier ca. bei 0 °C) steht im Zusammenhang mit der Glasumwandlung (T_g)

ist hierbei die Temperaturabhängigkeit des mechanischen Verhaltens. Üblicherweise wird inertes Spülgas für die Messung eingesetzt. Es dient zudem der Temperierung der Probe.

Ausgewertet wird die relative Längenänderung ($\Delta l/l_0$) in einem vorgegebenen Temperaturbereich (ΔT). Der Ausdehnungskoeffizient (α) bestimmt sich aus der Steigung der Tangenten an die Kurve $\Delta l/l_0 = f\ (T)$. Der Wert für α kann sich punktweise entlang der TMA-Kurve ändern (differenzieller Längenänderungskoeffizient). Häufig lassen sich lineare Kurvenabschnitte mit einem konstanten α angeben (**Abb. 1.32**). In der Praxis werden im allgemeinen Temperaturbereiche mit gleichem α ermittelt und hierbei geringfügige Abweichungen in α vernachlässigt (mittlerer Längenänderungskoeffizient).

1.1.5.5 Normen

- Dynamische Differenzkalorimetrie (DSC) DIN 51004, 51007, 53765, DIN EN ISO 11357, ASTM D3417, D 3418
- Thermogravimetrische Analyse (TGA) DIN 51006, DIN EN ISO 11358
- Thermomechanische Analyse (TMA) DIN 53752, ASTM E 831-86

1.1.6 Mechanisches Verhalten

Peter Elsner und Martin Keuerleber

1.1.6.1 Allgemeines

Dieses Kapitel behandelt das mechanische Verhalten von Kunststoffen. Polymere Werkstoffe zeigen bei mechanischer Beanspruchung im normalen Gebrauch gegenüber anderen Werkstoffen ein besonders stark ausgeprägtes viskoelastisches Verhalten. Das Zusammenwirken elastischer und viskoser Komponenten hat zur Folge, dass Kenngrößen wie z. B. E-Modul und Schubmodul nicht nur von der Temperatur, sondern auch von der Belastungszeit und der Frequenz abhängen. Die Ursache hierfür ist eine verzögerte Einstellung des Gleichgewichts der ausgelenkten Kettensegmente bzw. Moleküle auf eine äußere Krafteinwirkung. Diese sogenannten Relaxationsprozesse hängen von der Beweglichkeit der Makromoleküle ab. Diese wird durch die Struktur der Polymerwerkstoffe bestimmt, ihren physikalischen oder chemischen Bindungen, sperrigen Seitenketten sowie behinderte Drehbarkeit der Hauptkette.

In den folgenden Kapiteln werden einfache Modelle zur Beschreibung des Materialverhaltens sowie deren Stärken und Schwächen diskutiert. Anschließend wird der Zeitstandzugversuch erläutert.

1.1.6.2 Elemente der Materialmodelle

1.1.6.2.1 Elastisches Materialverhalten

Lässt sich für einen Werkstoff zu jeder Belastung eindeutig eine Dehnung zuordnen, so spricht man von elastischem Materialverhalten.

Kennzeichnend ist:

- unabhängig von der Deformationsgeschichte (d. h. es ist egal, ob der aktuelle Spannungszustand durch Be- oder Entlasten erreicht wurde bzw. wie lange die Belastung aufrechterhalten wurde)
- es geht bei der Verformung keine Energie verloren
- der Körper reagiert auf eine äußere Last unmittelbar mit einer Verformung (d. h. es werden Energien gespeichert) und stellt sich bei Entlastung unmittelbar in seinen Ursprungszustand zurück

Ideal-elastische Körper existieren in der Natur nicht. Für viele Werkstoffe (z. B. Metalle) kann das Materialverhalten allerdings im Bereich kleiner Dehnungen und kurzzeitiger Belastung durch einen solchen Ansatz näherungsweise beschrieben werden (◙ Abb. 1.33).

- **Mathematisches Modell**

$$\sigma_0 = E\varepsilon_{el} \Rightarrow \varepsilon_{el} = \frac{1}{E}\sigma_0 \Rightarrow \dot{\sigma}_0 = E\dot{\varepsilon} \qquad (1.46)$$

Mit ε_{el} elastischer Dehnung, E_0 Elastizitätsmodul und σ_0 Spannung

1.1.6.2.2 Plastisches Materialverhalten

Reagiert ein Körper auf eine äußere Last mit fortschreitender bleibender Verformung, so spricht man von plastischem Materialverhalten.

Kennzeichnend ist:

- die Energie zur Verformung wird vollständig in Wärme umgesetzt
- nach Entlastung erfolgt keine Rückstellung, der Körper bleibt in seiner Gestalt
- die Deformation bezeichnet man als Fließen

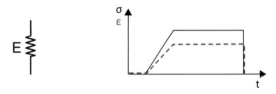

Ersatzschaltbild: Feder

◙ **Abb. 1.33** Ersatzschaltbild (Feder) und Dehnungsantwort für elastisches Materialverhalten

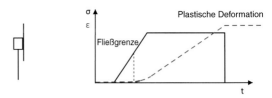

Ersatzschaltbild: Reibelement

◙ **Abb. 1.34** Ersatzschaltbild (Reibelement) und Dehnungsantwort für plastisches Materialverhalten

In der Praxis lässt sich für eine Reihe von Materialien eine Grenzspannung beobachten, oberhalb der sie sich plastisch verformen, der sogenannten Fließ- oder Streckspannung (bekannt von Metallen) (◙ Abb. 1.34).

1.1.6.2.3 Viskoses Materialverhalten

Ist die aus einer aufgebrachten Kraft resultierende Verformung eines Körpers abhängig von der Zeit, so spricht man von einem viskosen Materialverhalten.

Kennzeichnend ist:

- Zusammenhang zwischen der Spannung und der Verformungsgeschwindigkeit
- Proportionalitätsfaktor, der Viskosität (Symbol η) genannt wird
- die Energie zur Verformung wird vollständig in Wärme umgesetzt
- keine Rückstellung nach Entlastung

Im alltäglichen Leben kann ein viskoses Materialverhalten bei einer Vielzahl von Flüssigkeiten (z. B. Ketchup, Ölen, Haargels, etc.) beobachtet werden (◙ Abb. 1.35).

$$\sigma = \eta\frac{d\varepsilon_v}{dt} = \eta\dot{\varepsilon}_v = \eta\varepsilon_v\frac{1}{t} \Rightarrow \varepsilon_v = \frac{1}{\eta} \cdot t \cdot \sigma_0$$

$$(1.47)$$

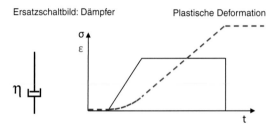

Abb. 1.35 Ersatzschaltbild (Dämpfer) und Dehnungsantwort für viskoses Materialverhalten

Mit ε_v viskose Dehnung, $\dot{\varepsilon}_v$ v Dehnrate, η Viskosität, t Zeit und σ_0 Spannung.

1.1.6.3 Viskoelastische Materialmodelle

Reale Werkstoffe weisen immer sowohl elastisches, als auch plastisches und viskoses Verhalten auf. Je nach Umgebungsbedingungen (z. B. Temperatur) und Art der Belastung tritt jedoch die eine oder andere Eigenschaft stärker hervor.

Kunststoffe zeigen schon bei Raumtemperatur und bei sehr geringen Belastungen ausgeprägte viskose Effekte. Elastisches und viskoses Materialverhalten sind so stark überlagert, dass Kunststoffe als viskoelastische Werkstoffe bezeichnet werden. Veranschaulichen lässt sich das mechanische Verhalten der Kunststoffe durch die Kombination einer elastischen (Feder) und einer viskosen Komponente (Dämpfer) in einem Materialmodell.

In dem Materialmodell wird die Feder benötigt, um spontane elastische Verformungen bei einer wirkenden äußeren Kraft darstellen zu können. Dies entspricht einem reversiblen Verstrecken der Molekülketten nach Aufbringung der äußeren Last.

Gleichzeitig starten im Kunststoff Umlagerungsprozesse (z. B. Drehen oder Gleiten von Hauptketten) zur Gleichgewichtseinstellung, die allerdings zeitverzögert sind (abhängig von physikalischen oder chemischen Bindungen, Größe der Seitengruppe, etc.). Zur Abbildung dieses zeitabhängigen Verhaltens wird ein viskoses Glied (Dämpfer) in das Materialmodell eingebaut. Die viskose Komponente hat zur Folge, dass Kenngrößen

wie E-Modul, Schubmodul, Bruchspannung, Bruchdehnung, etc. nicht nur von der Temperatur, sondern auch von der Zeit abhängen (Beanspruchungsdauer und Beanspruchungsgeschwindigkeit bzw. Frequenz).

Aufgrund der starken Temperatur- und Zeitabhängigkeit der Kennwerte muss für den gesamten Einsatzbereich eines Bauteils entsprechende Werkstoffdaten geliefert werden.

Haben Umlagerungsmechanismen genügend Zeit zur Einstellung eines Gleichgewichtszustandes für die aufgebrachten Spannungen, reagieren Polymere zäh und weich, so dass bei ein und derselben Anwendung bei verschiedenen Temperaturen oder Beanspruchungsgeschwindigkeiten sprödes oder zähes Versagen vorliegen kann.

Das zeitlich verzögerte Antworten auf eine Belastung wird je nach Belastungsart als Relaxation bzw. Retardation (Kriechen) bezeichnet.

Versuche, bei denen eine konstante Dehnung auf einen Probekörper aufgebracht und der resultierende Spannungsverlauf beobachtet wird, werden als **Relaxation**sversuche bezeichnet.

Die zeitlich verzögerte Dehnungszunahme infolge einer konstanten äußeren Spannung nennt man **Retardation** bzw. **Kriechen.**

Im Folgenden werden typische Feder-Dämpfer Kombinationen im Vergleich vorgestellt und deren Auswirkungen auf das Relaxations- bzw. Kriechverhalten gezeigt.

1.1.6.3.1 Maxwell Modell

Das Maxwell Modell besteht aus einem Feder- und Dämpferelement, die in Reihe geschaltet sind, ◘ Abb. 1.36. Das Maxwell-Modell bildet das mechanische Verhalten von Kunststoffschmelzen sehr gut ab (◘ Abb. 1.33, 1.35, 1.36).

▪ Mathematisches Modell

Man kann die beiden Elemente Feder und Dämpfer entsprechend der Elektrotechnik als in Reihe geschalteten Kondensator (Feder) und Widerstand (Dämpfer) verstehen, um den Gesamtwiderstand zu berechnen.

$$Es \ gilt: \ \sigma = \sigma_{el} = \sigma_v \tag{1.48}$$

$$\varepsilon_{gesamt} = \varepsilon_{el} + \varepsilon_v \tag{1.49}$$

Ersatzschaltbild: Maxwell

E ⧙⧘ (Feder)

η ⊢⊣ (Dämpfer)

◘ **Abb. 1.36** Maxwell Modell, Feder und Dämpfer in Reihe geschalten

Kriechen (σ = const.)

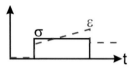

◘ **Abb. 1.37** Retardationskurve Maxwell

Aus (1.46) und (1.47) folgt:

$$\dot{\varepsilon}_{el} = \frac{\dot{\sigma}_{el}}{E_0} \tag{1.50}$$

$$\dot{\varepsilon}_{v} = \frac{\dot{\sigma}_{v}}{\eta} \tag{1.51}$$

Mit (1.48), (1.50) und (1.51) in (1.49) ergibt sich:

$$\dot{\varepsilon}_{ges} = \dot{\varepsilon}_{el} + \dot{\varepsilon}_{v} = \frac{\dot{\sigma}_{el}}{E} + \frac{\sigma_{v}}{\eta} \tag{1.52}$$

$$\eta\dot{\varepsilon} = \tau\dot{\sigma} + \sigma \tag{1.53}$$

mit $\tau = \frac{\eta}{E}$, das eine charakteristische Relaxationszeit darstellt.

Diese Differentialgleichung gilt sowohl für das Kriechen, als auch für das Relaxieren von Kunststoffen. Die unterschiedlichen Lösungen ergeben sich aus den verschiedenen Randbedingungen, wie im Folgenden gezeigt wird (◘ Abb. 1.37).

Für konstante Spannung lässt sich die Dehnung wie folgt berechnen (**Kriechen**):

$$\sigma(t) = 0 \text{ für } t < 0$$

$$\sigma(t) = \sigma_0 \text{ für } t > 0, \, d.h. \, \dot{\sigma}(t) = 0$$

Daraus ergibt sich (1.52) zu:

$$\eta\dot{\varepsilon} = \sigma_0$$

$$\eta = \frac{\delta\varepsilon}{dt} \cdot \sigma_0$$

$$\delta\varepsilon = \frac{\sigma_0}{\eta} \cdot dt$$

$$\varepsilon = \frac{\sigma_0}{\eta}t + C \text{ mit } C = \frac{\sigma_0}{E}$$

Die Konstante C ermittelt sich aus der Anfangsbedingung. Somit lautet die Lösung der Differentialgleichung für Kriechen:

$$\varepsilon = \frac{\sigma_0}{E} + \frac{\sigma_0}{\eta}t$$

Wird eine konstante Spannung auf eine Probe aufgebracht, so erfolgt zuerst ein Sprung der Größe σ_0/E (elastischer Anteil), an den sich eine Gerade mit der Steigung σ_0/η anschließt (viskoser Anteil). Wird die Probe entlastet, so stellt sich die elastische Deformation wieder zurück, die viskose Deformation bleibt bestehen, siehe ◘ Abb. 1.37.

Gemäß dem Belastungsverlauf in ◘ Abb. 1.38 gelten folgende Randbedingungen zur Lösung der Differentialgleichung für die **Relaxation:**

$$\varepsilon(t) = 0 \text{ für } t < 0$$

$$\varepsilon(t) = \varepsilon_0 \text{ für } t > 0, \, d.h. \, \dot{\varepsilon}(t) = 0$$

Daraus ergibt sich (1.52) zu:

$$0 = \tau\dot{\sigma} + \sigma$$

Dies hat zur Lösung:

$$0 = \tau\frac{d\sigma}{dt} + \sigma$$

$$\frac{d\sigma}{\sigma} = -\frac{dt}{\tau}$$

$$\ln\left|\frac{\sigma}{C}\right| = -\frac{t}{\tau} + \ln|C|$$

$$\frac{\sigma}{C} = e^{\frac{t}{\tau}}$$

mit $C = \varepsilon_0 E$ aus der Anfangsbedingung für $t = 0$ folgt:

$$\sigma = \varepsilon_0 E e^{\frac{t}{\tau}} \tag{1.54}$$

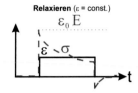

Abb. 1.38   Relaxationskurve Maxwell

Wird eine Probe belastet, so stellt sie sich sprungartig auf eine Spannung der Größe $\varepsilon_0 E$ ein, die sich im Laufe der Zeit mit der e-Funktion abbaut. Bei einer Entlastung geht die Spannung wieder auf null zurück, siehe ⬛ Abb. 1.38.

1.1.6.3.2 Voigt-Kelvin-Modell

Das Voigt-Kelvin-Modell besteht aus einer Feder und einem Dämpfer, die parallelgeschaltet sind, ⬛ Abb. 1.39. Das Voigt-Kelvin-Modell liefert gute Ergebnisse für Elastomere, insbesondere für NR (Naturkautschuk).

Mathematisches Modell:

Es gilt $\varepsilon = \varepsilon_{el} = \varepsilon_v$ **(1.55)**

$$\sigma_{\text{gesamt}} = \sigma_{el} + \sigma_v \qquad \textbf{(1.56)}$$

Aus (1.55) und (1.56) folgt:

$$\sigma_{el} = E_0 \cdot \varepsilon_{el} \qquad \textbf{(1.57)}$$

$$\sigma_v = \eta \cdot \dot{\varepsilon}_v \qquad \textbf{(1.58)}$$

Mit (1.55), (1.57) und (1.58) in (1.56) ergibt sich:

$$\sigma_{\text{gesamt}} = E_0 \cdot \varepsilon + \eta \cdot \dot{\varepsilon} \qquad \textbf{(1.59)}$$

$$\sigma = E_0 \cdot \varepsilon + \eta \cdot \dot{\varepsilon}$$

Diese Differentialgleichung gilt sowohl für das Kriechen als auch für das Relaxieren von Kunststoffen. Die unterschiedlichen Lösungen ergeben sich aus den verschiedenen Randbedingungen, wie im Folgenden gezeigt wird.

Für konstante Spannung lässt sich die Dehnung wie folgt berechnen **(Kriechen)**:

$$\sigma(t) = 0 \text{ für } t < 0$$

$$\sigma(t) = \sigma_0 \text{ für } t > 0, \text{ d.h. } \dot{\sigma}(t) = 0$$

Bei ▶ Gl. (1.59) handelt es sich um eine inhomogene Differentialgleichung mit konstanter Funktion. Die Lösung ergibt sich aus der Lösung der homogenen Differentialgleichung mit anschließendem Aufsuchen der partikulären Lösung.

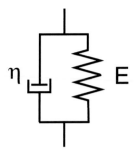

Abb. 1.39   Voigt-Kelvin-Modell, Feder und Dämpfer parallelgeschaltet

Daraus ergibt sich (1.59) zu:

$$\frac{E_0}{\eta}\varepsilon + \dot{\varepsilon} = 0$$

$$\frac{d\varepsilon}{\varepsilon} = \frac{E_0}{\eta}dt \qquad \textbf{(1.60)}$$

$$\varepsilon_0 = K \cdot e^{\frac{E_0}{\eta}t}$$

Der partikuläre Lösungsansatz der Differentialgleichung ist

$$\varepsilon_P = \frac{\sigma}{E_0} \qquad \textbf{(1.61)}$$

Die allgemeine Lösung der inhomogenen Differentialgleichung lautet dann:

$$\varepsilon = \varepsilon_0 + \varepsilon_P = K \cdot e^{-\frac{E_0}{\eta}z} + \frac{\sigma}{E_0} \qquad \textbf{(1.62)}$$

Mit der Anfangsbedingung $\varepsilon = 0$ für $t = 0$ (1.60) ergibt sich (1.62) dann K zu $-\sigma/E$

$$\varepsilon = \frac{\sigma}{E_0}\left(1 - e^{-\frac{E}{\eta}t}\right) \qquad \textbf{(1.63)}$$

Wird eine konstante Spannung auf eine Probe aufgebracht, so bremst der Dämpfer den elastischen Sprung ab und die Dehnung steigt in einer e-Funktion auf die Asymptote σ/E an. Bei einer Entlastung wird die spontane Rückstellung der elastischen Deformation ebenfalls behindert, die Dehnung nimmt kontinuierlich ab und erreicht am Ende den Wert null, siehe ⬛ Abb. 1.40.

Gemäß dem Belastungsverlauf in ⬛ Abb. 1.41 gelten folgende Randbedingungen zur Lösung der Differentialgleichung für die Relaxation:

$$\varepsilon(t) = 0 \text{ für } t < 0$$

1

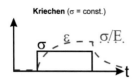

◘ Abb. 1.40　Retardationskurve Voigt-Kelvin

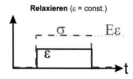

◘ Abb. 1.41　Relaxationskurve Voigt-Kelvin

$\varepsilon(t) = \varepsilon_0$ für $t > 0$, d.h. $\dot{\varepsilon}(t) = 0$

Daraus ergibt sich (1.59) zu:

$$\sigma = E \cdot \varepsilon_0 \qquad (1.64)$$

Wird eine Probe belastet, so stellt sie sich sprungartig auf eine Spannung der Größe $E\,\varepsilon_0$ ein, die über die Zeit konstant bleibt, es erfolgt keine Relaxation. Bei einer Entlastung geht die Spannung wieder auf null zurück, siehe ◘ Abb. 1.41.

1.1.6.3.3　Zener-Modell

Das Zener-Modell kann auf zwei Arten dargestellt werden, die beide die gleiche Lösung der Differentialgleichung besitzen:

1. Voigt-Kelvin-Modell mit in Reihe geschalteter Feder
2. Maxwell-Modell mit parallelgeschalteter Feder

Das Zener-Modell ist das Standardmodell zum Abbilden von linearen Festkörpern (linear solids). Es zeichnet sich dadurch aus, dass in ihm folgende Eigenschaften enthalten sind:

1. Zwei Zeitkonstanten, eine für konstante Spannung und eine für konstante Dehnung
2. Eine unmittelbare Dehnung zum Zeitpunkt $t = 0$, wenn eine Last aufgegeben wird
3. Vollständige Rückstellung, wenn die Last entfernt wird

Für beide in ◘ Abb. 1.42 dargestellten Modelle müssen zwei verschiedene mathematische Ansätze gewählt werden, die aber beide zum selben Ergebnis führen.

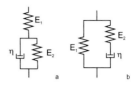

◘ Abb. 1.42　Zener-Modell, beide äquivalente Ersatzschaubilder

■ **Mathematisches Modell links (◘ Abb. 1.42):**

$$\eta = E_2 \cdot t_{RET}$$

$$\dot{\varepsilon} + \frac{1}{t_{RET}} \cdot \varepsilon = \frac{1}{E_1}\dot{\sigma} + \frac{1}{t_{RET}}\left(\frac{1}{E_1} + \frac{1}{E_2}\right) \cdot \sigma$$

$$(1.65)$$

mit E_1 und E_2: E-Moduln, η: Viskosität des Dämpfers, t_{RET}: Retardationszeit

■ **Mathematisches Modell rechts (◘ Abb. 1.42)**

$$\eta = E_2 \cdot t_{REL}$$

$$\dot{\sigma} + \frac{1}{t_{REL}}\sigma = (E_1 + E_2) \cdot \dot{\varepsilon} + \frac{E_0}{t_{REL}}\varepsilon$$

$$(1.67)$$

mit E_1 und E_2: E-Modulen, η: Viskosität des Dämpfers, t_{REL}: Relaxationszeit

Auf eine detaillierte Lösung der beiden Differentialgleichungen (1.66) und (1.68) wird an dieser Stelle verzichtet. Der Ablauf entspricht dem vom Maxwell bzw. Voigt-Kelvin-Modell und ist eine reine Fleißaufgabe.

Für das Kriechen (Retardation) mit den Randbedingungen $\sigma = \sigma_0 = $ konstant und $\dot{\sigma} = 0$ folgt aus (1.66)

$$\varepsilon_{(t)} = \frac{\sigma_0}{E_1} + \frac{\sigma_0}{E_2} \cdot \left(1 - e^{-\frac{t}{t_{\mathrm{ret}}}}\right) \qquad (1.69)$$

Wird eine konstante Spannung auf eine Probe aufgebracht, so erfolgt eine unmittelbare Dehnung der Größe σ_0/E_1. Danach entspricht der Verlauf dem des Voigt-Kelvin-Modells, der Dämpfer verhindert den weiteren elastischen Sprung und die Dehnung steigt in einer e-Funktion auf die Asymptote σ_0/E_2 an. Bei einer Entlastung erfolgt eine spontane Rückstellung der elastischen Deformation σ_0/E_1, danach behindert der Dämpfer die Dehnungsabnahme, sie nimmt kontinuierlich

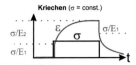

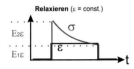

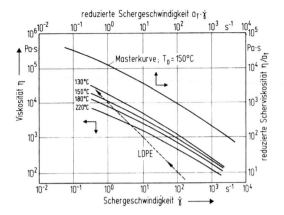

Abb. 1.43   Retardationskurve Zener

Abb. 1.44   Relaxationskurve Zener

Abb. 1.45   Temperaturabhängige bzw. temperatur-invariante Darstellung der Viskositätsfunktion [16]

ab und erreicht am Ende den Wert null, siehe ◻ Abb. 1.43.

Für die **Relaxation** (REL) mit den Randbedingungen $\varepsilon = \varepsilon_0 = $ konstant und $\dot{\varepsilon} = 0$ folgt aus (1.68)

$$\sigma_{(t)} = E_1 \cdot \varepsilon_0 + E_2 \cdot \varepsilon_0 \cdot e^{-\frac{t}{t_{REL}}}$$

Wird eine Probe belastet ($t = 0$), so stellt sie sich sprunghaft auf eine Spannung der Größe $E_1 \varepsilon_0 + E_{20}$ ein, die über der Zeit konstant abfällt und sich asymptotisch $E_1 \varepsilon_0$ annähert. Bei einer Entlastung geht die Spannung wieder auf null zurück, siehe ◻ Abb. 1.44.

Merke: Es gilt zu beachten, dass das Zener-Modell zwei Zeitkonstanten besitzt und daher sowohl Kriechen als auch Relaxieren abbilden kann!

1.1.7 Rheologische Prüfungen

Helmut Schüle

- **Kapillarrheometrie [13,14,15]**

Die Bestimmung der Viskositätswerte für verarbeitungsrelevante Schergeschwindigkeiten erfolgt für Polymerformmassen üblicherweise mit Hochdruckkapillarviskosimetern. Während eines Messvorganges wird aus einem Vorlageraum Polymerschmelze (→ Viskositätswerte 10 bis mehrere 1000 Pas) durch definiert aufgebrachten Druck von bis zu 1000 bar und mehr (erzeugt durch vorgeschaltete Ein- oder Doppelschneckenlaborextruder, Schmelzepumpe bzw. diskontinuierlich arbeitende Zylinder-Kolben-Systeme mit einstellbarer Kolbenkraft oder Kolbengeschwindigkeit)

über einen rheologisch optimierten Düseneingangsbereich (→ Düseneinlaufwinkel 30°–90°) in die Prüfstrecke eingepresst.

Werden für die Kapillare schlitz- oder kreisringförmige Querschnittsausführungen verwendet, kann der sich längs der Messdüsenlänge einstellende Druckabfall bzw. Druckgradient direkt mit den erforderlichen (→ mindestens drei stromabwärts in Reihe eingebauten) Schmelzedrucksensoren (schnellansprechend, üblicherweise Piezoeffekt) erfasst und die vorliegende Schubspannung ermittelt werden. Durch Vorgabe verschiedener Massedurchsätze (→ Volumenströme bzw. Schergeschwindigkeiten) kann – mit ausreichender Genauigkeit für gängige Praxisanwendungen – die Fließkurve und Viskositätsfunktion für die vorgegebene Schmelzetemperatur bestimmt werden. Da strenggenommen eine Polymerschmelze kein Newtonsches, sondern ein mehr oder weniger stark ausgeprägtes strukturviskoses Fließverhalten aufweist, erfolgt die Bestimmung der „wahren" Fließkurve und der „wahren" Viskositätsfunktion (◻ Abb. 1.45) mithilfe des Korrekturverfahrens nach Weissenberg/Rabinowitsch. Anmerkung: Zur Ermittlung der physikalischen Stoffgröße „Scherviskosität" muss längs der zur Auswertung herangezogenen Messstrecke eine vollentwickelte, stationäre, monoaxiale Scherströmung (hier Druckströmung) vorliegen. Die Forderung nach Vorliegen einer Laminarströmung ist bei einer Polymerschmelze aufgrund der vorliegenden hohen Viskositätswerte in aller Regel gegeben (→ Quellströmung). Aufgrund von Wandhaften der Schmelze – auch an den Kanalseitenwänden – treten grundsätzlich Querströmungen und somit Störungen längs der Messstrecke auf. Durch eine konstruktive Vorgabe hinsichtlich der Ausführung der Schlitzgeometrie (Faustformel: Breite b des Kanals soll „möglichst" mindesten 20 × Kanalhöhe sein) wird dieser Fehlereinfluss in der Praxis in aller Regel vernachlässigt.

Aus Kostengründen wird meist auf Schlitz- bzw. Ringschlitzkapillarrheometer verzichtet. Alternativ wird eine Viskositätsmessung unter Verwendung der Rundkapillardüsengeometrie herangezogen.

Die verwendeten Rundkapillardüsen weisen hierbei Durchmesser von 0,5 mm bis 2 mm ($\rightarrow$ für füllstoffhaltige Schmelzen bis 4 mm) auf. Der sich einstellende Schergeschwindigkeitsbereich liegt meist zwischen ca. $500 \ s^{-1}$ und $10.000 \ s^{-1}$. Hinweis: Der sich längs der Messstrecke einstellende Druckverbrauch für die zu untersuchende Polymerschmelze kann hierbei 1000 bar und mehr betragen. Da 100 bar Druckverbrauch – je nach Polymermasse und vorliegender Wärmekapazität – eine Temperaturerhöhung von 3 bis 6 K zur Folge haben kann, stellt sich hier stets die Frage nach der „wahren" Prüftemperatur. Auffallend wird dieser Effekt insbesondere bei Prüfschergeschwindigkeiten von $5000 \ s^{-1}$ und größer, da die ermittelten, eingezeichneten Viskositätswerte betragsmäßig „im Diagramm zu tief liegen" ($\rightarrow$ Viskositäts-Schergeschwindigkeit-Kurve weist ein „atypisches Abknicken" auf, meist ein Temperaturmessproblem, selten eine Polymerschädigung!).

Wird eine Viskositätsmessung mit Rundkapillardüsen ($D < 4 \ mm$) durchgeführt, ist es derzeit nicht möglich, verfügbare Druckmesssensoren (Messmembrandurchmesser 8 mm) unmittelbar längs der rheologischen Messstrecke einzubauen. Die Druckmessstelle befindet sich bei dieser Vorgehensweise im Vorlagekanal. Der an dieser Stelle gemessene Schmelzedruck beinhaltet neben dem Druckverbrauch durch die vollentwickelte Strömung noch zusätzlich einen betragsmäßig signifikanten, auf Strömungsumlagerungen zurückzuführenden Einlaufdruckverlust. Festzuhalten ist, dass der sich einstellende Einlaufdruckverlust bei konstanter Schmelzemassetemperatur und -volumenstrom sowie gleichbleibender Düseneinlaufgeometrie durch eine Verlängerung der Düse sich nicht ändert!

In der Praxis wählt man deshalb „einen Satz Kapillardüsen", welcher aus vier einzelnen Düsen (Einlaufgeometrie und Bohrungsdurchmesser gleich) besteht. Die eingesetzten Düsen weisen üblicherweise die Längen $L/D = 10$, 20, 30 und 40 auf. Für die einzelnen Düsenlängen werden unter Vorgabe eines konstanten Schmelzevolumenstroms ($\rightarrow$ d. h. konstante Schergeschwindigkeit) der sich einstellende Gesamtdruckverbrauch bestimmt. Letzterer wird schließlich über der Düsenlänge aufgetragen und somit der für die Düsenlänge an der Stelle Null (Düseneingang) anliegende Druck abgelesen. Dieser Wert beschreibt ausreichend genau den „unerwünschten" Einlaufdruckverlust, welcher zur Korrektur herangezogen wird.

Mit der beschriebenen Vorgehensweise ($\rightarrow$ Bagley-Korrekturverfahren) kann so die Scherviskosität bestimmt werden. Häufig umgeht man in der Praxis diese aufwendige Versuchsdurchführung, indem man lediglich nur eine Düsenlänge verwendet. Mit der Überlegung, dass der Einlaufdruckverlust trotz zunehmender Düsenlänge betragsmäßig nicht anwächst, wählt man eine Kapillarenlänge $L = (40 \ bis \ 50) \times$ Kapillarendurchmesser. Der im Versuch ermittelte Gesamtdruckverbrauch wird als Druckwert ($\rightarrow$ unkorrigiert) zur Bestimmung der Viskosität verwendet. Der sich bei dieser Vorgehensweise einstellende Fehler liegt in aller Regel unter 10 %. Problematisch ist bei Verwendung von Messdüsen mit $L/D > 50$ eine sich häufig einstellende, zu hohe Schmelzetemperatur.

Anzumerken ist, dass Hochdruckkapillarrheometer sowohl im Online- ($\rightarrow$ z. B. als Echtzeit-Rheometer mit Schmelzerückführung) als auch im Inline-Betrieb zum Einsatz kommen können.

- **Rotationsrheometer [17–19]**

Viskositätswerte für betragsmäßig kleine Schergeschwindigkeiten ($\rightarrow$ Newtonscher Bereich, Nullviskositätsbereich) werden bei hochviskosen Thermoplastschmelzen mithilfe von Rotationsrheometer bestimmt. Auch werden häufig Untersuchungen zur Strukturrheologie vorgenommen.

Rotationsrheometer (→ Kegel-Platte-, Platte-Platte-, koaxiale Zylinderrheometer) können die zu prüfende Polymerprobe sowohl stetig (Rotation) als auch oszillierend (dynamisch-mechanisch) vermessen. Wird bei Zylinderrheometern der Innenzylinder angetrieben, liegt ein Couette-Rheometer vor; Searle-Messsysteme haben angetriebene Außenzylinder.

Als Messgrößen sind das Drehmoment und die Drehzahl, bei der Oszillation das Drehmoment, die Frequenz und die Winkelauslenkung (Deformation) sowie die Phasenverschiebung zwischen Drehmoment und Deformation möglich. Grundsätzlich kann mit Oszillationsrheometern die komplexe Viskosität errechnet werden, da sowohl der Speichermodul G' (Speichermodul) und der Verlustmodul G'' getrennt ermittelt und die Elastizität bestimmt werden können.

Mit koaxiale Zylinderrheometer ist die Durchführung von Spann- und Kriechversuchen möglich, d. h. die Messung von Viskositätsfunktionen (→ auch Fließgrenze) und über die Oszillation können elastischen Eigenschaften bestimmt werden. Es ist für mittlere Schergeschwindigkeiten geeignet. Kegel-Platte- und das Platte-Platte-Rheometer liefern ohne Einschränkungen neben der Viskositätsfunktion auch die Normalspannungsdifferenzen. In der Praxis wird ein Schergeschwindigkeitsbereich von $10^{-5}\,\mathrm{s^{-1}}$ bis $10^{+3}\,\mathrm{s^{-1}}$ abgedeckt. Im höheren Geschwindigkeitsbereich machen sich neben Dissipationseinflüsse auch Oberflächenablöseerscheinungen nachteilig bemerkbar.

Anzumerken ist, dass nach der Cox/Merz-Regel [20] ein Vergleich der Viskositäten aus stetiger und oszillatorischer Scherung mit ausreichend hoher Genauigkeit erlaubt ist. D. h. dass die Scherviskosität (→ sprich der Betrag der komplexen Viskosität) für eine Deformationsfrequenz (→ Winkelgeschwindigkeit) der stationären Scherviskosität bei einer Schergeschwindigkeit (→ Kapillarrheometer) gleichgesetzt werden kann. Das in ◘ Abb. 1.45 dargestellte Viskositäts-Scher- bzw. Winkelgeschwindigkeits-Diagramm setzt sich somit aus Messwerten, ermittelt mit Rotations- und Hochdruckkapillarrheometern, zusammen. Der Übergangsbereich ist – viskositätsabhängig – zwischen ca. $10\,\mathrm{s^{-1}}$ und ca. $200\,\mathrm{s^{-1}}$ anzutreffen.

■ **Schmelzebruchphänomene [21]**

Unter diesem Begriff werden alle z. B. an einem extrudierten Strang zu beobachtenden Oberflächenstörungen zusammengefasst. So entsteht die als Haifischhaut (shark skin) bezeichnete Rauhigkeit der Oberfläche aufgrund abrupter starke Beschleunigung der Schmelze nahe der Wandung beim Verlassen der Düse (→ Aufreißen der Oberfläche, Schuppenstruktur). Ein anderer Schmelzebruchtyp führt zu Strängen mit abwechselnd glatten und zerklüfteten Strukturen, verbunden mit einer signifikanten Druckoszillation (Pumpen) während des Extrusionsvorgangs. Ursache hierfür ist ein periodischer Wechsel zwischen Wandhaften und Wandgleiten („stick-slip"-Effekt) in der Düse, insbesondere zu beobachten bei der Extrusion hochmolekularer Thermoplastschmelzen.

■ **Analytische Beschreibung von Fließ- und Viskositätskurven [22]**

Zur mathematischen Beschreibung der Viskositäts- und Fließkurven sind verschiedene Modelle entwickelt worden.

Trägt man die Fließkurven verschiedener Polymerer in doppelt-logarithmischem Maßstab auf, dann erhält man Kurven, die aus zwei näherungsweise linearen Abschnitten (→ Nullviskositätsbereich, ($< \mathrm{ca.}\,10\,\mathrm{s^{-1}}$, strukturviskose Bereich meist $> \mathrm{ca.}\,500\,\mathrm{s^{-1}}$) und einem (Zwischen-)Übergangsbereich bestehen. In vielen praxisrelevanten Verarbeitungsfällen bewegt man sich nur in einem bzw. zwei dieser Bereiche, so dass sich zur mathematischen Beschreibung des „so eingegrenzten" Kurvenabschnitts eine Funktion, der sogenannte Potenzansatz nach Ostwald und de Waele mit den beiden Parametern Fließexponent und Fluidität, brauchbar eignet. Charakterisierend für das Fließvermögen einer Polymerschmelze und seiner Abweichung vom newtonschen Verhalten ist dabei der Fließexponent m (bei Kunststoffschmelzen in der Regel zwischen 1 und 6). Für $m = 1$ liegt newtonsches Fließverhalten vor. Generell kann der Potenzansatz eine Fließ- oder Viskositätskurve nur in einem engen Schergeschwindigkeitsbereich mit genügender Genauigkeit beschreiben. Dabei hängt die Größe dieses Bereichs von der anzutreffenden Krümmung der Kurve (→ charakteristischer Hinweise für die vorliegende Strukturviskosität der Schmelze) ab. Soll eine

1

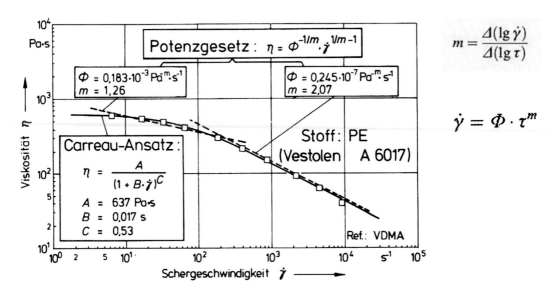

$$\eta = \frac{\tau}{\dot{\gamma}} \qquad\qquad \eta(\dot{\gamma}, T) = \frac{A \cdot (a_T)^{1-C}}{\left(\dfrac{1}{a_T} + B \cdot \dot{\gamma}\right)^C}$$

$$\text{Potenzgesetz}: \quad \eta = \Phi^{-1/m} \cdot \dot{\gamma}^{1/m-1} \qquad\qquad m = \frac{\Delta(\lg \dot{\gamma})}{\Delta(\lg \tau)}$$

$\Phi = 0{,}183 \cdot 10^{-3}\ \mathrm{Pa^{-m} \cdot s^{-1}}$
$m = 1{,}26$

$\Phi = 0{,}245 \cdot 10^{-7}\ \mathrm{Pa^{-m} \cdot s^{-1}}$
$m = 2{,}07$

$$\dot{\gamma} = \Phi \cdot \tau^{m}$$

Carreau-Ansatz:

$$\eta = \frac{A}{(1 + B \cdot \dot{\gamma})^C}$$

$A = 637\ \mathrm{Pa \cdot s}$
$B = 0{,}017\ \mathrm{s}$
$C = 0{,}53$

Stoff: PE
(Vestolen A 6017)

Ref.: VDMA

Viskosität η — (Pa·s)

Schergeschwindigkeit $\dot{\gamma}$ — (s⁻¹)

Abb. 1.46   Der Potenz- bzw. Carreau-Ansatz als Approximationsfunktion im Vergleich zu einer rheologischen Messung [23]

Fließkurve über einen größeren Bereich mit dem Potenzgesetz beschrieben werden, so bietet sich eine Aufteilung der Kurve in Segmente an, wobei für jeden Abschnitt die charakteristischen Beschreibungsgrößen neu bestimmt werden müssen (Abb. 1.46). Mit den so ermittelten Werten für den m-Wert und die Fluidität kann mit einfachen Gleichungen u. a. auch der Druckverbrauch einer Schmelze beim Durchfließen eines Kanals (Kapillare) berechnet werden.

Ein anderes, praxisrelevantes Stoffmodell ist der Ansatz nach Carreau, welcher eine im Vergleich zum Potenzansatz bessere Beschreibung des Stoffverhaltens innerhalb eines sehr breiten Schergeschwindigkeitsbereichs ermöglicht (Abb. 1.46).

Der Einfluss der Temperatur auf die Scherviskosität ist bei kleinen Schergeschwindigkeiten ausgeprägter als bei hohen Schergeschwindigkeiten. Unabhängig von der Temperatur bleibt die eigentliche Viskositätskurve in ihrer Charakteristik erhalten. Für thermorheologisch einfache Polymerschmelzen können die Viskositätskurven in eine einzige temperaturinvariante Masterkurve überführt werden. Grafisch bedeutet dies, dass man die Kurven unter einem Winkel von −45° ineinander überführen kann (→ Zeit-Temperatur-Verschiebungsprinzip).

Ist die Viskositätsfunktion für eine bestimmte Temperatur T gesucht, kann aus der Viskositätsmasterkurve unter Einbeziehung des Temperaturverschiebungsfaktor für jede beliebige Temperatur die schergeschwindigkeitsabhängige Viskositätsfunktion errechnet werden.

Der Verschiebungsfaktor a_T für eine Referenztemperatur T_0 kann bei vielen Polymeren durch die WLF-Beziehung nach William-Landel-Ferry mit zwei materialspezifischen Parametern c_1 und c_2 beschrieben werden. Geeignet ist diese Vorgehensweise bei amorphen Polymeren. Bei teilkristallinen Formmassen wird meist der Arrhenius-Ansatz gewählt Tab. 1.15.

Die Temperaturabhängigkeit des Temperaturverschiebungsfaktors für einige Polymerschmelzen ist in Abb. 1.47 dargestellt.

◻ Tab. 1.15 WLF- und Arrhenius-Ansatz

teilkristalline Polymere bei T ≫ T_g (Glastemperatur)
(z. B. PE, PP, PA, POM)

Arrhenius: $a_T = \exp\left[\frac{E_0}{R}\left(\frac{1}{T_n} - \frac{1}{T_{abs/ref}}\right)\right]$ 1 Parameter

E_0 ... Aktivierungsenergie
R ... Gaskonstante
$T_{abs/ref}$ ... Referenztemperatur [Kelvin]

amorphe Polymere bei T > T_g
(z. B. PS, PIB, PMMA, SAN, PESU)

WLF: $a_T = \exp\left[\frac{-c_1 (T - T_{ref})}{c_2 + (T - T_n)}\right]$ 2 Parameter

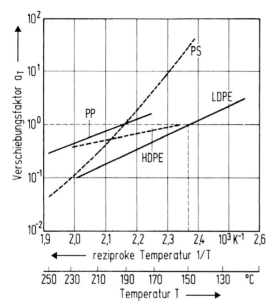

◻ Abb. 1.47 Temperaturabhängigkeit des Temperatur-verschiebungsfaktors [16]

■ **Weitere betriebsrelevante rheologische Prüfverfahren [13, 14]**

Strangaufweitung

Bei der Extrusion von Kunststoffschmelzen tritt beim Austritt aus der Düse eine Strangaufweitung auf. Dies wird durch ein Rückstellen der Molekülorientierungen (→ verursacht durch Dehndeformationen im Düseneinlauf bzw. längs des Werkzeugkanals) hervorgerufen (→ Memory-Effekt). Der auftretende Schwellfakor hängt dabei neben der Schmelzetemperatur auch von den Geschwindigkeitsverhältnissen längs der Düse (→ Verweilzeit) sowie von der Kanalgeometrie (→ Verhältnis Länge zu Durchmesser) ab, ◻ Abb. 1.49. Die Ermittlung der Strangaufweitung einschließlich des temperatur- und schergeschwindigkeitsabhängigen

Schwellverhaltens erfolgt in der Praxis häufig unter Verwendung eines Lasermesskopfs (Abtastvermögen < 0,1 μm) an einem austretenden Extrudatstrang.

■ **Dehnrheometer [24–26]**

Dehnbeanspruchungen sind vorzugsweise beim Fadenspinnen, bei der Folienherstellung (→ biaxial gereckte Schrumpffolien) und beim Spritzstreckblasformen anzutreffen. Die Ermittlung der temperatur- und geschwindigkeitsabhängigen Dehnviskosität an „Schmelze"-Prüfkörpern, welche im elastischen bzw. plastischen Stoffzustand vorliegen müssen, ist in aller Regel mit viel Aufwand verbunden. So werden beim Dehnrheometer nach Meissner und Münstedt durch Zugkräfte (→ Walzenabzug) an den Enden einer zylindrischen, hochviskosen Polymerprobe eine uniaxiale Verstreckung vorgenommen (→ im temperierten Ölbad) und somit die uniaxiale Dehnviskosität ermittelt (→ nur für niedrige Dehngeschwindigkeiten möglich).

In der Praxis werden üblicherweise produktionsrelevante Untersuchungsmethoden bevorzugt, um insbesondere das Dehnvermögen einer Polymerschmelze bei hohen Beanspruchungsgeschwindigkeiten (Blasfolien, biaxial gereckte Flachfolien qualitativ bewerten zu können (→ Rheotens-Versuch).

■ **Betriebsrelevante rheologische Prüfverfahren**

Schmelzindexprüfgerät

Beim Schmelzindexprüfgerät handelt es sich um ein rheologisches Prüfgerät, welches vor allem in der Produktions- und Eingangskontrolle verwendet wird (◻ Abb. 1.48). Der Schmelzindex (MFI = Melt Flow Index) in g/10 min wird dabei als die Masse definiert, welche innerhalb eines Zeitraumes von 10 min bei einer festgelegten Kolbenkraft und einer bestimmten Massetemperatur durch eine genormte Kapillardüse gedrückt wird. Die dabei auftretende Scherbeanspruchung und die daraus resultierende Schergeschwindigkeit (→ meist < 20 s^{-1}) sind allerdings so gering, dass diese in aller Regel nicht geeignet sind für Verarbeitungsprozesse, welche üblicherweise bei höheren Beanspruchungsgeschwindigkeiten (→ meist > 100 s^{-1} und mehr) ablaufen,

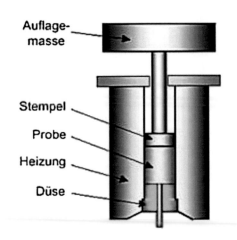

Düse: L = 8.00 mm, R = 1.05 mm; $D_{Zylinder}$ = 9.55 mm

Auflagemasse M / kg	$\xrightarrow{\times 9}$	Schubspannung τ / kPa
2.16		19.4
10.00		89.9
21.60		194.1

Scherrate:

$$\dot{\gamma} = 1.85 \cdot \frac{MVR}{cm^3 / 10min} \, s^{-1}$$

MFR: Schmelze-Massefließrate in g/10min

MVR: Schmelze-Volumenfließrate in cm³/10min

Viskosität:

$$\eta = \frac{\tau}{\dot{\gamma}}$$

☐ **Abb. 1.48**   Schematische Darstellung des Schmelzindexgerätes

rheologisch zu beschreiben. Dass der MFI-Wert in der Praxis trotzdem große Bedeutung hat, liegt an der Einfachheit der Messdurchführung sowie der kurzen Messdauer. In praxi werden z. B. die meisten thermoplastischen Formmassen von den Rohstoffherstellern mithilfe des MFI in Bezug auf ihre Verarbeitbarkeit klassifiziert. Achtung: Aufgrund der vorliegenden Messdüsengeometrie ($\rightarrow L/D$ ca. 4) sind im vorliegenden Fall die – ohne Berücksichtigung des Düseneinlaufdruckverlustes – berechneten Viskositätswerte ($\rightarrow$ insbesondere bei strukturviskosen Schmelzen, Vorliegen einer großen Strangaufweitung) mit nicht mehr zu vernachlässigten Fehlern behaftet!

■ **Rheotens-Versuch [27–30]**

Der Rheotens-Versuch wird gerne als Dehntester für Formmassenentwicklungen bzw. Eingangskontrolle für „Blasfolien-" bzw. „Spinnfaser-"-formmassen eingesetzt. Bei diesem Laborversuch wird eine aus einer Extrusionsdüse austretende Schmelze ($\rightarrow$ Strang, Faser, Filament) mithilfe zweier gegenläufiger, gezahnter Walzen abgezogen. Die gemessene Abzugskraft wird dabei in Abhängigkeit von der Abzugsgeschwindigkeit erfasst ($\rightarrow$ uniaxiale Dehnung, Simulation Fadenspinnen). Das so gewonnene Ergebnis eines Rheotens-Versuchs ($\rightarrow$ meist

unter konstanter Beschleunigung) wird schließlich in einer Auftragung der Abzugskraft als Funktion der Abzugsgeschwindigkeit dargestellt. Die beim Abriss des Schmelzefadens erreichte Abzugsgeschwindigkeit ist hierbei ein Maß für die Verstreckbarkeit. Die sich einstellende Abrisskraft wird als charakteristische Bewertungsgröße für die Schmelzefestigkeit herangezogen. Achtung: Die eigentliche Messung ist in hohem Maße abhängig vom Polymer, Schmelzekanalgeometrie und Prozessbedingungen ($\rightarrow$ Temperierschacht/-Tunnel für die Abziehstrecke vorsehen!).

Im Gegensatz zu Dehnrheometern lassen sich mit dem Rheotens-Versuch keine Stoffwert-/Materialfunktionen bestimmen, da während der Messung inhomogene, instationäre Strömungsvorgänge vorliegen. Wegen seiner guten Reproduzierbarkeit und seines hohen Auflösungsvermögens ist der Rheotens-Versuch jedoch als vergleichendes Messverfahren sehr gut anwendbar. Besonders erwähnenswert ist, dass geringste Materialunterschiede, die in Scherexperimenten nicht sichtbar sind, deutlich erkennbar gemacht werden können.

■ **Schmelzefließvermögen (Fließweg-Wanddicken-Verhältnis)**

Mit einem Laborspritzgießwerkzeug, versehen mit einer Archimedesspirale oder mit

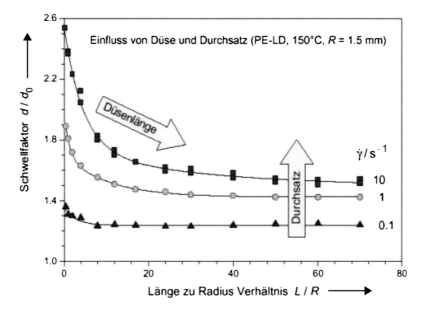

Abb. 1.49 Einfluss von Düsengeometrie und Volumenstrom auf die Strangaufweitung

definierten Rechteckkanalgeometrien, wird das Fließweg-Wanddicken-Verhältnis ($\rightarrow$ effektive Lauflänge bis zum Einfrieren der Schmelze) von Polymerschmelzen unter praxisrelevanten Spritzgießprozessparametern ermittelt. Auch Aussagen über das vorliegende Schmelzeabbildevermögen ($\rightarrow$ Konturtreue) können prinzipiell vorgenommen werden.

■ **Einspritzarbeit, Fließzahl [31, 32]**
Die Ermittlung der Einspritzarbeit (Druckverbrauch für einen vorgegebenen Schmelze-/Schneckeneinspritzweg) oder Fließzahl (Druckverbrauch während einer vorgegebene Einspritzzeit) erfolgt unmittelbar während des Einspritzvorgangs ($\rightarrow$ Füllphase) des Werkzeugs ($\rightarrow$ Kavität). Die eigentliche Messung muss grundsätzlich vor der volumetrischen (100 %-) Füllung des Werkzeugs ($\rightarrow$ Nachdruck wirkt nicht!) abgeschlossen sein. Die so ermittelten, betriebsrelevanten Kenngrößen (kein physikalischer Stoffwerte), welche unter verarbeitungsnahen Bedingungen bei höchsten Schergeschwindigkeiten bestimmt werden können, sind sehr gut geeignet als Wareneingangskontrolle, insbesondere für Chargenschwankungen ($\rightarrow$ Scher- als auch Dehnviskositätsverhalten). Prinzipiell ist jedes Produktions-/Laborwerkzeug für derartige Untersuchungen geeignet, sofern eine

Druckmessstelle in der Kavität vorhanden ist. Für nachhaltige Dehnviskositätsuntersuchungen wird vorteilhafterweise ein „Topfwerkzeug" ($\rightarrow$ hoher Dehnströmungsanteil während der Füllphase) eingesetzt.

■ **Kneterversuch**
Das Messprinzip beruht darauf, dass der Widerstand ($\rightarrow$ Drehmoment), den die meist als Pulvermischung ($\rightarrow$ PVC) zugegebene Polymerformmasse in der Messkneterkammer zwei rotierenden Schaufeln während des Aufschmelzvorgangs entgegengesetzt, erfasst wird. Für jeden zu prüfenden Formmassenansatz (genaue Einwaage beachten! Vorzugsweise automatisch gesteuerte, pneumatische Füllvorrichtung einsetzen) wird dabei ein Drehmomentverlauf (zeitgleich meistens auch eine Aufschmelzetemperatursituation) in Abhängigkeit von der Beanspruchungs-/Knetzeit aufgezeichnet. Die erhaltenen Ergebnisse können aufgrund der vorliegenden instationären Strömungsvorgänge während des Knetvorganges grundsätzlich nur vergleichend verwendet werden!

Die Untersuchungen haben u. a. als Ziel eine Simulation des Aufschmelzverhaltens im Extruder, als klassische Aufgabe die Prüfung des Plastifizier- und Stabilitätsverhaltens von PVC-Dryblend aber auch das Mastizier- und Vulkanisationsverhalten von Elastomeren vorzunehmen. Ebenso werden die Einflüsse

1

verschiedener Additive auf Rezepturen aber auch das Fließ-Härtungs-Verhalten vernetzbarer Polymere bestimmt. Als Ergebnisse werden meist auftretende Extremwerte im Drehmomentverlauf, die Plastifizierzeit, die Geliergeschwindigkeit sowie der mechanische Energieeintrag angegeben. Die so erhaltenen Materialkennwerte werden vorzugsweise innerhalb der Wareneingangs- und -ausgangskontrolle eingesetzt. Erwähnenswert ist, dass insbesondere bei Untersuchungen des Plastifizierverhalten von PVC-Rezepturen (→ Wärme- und Scherstabilität) „kleine" Knetkammer (Volumen < 40 cm³) herangezogen werden, um die gewünschte Schersituation während der Messung einbringen zu können. Elastomeruntersuchungen (→ Mischeffekte bevorzugt) werden oft mit „großen" Kammern (Volumen > 70 cm³) durchgeführt. Die zum Einsatz kommenden Schaufelgeometrien (→ Banbury-, Nocken-, Walzen) werden den Messaufgaben angepasst.

1.1.8 Oberflächenspannung von Werkstoffen und Kunststoffen

Zur Messung der Oberflächenspannung verwendet man verschiedene Verfahren. Die Oberflächenspannung von Flüssigkeiten oder Polymerschmelzen kann direkt gemessen werden. Oberflächenspannungen von Festkörpern lassen sich nur indirekt messen. Dabei wird bei allen Methoden der Winkel einer mit der Festkörperoberfläche in Kontakt gebrachten Testflüssigkeit, deren Oberflächenspannung bekannt ist, bestimmt [33]. Häufig handelt es sich um einen Tropfen. Der Winkel, den die an die Tropfenoberfläche geneigte Tangente mit der Festkörperoberfläche bildet, wird als Randwinkel θ, Kontaktwinkel oder Benetzungswinkel bezeichnet (◻ Abb. 1.50).

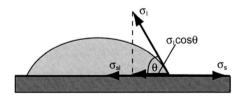

◻ **Abb. 1.50** Kräftegleichgewicht am liegenden Tropfen [33]

Die Grenzflächenspannung wird durch die Gleichung von Young beschrieben [34, 35]

$$\sigma_{sl} = \sigma_s - \sigma_l x \cos \theta Z$$

mit

σ_s = Festkörperoberflächenspannung [mN/m]
σ_l = Flüssigkeitsoberflächenspannung [mN/m]
σ_{sl} = Grenzflächenspannung [mN/m]
θ = Randwinkel [Grad]

Der Randwinkel ist ein Maß für das Benetzungsverhalten. Um einen Randwinkel messen zu können, muss die Oberflächenspannung der Testflüssigkeit größer als die Oberflächenspannung des Festkörpers sein. Sind die Oberflächenspannung von Testflüssigkeit und Substrat gleich, findet eine vollständige Benetzung statt. Der Randwinkel wird gleich 0°. Nach der Youngschen Gleichung ist die Grenzflächenspannung dann ebenfalls gleich 0.

Die Oberflächenspannung von Kunststoffen unterscheidet sich deutlich von den Oberflächenspannungen von Glas, Eisen und anderen Metallen. Kunststoffe weisen eine deutlich geringere Oberflächenspannung auf. In ◻ Tab. 1.16 sind die Oberflächenspannungen [35] verschiedener Werkstoffe mit den polaren und dispersiven Anteilen aufgeführt.

1.2 Prüfung der duroplastischen Formmassen und Formstoffe

Die folgende Ausarbeitung entspricht weitgehend dem Vorwort zu der sehr empfehlenswerten Broschüre zur Prüfung von duroplastischen Formmassen [36] (Sie gliedert sich nach dem Vorwort in: Der Konstrukteur und seine Aufgaben; Prüfung und Werkstoffauswahl; Typisierte Formmassen, -Übersicht; Herstellen von Probekörpern; Prüfungen im Vergleich; Prüfungen der Kriechwegbildung; Beschreibung der Prüfverfahren; Datenkatalog in Campus 3; Verbände, Institute, Organisationen), ◻ Abb. 1.51, siehe auch [37].

- ■ **Probleme und Aufgaben**

Beschäftigt man sich mit Prüfungen, so muss man zunächst deren Probleme und Aufgaben sehen. Ohne eine Wertung vorwegzunehmen, dient die Prüfung der
- ▬ Sicherung einer gleichbleibenden Qualität,
- ▬ Auswahl für einen wirtschaftlichen Werkstoffeinsatz,

◘ Tab. 1.16 Oberflächenspannungen verschiedener Werkstoffe [35]

Werkstoff	σ_d [mN/m]	σ_p [mN/m]	σ [mN/m]
Metalle	–	–	1000–5000
Eisen	–	–	1400
Keramik	–	–	500–1500
Quecksilber	–	–	484
Glas	–	–	300
Glimmer	27,3	39,8	67,1
PA6	36,8	10,7	47,5
PVC	37,7	7,5	45,2
POM	36,0	6,1	42,1
PS	41,4	0,6	42,0
PETP	37,8	3,5	41,3
PE-HD	35,0	0,1	35,1
Epoxidharz	19,5	13,2	32,9
PP	30,5	0,7	31,2
Paraffinwachs	25,5	0	25,5
PTFE	18,6	0,5	19,1
PMMA[a]	30,0	12,0	42,0

[a]andere Quelle als der Rest der Tabelle

- Senkung der Kosten,
- richtigen Dimensionierung und Gestaltung eines Produkts [37].

■ **Prüftechnik**
Was ist nun in der Prüftechnik geschehen?
Die ersten beiden Kriterien
- Erfassung von Eigenschaften der Rohstoffe, Halbfabrikate, Fertigprodukte und
- Überwachung der gleichbleibenden Qualität dieser Produkte

werden, soweit es einfache Standardprüfungen betrifft, sicher mit wenigen Hilfsmitteln erreicht (Biegefestigkeit, Schlagzähigkeit, Kerbschlagzähigkeit, HDT usw.).

Der Konstrukteur könnte also nach einem bestimmten groben Schema vorgehen. Dies ist aber nur möglich, wenn ihm Kennwerte zur Verfügung gestellt werden, mit denen er so verfahren kann. Die Prüftechnik soll dabei helfen. Beschränkt man sich auf die Duroplaste, so sind

hier die technischen Prüfeinrichtungen unterschiedlich, das notwendige Minimum unterliegt der Überwachung.

■ **Typisierung und Überwachung**
Betrachtet man dabei noch die üblichen Normprüfungen bzw. die im Normenwerk aufgeführten Mindestanforderungen, so stellt man fest, dass diese in erster Linie der Typisierung und Überwachung von duroplastischen Formmassen dienen. Ein Konstrukteur braucht sicher mehr Information als diesen Zahlenspiegel.

Die Standardtypen z. B. der DIN 7708 Teil 2, 9, 10, 11 (Entwurf) bzw. ISO/CD, siehe ◘ Tab. 1.17, welche die Basis vieler Gespräche sind, werden dabei oft zu wenig berücksichtigt.

■ **Aussagekraft von Normprüfungen**
Können die Normprüfungen ein umfassendes Bild des Werkstoffes vermitteln?

Sie sind sicher ausreichend, wenn es sich um physikalisch eindeutig definierte Eigenschaften,

1

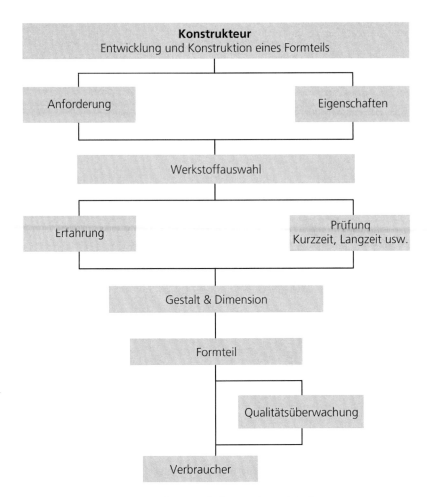

Konstrukteur
Entwicklung und Konstruktion eines Formteils

Anforderung

Eigenschaften

Werkstoffauswahl

Erfahrung

Prüfung
Kurzzeit, Langzeit usw.

Gestalt & Dimension

Formteil

Qualitätsüberwachung

Verbraucher

◻ **Abb. 1.51**   Diagramm „Der Konstrukteur und seine Aufgaben", siehe auch [37]

◻ **Tab. 1.17**   Normen für Formmassen (Auswahl)

Formmassen	DIN	ISO/CD
Epoxid	–	12252-3
Melamin	7708/T9	14528-3
Melamin-Phenol	7708/T10	14529-3
Phenol	7708/T2	14526-3
Polyester	7708/T11	14530-3

wie Dichte, spezifische Wärme usw. handelt, die vom Prüfverfahren unabhängig sind. Für konstruktiv notwendige Kennwerte reichen sie nicht aus. Hier ist es unbedingt erforderlich, nach Prüfverfahren zu suchen, welche zu einer guten Korrelation der Ergebnisse in der Praxis führen.

Wie dabei die gleichbleibende Qualität der duroplastischen Formmassen geprüft wird, ist völlig egal.

Es werden oft genug Massen als nicht ausreichend verworfen, weil ein Eigenschaftswert nicht den Anforderungen genügt, dieser aber für diese Anwendung keinen Aussagewert hat.

◾ **Weitere Voraussetzungen**

Von welchen Parametern die Eigenschaftswerte abhängen, wurde von vielen Autoren erwähnt. Umfangreiche Untersuchungen bei Spritzgießen von duroplastischen Formmassen lassen die Problematik erkennen. Alles geschieht jedoch im Hinblick auf die mit Standardprüfungen ermittelten Mindestanforderungen der z. B. DIN 7708/T2 (ISO/CD 14526-3 usw.).

Es ist aber nicht klar, ob weitere Voraussetzungen immer erfüllt sind.

- Kenntnis und Beurteilung der Prüfgeräte und der damit ermittelten Kennzahlen,
- Aufstellung von Beurteilungsmaßstäben aufgrund von Erfahrungen und
- Vergleich von Eigenschaften auch mit den Werkstoffen, die unter gleichen Bedingungen und Geometrien ermittelt wurden.

- **Automatische Prüfeinrichtungen**

Auf dem Gebiet der Prüftechnik hat sich in den letzten Jahren einiges getan. So gibt es genügend Hinweise auf z. B. automatische Prüfeinrichtungen und auf rationelle Qualitätskontrollen.

Diese können rechnerunterstützt sein. Dass dabei

- enge Toleranzen,
- Stichprobenzahlverkleinerung,
- größere Sicherheit und Genauigkeit der Werte,
- Vergleichbarkeit der Werte usw.

höhere Investitionen erfordern, liegt auf der Hand. Soll die Prüftechnik aber wirtschaftlich sein, ist ein hoher Ausnutzungsgrad erforderlich. Der reiche Erfahrungsschatz früherer Jahre steht nicht jedem zur Verfügung.

- **Praxisrelevante Kennwerte, Prüfung – Werkstoff – Datenbank (CAMPUS)**

Es stellt sich die Frage, ob das vor Jahrzehnten entworfene Eigenschaftsbild in der heutigen Zeit noch ausreichend ist. Es kann auch keine generelle Anweisung gegeben werden, wie und welche praxisrelevante Daten ermittelt werden sollen. Ein kleines Schema könnte aber helfen, diese Entscheidungen zu treffen. Hier wäre auch bei genauem Hinsehen die direkte Beziehung zum sogenannten Datenblocksystem, zur Vereinheitlichung und Reduzierung von Prüfungen und Probekörpern sowie zur internationalen Normung gegeben.

Die Kunststoffdatenbank CAMPUS ist eine sinnvolle Ergänzung zur Vereinheitlichung und Rationalisierung von Kunststoffprüfungen. Sie ist die erfolgreichste und international am weitesten verbreitete Datenbank für Kunststoffeigenschaften. Vergleichbarkeit, Reproduzierbarkeit Betrachtet man einige ausgewählte

Prüfungen an einem Formmassetyp unter Berücksichtigung von Schlagprüfung und Kerbschlagversuch, so findet man anscheinend wahllos verteilte Ergebnisse in Abhängigkeit von der Dicke.

Im Hinblick auf das Praxisverhalten ist also eine kritische Beurteilung der Prüfung und Ergebnisse nötig und dabei steht das Formteil im Vordergrund.

Damit gilt für Duroplaste folgendes:

1. Bei Duroplasten kommen bei Brüchen im wesentlichen Sprödbrüche vor, sodass diese die gefährlichsten Versagensfälle mit erheblichen Sach- und Folgeschäden sein können.
2. Für Langzeitverhalten bzw. Gebrauchstemperatur gelten Faustregeln, die im Einpunktverfahren oder Grenztemperaturmessungen an Probeköprern abgeleitet werden und damit nur Erfahrungswerte darstellen können.

Die Reproduzierbarkeit der durch Prüfung ermittelten Werte hängt von Masse und Verarbeitungsparametern ab. Am einfachsten wäre es, wenn man ohne zusätzlichen Aufwand von Kurzzeitversuchen auf das Langzeitverhalten bzw. die Dimensionierung von Formteilen mit den jeweiligen Gebrauchseigenschaften schließen könnte.

- **Dimensionierung und Gebrauchseigenschaften**

Bleiben wir zunächst bei den Eigenschaftswerten, die letztlich für die Realisierung eines Formteils mit entsprechenden Gebrauchseigenschaften entscheidend sind.

Diese Eigenschaften sind von

- der Formmasse,
- der Verarbeitung (-Technologie),
- der Probengeometrie und
- der Prüfmethode

abhängig.

Verantwortlich für Formmasse und Richtlinien für die Verarbeitung ist der Formmassen-Hersteller. Die Probengeometrie und Prüfmethode sind (außer bei Hausmethoden) im Normenwerk festgelegt, womit auch eine Überprüfung der Reproduzierbarkeit möglich ist. Statistische Methoden helfen da weiter, wo genügend Werte vorhanden sind.

1

In der Prüftechnik sind schon vor vielen Jahren für die Duroplaste folgende Festlegungen getroffen worden.

1. Typisierte Formmassenüberwachung
2. Probekörperherstellung und -geometrie (Pressen, Normstab)
3. Prüfmethode (Biege, Schlag, Kerb, Martens alt, HDT neu usw.)

Sieht man sich einige Beispiele an, die über Mindestanforderungen hinausgehen, fällt sofort auf, dass sich die Eigenschaften mehr oder weniger stark mit der Dicke ändern. Reichen solche Erkenntnisse für den Konstrukteur oder Techniker nicht aus?

Offensichtlich nicht, denn es gibt noch eine Vielzahl von Eigenschaften, die von verschiedenen Parametern abhängen.

Die Abhängigkeiten einer Eigenschaft von Härtezeit, Temperatur und z. B. Kerbtiefe zeigen die Vielfalt der Informationen, die man mit genormten Probekörpern und Prüfungen ermitteln kann. Allerdings muss die Einschränkung gemacht werden, dass die Werte nur mit denen anderer Werkstoffe verglichen werden können, wenn diese unter gleichen Bedingungen (auch Probekörpergeometrie) ermittelt werden. Durch die Umstellung von DIN auf ISO ist eine Vergleichbarkeit von Thermoplasten und Duroplasten gewährleistet, sofern Probekörpergeometrien und Probekörperherstellung gleich sind. Die Kunststoffdatenbank CAMPUS ist sicherlich eine sinnvolle und hilfreiche Ergänzung.

- **Einfache Prüfungen und ihre Aussagefähigkeit**

Betrachtet man einige andere Duroplast-Typen, so gilt offensichtlich dasselbe. Es lassen sich also ausgehend von den Eigenschaftswerten an 4 mm dicken Vielzweckprobekörpern (= Mindestanforderungen der z. B. 7708/T2 bzw. ISO/CD 14526-3 usw.) einige Aussagen machen und Zusammenhänge erkennen. Mit dem Schlagbiegeversuch nach Charpy wird an gekerbten und ungekerbten Probekörpern in Dreipunktauflage das Zähigkeitsverhalten von Kunststoffen bei schlagartiger Beanspruchung beurteilt. Beim Kerbschlagbiegeversuch wird in den Probekörper eine V-Kerbe eingearbeitet.

Durch die Kerbe wird eine Spannungskonzentration sowie eine Erhöhung der Rissausbreitungsgeschwindigkeit im Kerbgrund erreicht. Dadurch ist es möglich, auch bei der Prüfung zäher Kunststoffe einen Bruch zu erzielen, wenn diese bei Verwendung ungekerbter Probekörper nicht brechen. Zu beachten ist, dass durch das Einarbeiten der Kerbe in die auf Zug beanspruchte Flanke des Probekörpers die Randzone des Probekörpers durchtrennt wird.

Die für die Zerstörung von speziell hergestellten Probekörpern notwendige Brucharbeit wird mit einem Pendelschlagwerk, bei dem die Schwerkraft als Antriebskraft auftritt, ermittelt. Der Probekörper liegt dabei auf zwei Widerlagern und wird in der Mitte durch das Pendel schlagartig beansprucht. Diese Anordnung wird als „Charpy-Anordnung" bezeichnet. Die für die Zerstörung des Probekörpers notwendige Schlagarbeit A ergibt sich aus der Differenz zwischen Fallhöhe und Steighöhe (nach dem Durchschlagen des Probekörpers) und dem Gewicht G des Pendelhammers.

Liegen die Schlag- und Kerbschlagzähigkeit gleich oder annähernd gleich hoch, so handelt es sich um schlagunempfindliche Werkstoffe. Dass sich die Eigenschaftskennwerte durch geeignete Füll- und Verstärkungsstoffe stark verändern lassen, ist bekannt. Wenn durch Rückschlüsse auf vor bereits langer Zeit ermittelter Ergebnisse Aussagen getroffen werden, kann es ein böses Erwachen geben. Es ist notwendig, praxisrelevante Kennwerte zu liefern und damit nach geeigneten Prüfmethoden weiter zu suchen bzw. diese anzuwenden.

- **Zusammenfassung**

Für die Dimensionierung und Gestaltung eines Produktes benötigt der Konstrukteur die Werkstoffkenndaten. Diese sollen mit geeigneten Prüfmethoden an vergleichbaren Probekörpern ermittelt werden. Die Mindestanforderungen an Formmassen (◘ Tab. 1.18) bzw. aus ihnen hergestellten Probekörpern lassen nur z. T. Rückschlüsse auf das Verhalten der Formteile zu.

Neue und praxisgerechte Prüfmethoden erfordern Investitionen. Neue Einsatzgebiete können nicht mit alten, nicht vergleichbaren Kennwerten erschlossen werden. Durch die weltweite Verbreitung von CAMPUS ist eine Vereinheitlichung und Rationalisierung von Kunststoffprüfungen erreicht. Mit CAMPUS 4

◘ Tab. 1.18 Typisierte Formmassen – Mindestanforderungen [36]

neue Bez. s. Tabelle 1	alte Bez.	Materialart / Verstärkungsaufbau	p=Pressen, S=Spritzgießen	Zugfestigkeit N/mm² neu ISO 527	alt DIN 53455	Biegefestigkeit N/mm² neu ISO 178	alt DIN 53452	Charpy-Schlagzähigkeit kJ/m² neu ISO 179/1eU	alt DIN 53453	Charpy-Kerbschlagzähigkeit kJ/m² neu ISO 179/1eA	alt DIN 53453	Formbeständigkeit °C neu ISO 75 Verf.A	neu ISO 75 Verf.C	alt DIN 53462	Temp. neu IEC 250	alt DIN 53462	Kriechstromfest. neu DIN IEC 112 (PTI)	alt DIN 53480 (KC)	spez. Durchgangswid. Ω·cm neu IEC 93	alt DIN 53482	Oberflächenwid. Ω neu IEC 93	alt DIN 53482	Entflammbarkeit neu DIN VDE 0304 Teil3 / IEC 707	Stufe alt	Wasseraufnahme mg neu ISO 62 (24h;23°C)	alt DIN 53495 (96h;23°C)	Ammoniak neu ISO 120	alt -/-
GF20 GG30 bis GF30 GG20	PF 12	Glasfaser / Glasmehl	P	30	–	60	50	3,0	3,5	1,5	2,0	200	140	150	–	–	175	–	–	–	1 E 9	1 E 8	BH1	30	30	–	–
			S	50	–	60	–	4,5	–	1,5	–	200	140	–	–	–	175	–	–	–	1 E 9	–	BH1	–	30	60	–	–
PF40 bis PF60	PF 13	Glimmer	P	30	–	50	50	2,5	3,0	1,5	2,0	180	140	150	–	–	175	–	–	–	1 E 11	1 E 10	BH1	20	20	–	–
			S	40	–	60	–	3,5	–	1,5	–	180	140	–	–	–	175	–	–	–	1 E 11	–	BH1	–	20	40	–	–
WD30 MD20 bis WD40 MD10	PF 31	Holzmehl	P	40	–	70	70	4,5	6,0	1,4	1,5	160	115	125	–	–	125	–	–	–	1 E 9	1 E 8	BH2-10	2a	60	150	–	–
			S	50	–	80	–	5,0	–	1,4	–	160	115	–	–	–	125	–	–	–	1 E 9	–	BH2-10	–	60	–	–	–
WD30 MD20.E bis WD40 MD10.E	PF 31.5	Holzmehl	P	40	–	70	70	4,5	6,0	1,4	1,5	160	115	125	–	–	125	–	–	–	1 E 11	1 E 10	BH2-10	2a	60	150	–	–
			S	50	–	80	–	5,0	–	1,4	–	160	115	–	–	–	125	–	–	–	1 E 11	–	BH2-10	–	60	–	–	–
WD30 MD20.R bis WD40 MD10.R	PF 31.9	Holzmehl	P	40	–	70	70	4,5	6,0	1,4	1,5	160	115	125	–	–	125	–	–	–	1 E 9	1 E 8	BH2-10	2a	60	150	–	–
			S	50	–	80	–	5,0	–	1,4	–	160	115	–	–	–	125	–	–	–	1 E 9	–	BH2-10	–	60	–	–	–
LF20 MD25 bis LF30 MD15	PF 51	Zellulosefaser	P	40	–	70	60	4,0	5,0	2,5	3,5	160	115	125	–	–	125	–	–	–	1 E 8	1 E 7	BH2-30	2b	150	300	–	ja
			S	50	–	80	–	5,0	–	2,5	–	160	115	–	–	–	125	–	–	–	1 E 8	–	BH2-30	–	150	–	–	–
–	PF 52	Hartpapiergefüge / Zellstoff	P	30	–	55	55	3,5	5,5	1,5	2,0	160	115	125	–	–	125	–	–	–	1 E 9	1 E 7	BH2-10	2a	100	100	0,02	–
			S	45	–	65	–	5,0	–	1,5	–	160	115	–	–	–	125	–	–	–	1 E 9	–	BH2-10	–	–	–	0,02	–
–	PF 71	Baumwollfaser	P	30	–	60	60	4,0	6,0	4,0	6,0	160	115	125	–	–	125	–	–	–	1 E 7	1 E 7	BH2-30	2a	–	250	–	–
			S	45	–	70	–	5,5	–	4,0	–	160	115	–	–	–	125	–	–	–	1 E 7	–	BH2-30	–	–	–	–	–
SS40 bis SS50	PF 74	Textilschnitzel	P	30	–	60	60	9,0	12,0	7,0	12,0	160	115	125	–	–	125	–	–	–	1 E 7	1 E 7	BH2-30	2b	–	300	–	–
			S	45	–	70	–	11,5	–	7,0	–	160	115	–	–	–	125	–	–	–	1 E 7	–	BH2-30	–	–	–	–	–
–	PF 83	Baumwollfaser / Holzmehl	P	35	–	60	60	4,0	5,0	2,8	5,5	160	115	125	–	–	125	–	–	–	1 E 8	1 E 8	BH2-30	2b	–	180	–	–
			S	45	–	85	–	5,5	–	2,8	–	160	115	–	–	–	125	–	–	–	1 E 8	–	BH2-30	–	–	–	–	–
SS20L.F15 bis SS30L.F5	PF 84	Textilschnitzel / Zellstoff	P	35	–	70	60	4,5	6,0	4,5	6,0	160	115	125	–	–	125	–	–	–	1 E 8	1 E 8	BH2-30	2a	–	150	–	–
			S	45	–	85	–	5,5	–	4,5	–	160	115	–	–	–	125	–	–	–	1 E 8	–	BH2-30	–	–	–	–	–
–	PF 85	Holzmehl / Zellulosefaser	P	40	–	70	60	4,0	5,0	2,0	2,5	160	115	125	–	–	125	–	–	–	1 E 9	1 E 7	BH2-10	2a	–	200	–	–
			S	50	–	85	–	5,5	–	2,0	–	160	115	–	–	–	125	–	–	–	1 E 9	–	BH2-10	–	–	–	–	–
GF30 MD20 bis GF40 MD10	PF 6507	Glasfaser / Mineralanteile	P	–	–	140	–	13,0	–	3,0	–	210	160	140	–	–	150	600	1 E 12	–	1 E 11	–	–	–	–	20	–	–
			S	100	–	150	–	15,0	–	3,5	–	210	160	–	0,25	–	150	600	1 E 12	–	1 E 11	–	–	–	–	20	–	–
GF30 MD20 bis GF40 MD10	PF 6508	Glasfaser / Mineralanteile	P	–	–	140	–	13,0	–	3,0	–	210	160	140	0,25	–	150	600	1 E 12	–	1 E 11	–	–	–	–	20	–	–
			S	100	–	150	–	15,0	–	3,5	–	210	160	–	0,25	–	150	600	1 E 12	–	1 E 11	–	–	–	–	20	–	–
GF30 MD20 bis GF40 MD10	PF 6537	Holzmehl / Zellulosefaser / Mineralanteile	P	–	–	140	–	13,0	–	3,0	–	210	160	140	0,25	–	150	600	1 E 13	–	1 E 11	–	–	–	–	20	–	–
			S	100	–	150	–	15,0	–	3,5	–	210	160	–	0,25	–	150	600	1 E 13	–	1 E 11	–	–	–	–	20	–	–
GF10 MD50 bis GF20 MD50	UP 802	Glasfaser / Mineralanteile	P	35	–	70	55	5,0	4,5	3,0	3,0	250	180	–	0,03	0,03	600	–	1 E 12	1 E 12	1 E 12	1 E 12	BH2-95	2c	50	45	–	–
			S	45	–	90	–	7,0	–	3,5	–	250	180	–	0,03	–	600	–	1 E 13	1 E 12	1 E 12	1 E 12	BH2-95	–	50	–	–	–
GF10 MD35.F70 bis GF20 MD55.F72	UP 804	Glasfaser / Mineralanteile	P	35	–	70	55	5,0	4,5	2,4	3,0	250	180	–	0,03	0,03	600	–	1 E 13	1 E 12	1 E 12	1 E 12	BH2-10	2a	50	45	–	–
			S	45	–	90	–	7,0	–	3,0	–	250	180	–	0,03	–	600	–	1 E 13	1 E 12	1 E 12	1 E 12	BH2-10	–	50	–	–	–
LD120 MD30 bis LD30 MD40	UP 3620	Zellulosefaser / Mineralanteile	P	25	–	60	–	4,0	–	1,5	–	110	83	–	–	–	600	–	1 E 11	–	1 E 10	–	BH2-10	–	200	–	–	–
			S	35	–	80	–	6,0	–	1,8	–	110	83	–	–	–	600	–	1 E 11	–	1 E 10	–	–	–	200	–	–	–

Phenol-Formmassen
DIN 7708/T.2 – ISO/CD 14526-3

Polyesterharz-FM
nach DIN 7708/T.11
ISO/CD 14530-3

Rieselfähige Polyesterharze

ist der internationale Durchbruch geschafft. Der neue Datenkatalog basiert auf ISO 10350 und EN ISO 10350. Für den Konstrukteur ist eine zielgerechte Auswahl der Formmassen wesentlich einfacher, sicherer und schneller geworden.

1.3 Prüfung von Elastomeren

1.3.1 Gummi-Prüfungen (am Beispiel Dichtungen)

Meike Rinnbauer

Prüfungen an Elastomeren dienen in erster Linie zur Werkstoffcharakterisierung, zur Überprüfung der Funktion und zur Qualitätskontrolle. Da die meisten Elastomereigenschaften zeit- und verformungsabhängig sind, erfassen Prüfungen die komplexen Zusammenhänge der Elastomereigenschaften nur bedingt. In vielen Fällen können nur eingeschränkte Aussagen über die Eignung eines Produkts für den vorgegebenen Einsatz gemacht werden. Daher ist neben der reinen Ermittlung der Werkstoffdaten die Bauteilprüfung im Rahmen von Feldtestläufen für eine Beurteilung der Einsatztauglichkeit des Elastomers entscheidend.

1.3.1.1 Werkstoffcharakterisierung

Die genaue Kenntnis der Zusammenhänge zwischen Rezeptaufbau, physikalischen Eigenschaften und ihre Veränderung durch Alterungseinflüsse ist eine notwendige Voraussetzung zur Qualitätsverbesserung der Endprodukte. Um eine umfassende Charakterisierung der elastomeren Werkstoffe vornehmen zu können, wird eine Vielzahl an Materialeigenschaften geprüft. Die Bestimmung des Druckverformungsrests (DVR) gibt beispielsweise darüber Aufschluss, inwiefern die elastischen Eigenschaften von Elastomeren nach lang andauernder, konstanter Druckverformung bei vorgegebener Temperatur erhalten bleiben. Der Druckverformungsrest ist daher eine der wichtigsten Werkstoffeigenschaften, die der Produktentwickler vor dem Einsatz seiner Dichtung kennen muss. Anhand des Druckverformungsrests kann die Qualität der Elastomermischung bestimmt und ein Anhaltspunkt für die Eignung des Werkstoffs für dynamische oder statische Dichtanwendungen gewonnen werden (◘ Abb. 1.52).

Neben den mechanisch-technologischen Eigenschaften wie Dichte, Härte, Zugfestigkeit und Bruchdehnung sind insbesondere die physikalischen Wechselwirkungen mit Kontaktmedien und die chemischen Materialveränderungen durch Umwelteinflüsse relevant. Allerdings sind die reinen Kennwerte zur Beurteilung der Gebrauchstauglichkeit wenig geeignet. Praxisnahe Prüfungen von Temperatur- und Medieneinwirkungen werden üblicherweise über verschiedene Zeiträume unter Laborprüfbedingungen simuliert.

Moderne Verfahren der auf der Finite-Elemente-Methode (FEM) basierenden Bauteilauslegung sowie Prüfläufe unter Einsatzbedingungen im Labor ermöglichen es, die Funktion der Bauteile umfassend zu beurteilen. Eindeutige Aussagen über die Gebrauchstauglichkeit werden idealerweise in der Anwendung unter realen Bedingungen mit Bauteilprototypen ermittelt.

1.3.1.2 Vorhersage der Lebensdauer

Die ermittelten mechanischen, thermischen und dynamischen Kennwerte sind die Basis bei der Entwicklung von Materialmodellen. Hierbei werden nicht nur die Einflüsse der Mischung und der Umgebung, sondern auch das Werkstoffverhalten unter statischen und dynamischen Belastungen berücksichtigt. Anders als beispielsweise bei metallischen und keramischen Werkstoffen besteht beim Elastomer zwischen Spannung und Dehnung kein linearer Zusammenhang. Neben diesem nichtlinearen Verhalten muss die Steifigkeit des Werkstoffs in Abhängigkeit von der Verformungsgeschwindigkeit berücksichtigt werden. Optimierte Materialmodelle, sogenannte „hyperelastische Materialmodelle", zeigen eine gute Korrelation mit den experimentellen Daten und behalten auch bei großen Materialverformungen (> 150 %) noch ihre Gültigkeit (◘ Abb. 1.53).

Insbesondere die Bewertung der Alterungsbeständigkeit von Elastomeren ist ein wichtiges Kriterium bei der Beurteilung der Lebensdauer von Dichtungen. Die Untersuchungen werden im Allgemeinen anhand von Relaxationsexperimenten an gealterten Proben durchgeführt. Dabei ist zu beachten, dass Kurzzeit- und Einpunktmessungen immer zu Fehlinterpretationen führen können. Die Beobachtung

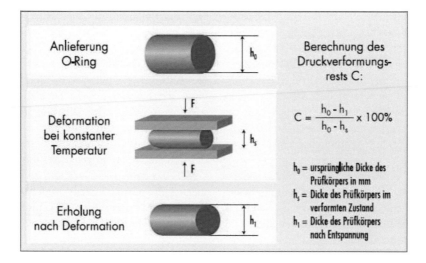

□ Abb. 1.52 Zur Ermittlung des Druckverformungsrests werden zylindrische Probekörper um 25 % deformiert

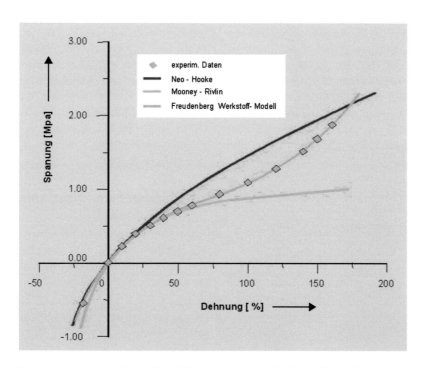

□ Abb. 1.53 Vergleich verschiedener Materialmodelle mit experimentellen Daten hinsichtlich des Spannungs-Dehnungs-Verhaltens

der Alterungsphänomene bei unterschiedlichen Temperaturen und Zeitstufen führt dagegen zu wesentlich aussagefähigeren Ergebnissen und lässt eine Abschätzung des Langzeitverhaltens zu.

Zusätzliche, aus Bauteilanalysen und Alterungsversuchen gewonnene Informationen verfeinern die numerischen Materialmodelle und

liefern so ein umfassendes Bild bezüglich der Lebensdauer von Elastomerdichtungen.

1.3.1.3 Bauteilsimulation mittels FEM

Die Finite-Elemente-Methode dient in der industriellen Produktentwicklung als Berechnungsverfahren zur Lösung komplexer Probleme der Statik, Festigkeit, Dynamik und Thermo-dynamik. Um bei der Entwicklung technischer Elastomerbauteile alle Potenziale hinsichtlich Konstruktion und Verkürzung der Entwicklungs-zeiten auszuschöpfen und gleichzeitig eine hohe Produktqualität sicherzustellen, ist es erforder-lich, optimierte Methoden zur Berechnung des nichtlinearen Verhaltens einzusetzen und somit das Werkstoffverhalten möglichst exakt wieder-zugeben.

Nichtlineare Rechenmodelle sind unver-zichtbar, wenn es um die Beschreibung wich-tiger Phänomene geht, wie zum Beispiel das Betriebsverhalten von Elastomerbauteilen, die Prozesssimulation in der Umformtechnik oder die rechnerische Simulation von Aufprallvor-gängen. Zum einen werden durch die Simula-tion die physikalischen Zusammenhänge für den Anwender transparenter, zum anderen erlaubt die frühzeitige Berücksichtigung der Nichtlinearitäten im Konstruktionsprozess eine zuverlässige Absicherung der Bauteilfunktion. Simulationen mit FEM-Modellen, die das Werk-stoffverhalten exakt beschreiben, können hierbei einen wertvollen Beitrag leisten und gewinnen zunehmend an Bedeutung. So lassen sich Topo-logie und Gestalt mechanisch belasteter Bauteile unter Berücksichtigung geringer Dehnungen und Spannungen optimieren.

Der Einsatz von FEM-Berechnungen lässt sich am Beispiel von einer Dichtmanschette für ein Steuerventil verdeutlichen. Durch das Öffnen und Schließen gegen 9 bar Druck bewegt sich die Dichtmanschette entlang des metallischen Steuerkolbens. Bei optimaler Schmierung des Kontaktpaares   Dichtmanschette-Steuerkolben

gleitet die Dichtlippe entlang des Kolbens, ohne dass es zu sehr hohen Beanspruchungen im Werkstoff kommt. Bei unzureichender Schmie-rung haftet die Dichtkante am Kolben. Durch die auftretenden Reibeffekte an der Dichtlippe kann die bewegte innere Dichtkante abreißen, was einen Ausfall der Dichtung zur Folge hat. Daher ist neben der Erfüllung der Elastizitäts-anforderungen vor allem eine lange Lebensdauer des Bauteils ein wichtiges Kriterium.

Bei der FEM-Berechnung wird für die Dicht-manschette ein 2D-axialsymmetrisches Modell erstellt und der Öffnungs- und Schließvor-gang des Steuerventils unter Druckbelastung simuliert. In der Simulation wird die Mangel-schmierung durch unterschiedliche Reibwerte dargestellt. Im Vergleich zur optimalen Schmie-rung der Kontaktpartner führt eine erhöhte Rei-bung zu einem völlig anderen Verformungsbild.

In der FEM-Simulation werden die Spannungs-spitzen im Bauteil sichtbar (◖ Abb. 1.54). In der Praxis bedeutet dies, dass die Dichtkante am Kol-ben haften bleibt, und es im Betrieb zu einer Über-beanspruchung und letztendlich zum Versagen der Dichtmanschette kommt. Durch geeignete Anpassung des Bauteildesigns oder teilweise durch Optimierung des Werkstoffs ist es möglich, die Spannungsspitzen zu reduzieren und somit die Lebensdauer des Bauteils zu erhöhen.

1.3.1.4 Übersicht Prüfnormen (Auswahl)

Allgemein stellt sich die Frage der Relevanz von Materialkennwerten für die Funktionsfähig-keit eines Gummibauteils (hier wäre z. B. die

a
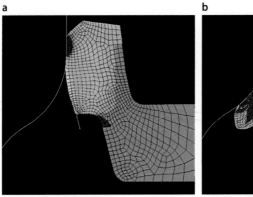
b
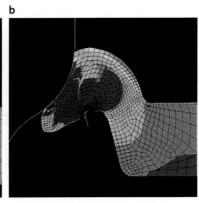

◖ **Abb. 1.54**   FEM-Berechnung der Dichtmanschette zur Abdichtung des Steuerventils. **a)** Dichtlippe im Ausgangs-zustand, **b)** Dichtlippe nach dem Öffnungs- und Schließvorgang

Zugfestigkeit des Werkstoffs bei schwach bis mäßig belasteten Baulagern oder Schienenunterlagen zu nennen).

Des Weiteren sind Normprüfungen im Labor in der Regel Modellversuche, die zur Übertragbarkeit auf die wirklichen Verhältnisse eine mehr oder weniger große Zahl von Freiheitsgraden benötigen. Daraus folgt, dass die Schlussfolgerung aus einem Laborergebnis auf das Verhalten in der Praxis umso unsicherer wird, je näher das Bauteil bzw. der Werkstoff dort an seiner Leistungsgrenze beansprucht wird.

Der Grenzfall (Optimum) ist definitionsgemäß der Fall ohne Freiheitsgrad. Er ist mit dem Aufenthalt auf einer Bergspitze zu vergleichen; jeder weitere Schritt führt von ihr weg. Hier ist letztlich nur noch der maßstabsgetreue 1:1 Praxisversuch aussagefähig.

Im Folgenden sind einige Prüfnormen für Kautschuke und Elastomere zusammengestellt, ◘ Tab. 1.19.

1.3.2 Elastomerspezifische Prüfungen zur Ermittlung der wichtigsten Kenngrößen

P. Eyerer und H. Bille

1.3.2.1 Rheologische Prüfungen (siehe auch ▶ Abschn. 1.1.7)

Bei allen rheologischen Prüfmethoden muss ein definiertes Probenvolumen geschert werden. Die hierfür erforderliche Scherspannung wird gemessen (◘ Abb. 1.55).

1.3.2.1.1 Viskosität

Im Scherscheibenviskosimeter nach Mooney (DIN 53 523) wird das Polymer um den zylindrischen Rotor verpresst (◘ Abb. 1.56). Nach einer Vorwärmzeit von 1 min wird der Rotor gestartet. Nach weiteren 4 min wird das Drehmoment abgelesen.

◘ **Tab. 1.19**	Deutsche Prüfnormen für Kautschuke und Elastomere
ISO 1795	Probenahme und Probenvorbereitung von Rohkautschuken
ISO 248	Bestimmung des Gehaltes flüchtiger Bestandteile in Kautschuk
ISO 249	Bestimmung des Gehaltes an Verunreinigungen in Naturkautschuk
DIN 53 523	Prüfung mit dem Scherscheibenviskosimeter nach Mooney
DIN 53 529	Vulkametrie
DIN EN ISO 1183	Bestimmung der Dichte
DIN 53 504	Bestimmung von Reißfestigkeit, Zugfestigkeit, Reißdehnung und Spannungswerten im Zugversuch
DIN 53 505	Härteprüfung nach Shore A und D
DIN ISO 48	Bestimmung der Kugeldruckhärte von Weichgummi (IRHD)
DIN 53 541	Bestimmung der Kristallisation durch Messung der Härte
DIN ISO 34-1	Bestimmung des Weiterreißwiderstandes
DIN 53 512	Bestimmung der Rückprallelastizität
DIN ISO 4649	Bestimmung des Abriebs
DIN 53 508 ISO 188	Künstliche Alterung
DIN 53 509 ISO 1431-1	Bestimmung der Beständigkeit gegen Ozonrissbildung
DIN EN ISO 4892-2	Bewitterung in Geräten; Xenonbogenlampen
DIN EN ISO 877	Belichtung im Naturversuch unter Fensterglas
DIN ISO 1817	Bestimmung des Verhaltens gegen Flüssigkeiten, Dämpfe und Gase

1

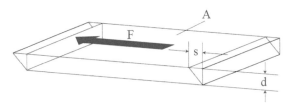

F = Scherkraft   Scherung γ = s/d
A = Probenfläche   Scherspannung τ = F/A
s = Auslenkung   Schergeschwindigkeit = Δs/Δt d
d = Probendicke
t = Zeit   Viskosität = Scherspannung / Schergeschwindigkeit

◻ Abb. 1.55   Erläuterungen zur Scherbeanspruchung

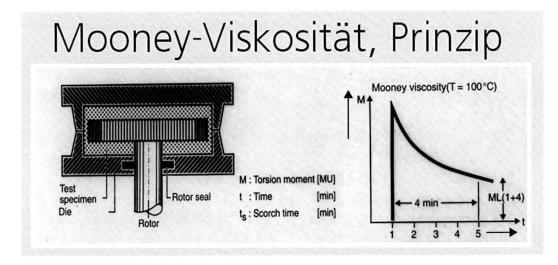

◻ Abb. 1.56   Prinzip Mooney-Scherscheibenviskosimeter

Hochdruckkapillarrheometer (◻ Abb. 1.57): Hier wird Polymer oder Kautschukmischung mit einem Stempel mit definierter Geschwindigkeit durch eine Düse bekannter Geometrie gepresst. Unter der Annahme von Wandhaftung ergibt sich aus der bekannten Kolbengeschwindigkeit die Scherrate und aus dem Druck vor der Düse die Schubspannung. Hieraus wird die Viskosität berechnet. Sie ist bei den meisten Kautschuken keine Konstante, sondern von der Scherrate abhängig: mit zunehmender Scherrate sinkt die Viskosität. Dieses Verhalten wird als Strukturviskosität bezeichnet (◻ Abb. 1.58).

1.3.2.1.2 Viskoelastische Eigenschaften

Reale Kautschuke, Kautschukmischungen und Elastomere weisen sowohl elastische als auch viskose Eigenschaften auf, wobei die Kautschuke

überwiegend viskos sind. Durch die Vernetzung wird ein elastisches Netzwerk aufgebaut, sodass die Elastomere überwiegend elastisches Verhalten mit nur geringem viskosen Anteil (→ Dämpfung) zeigen. Es gibt eine Vielzahl von mechanisch dynamischen Prüfgeräten, die die viskoelastischen Eigenschaften bestimmen.

Der prinzipielle Aufbau ist in ◻ Abb. 1.59 dargestellt: Die Probe ist hier durch eine Kombination einer Feder und eines Dämpfungselements idealisiert. Bei sinusförmiger Anregung erzeugt die Federkomponente eine Kraft, die in Phase mit der Auslenkung ist. Das Dämpfungselement verursacht eine Kraft, die um 90° gegen die Anregung versetzt ist. Aus dem Phasenwinkel kann also abgeleitet werden, ob ein Material überwiegend viskos oder elastisch ist (◻ Abb. 1.60).

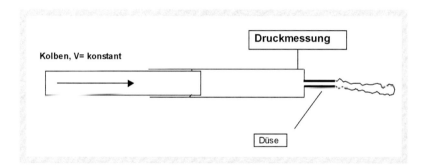

▣ Abb. 1.57 Prinzip Hochdruckkapillarrheometer (HKR)

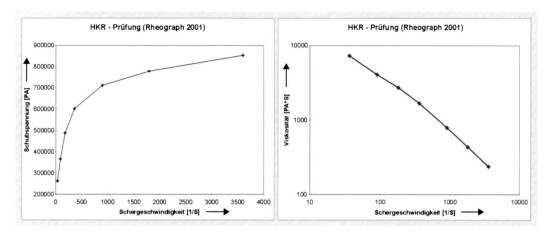

▣ Abb. 1.58 Ergebnisse mit dem HKR

1.3.2.1.3 Vernetzungsverhalten

Durch die Vernetzung der Kautschukmischung wird die Gummielastizität aufgebaut, wobei das viskose Verhalten ungefähr konstant bleibt. Deshalb wird zur Messung des Vernetzungsverhalten die elastische Komponente der viskoelastischen Eigenschaften herangezogen. In einem Vulkameter (DIN 53 529) wird die Kautschukmischung in die auf Vulkanisationstemperatur vorgeheizte Prüfkammer eingelegt (▣ Abb. 1.61).

Beim Schließen der Kammer wird das Material in der geriffelten Oberfläche der Kammerhälften eingepresst. Dichtungen erlauben eine gegenseitige Verdrehung der beiden Kammerhälften. Die untere ist mit einem sinusförmig oszillierenden Antrieb, die obere mit einer Drehmomentmessung versehen. Die elastische Komponente des Drehmoments ist ein Maß für die Vernetzung (▣ Abb. 1.62).

Zunächst sinkt das Drehmoment infolge der Erwärmung etwas ab, dann steigt es mit zunehmender Vernetzung an. Wenn die Vernetzungschemikalien umgesetzt sind, wird in der Regel ein Plateau erreicht.

Ergebnisse dieser Prüfung sind:
- Die Zeit bis zum Einsetzen der Vernetzung (Scorchzeit). In dieser Zeit muss die Formgebung abgeschlossen sein.
- Die Zeit bis zur vollständigen Vulkanisation
- Drehmomentminimum als Maß für die Viskosität der Mischung
- Drehmomentmaximum

1.3.2.2 Elastomerprüfungen

1.3.2.2.1 Ermittlung der Materialkennwerte

1.3.2.2.1.1 Härte

Das gebräuchlichste Härtemessverfahren für Elastomere ist die Härte nach Shore A (DIN 53 505). Ein Eindringkörper in Form eines

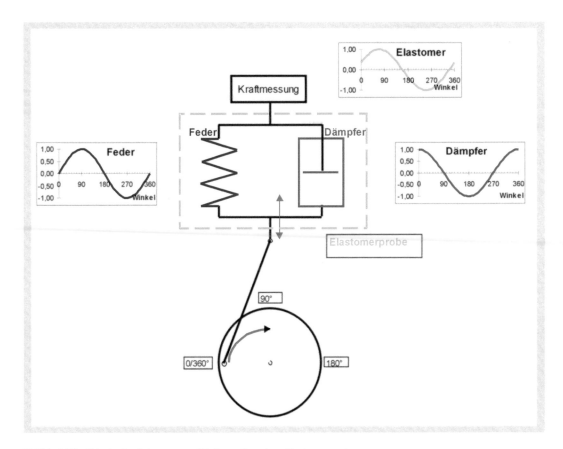

Abb. 1.59   Prinzip der Belastung und Deformation einer Elastomerprobe

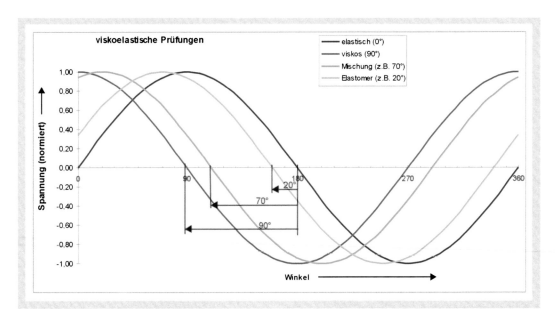

Abb. 1.60   Normierte Spannung als Funktion des Schubwinkels

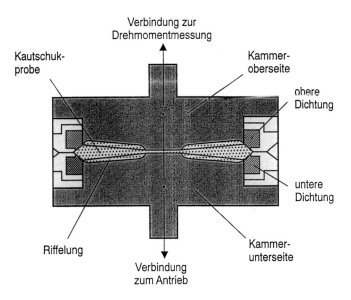

Abb. 1.61 Schnitt durch eine Vulkanisationsprüfkammer

Kegelstumpfs wird mit einer Feder gegen die Gummioberfläche gedrückt. Aus der Rückstellkraft der Gummiprobe und der Federcharakteristik ergibt sich eine Eindringtiefe, die mit der Messuhr angezeigt wird. Die Eindringtiefe 0 entspricht einer Härte von 100; der Härte von 0 ist eine Eindringtiefe von 2,5 mm zugeordnet (**Abb. 1.63**).

Die Härtemessuhr kann als Taschengerät von Hand benutzt werden; genauer ist aber die Verwendung eines Messtisches, um die planparallele Auflage mit definiertem Anpressdruck und mittels einer eingebauten Stoppuhr eine reproduzierbare Ablesezeit (3 s) sicherzustellen. Die Probendicke soll mindestens 6 mm betragen; eine Stapelung von bis zu drei Probekörpern zur Erzielung dieser Dicke ist zulässig. Der Zusammenhang zu anderen Steifigkeitskennwerten wie z. B. zum Schubmodul (siehe **Abb. 1.64**) ist nicht linear.

Mikro- oder Kleinlasthärteprüfungen an elastomeren Bauteilen eröffnen den oft gewichtigen Vorteil der örtlichen Differenzierung von Eigenschaften. So ist es beispielsweise durch entsprechende Einbettungen der Dichtlippen von Radialwellendichtringen möglich, den Verhärtungsvorgang über der Nutzungsdauer in heißem Öl quantitativ darzustellen [38], oder Quellvorgänge an Elastomerdichtungen in fluorierten Kältemittel in Geothermieprüfständen ortsaufgelöst, auch in Richtung der Bauteildicke, darzustellen. Aus Letzterem ergeben sich gute Ansätze für zeitraffende Prüfmöglichkeiten bei Permeationsvorgängen [39].

Siehe auch Band 1.

1.3.2.2.1.2 Zugversuch

Zur definierten Ermittlung von Materialkennwerten von Elastomeren sind zwei Beanspruchungsarten gebräuchlich (**Abb. 1.65**):

Am häufigsten eingesetzt wird die Dehnbeanspruchung im Zugversuch (DIN 53504). Es werden in der Regel Stabproben mit einem schmalen Steg und breiten Enden zur Einspannung aus Platten ausgestanzt. Im schmalen Bereich wird eine Referenzlänge markiert und in diesem Bereich während der Messung die Dehnung mithilfe optischer Dehnungsaufnehmer verfolgt. Die gemessene Kraft wird auf die Querschnittsfläche bezogen. Bei Elastomeren kann auch an Ringen geprüft werden; hierbei kann die aufwendige Messung der

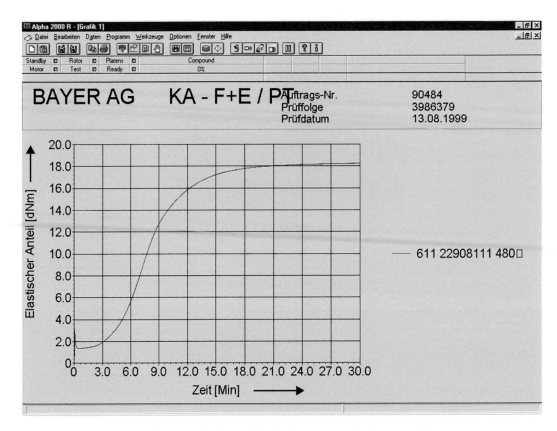

◘ Abb. 1.62   Vernetzungsreaktion (Bayer), dargestellt als Drehmoment in der Vernetzungskammer

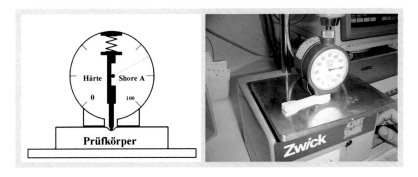

◘ Abb. 1.63   Härtemessgerät

Dehnung an den Referenzmarken entfallen und direkt der Traversenweg zur Berechnung der Dehnung verwandt werden (◘ Abb. 1.66).

Zur Auswertung werden typischerweise nur die Bruchdehnung und die Bruchspannung sowie ausgewählte Spannungswerte zu bestimmten Dehnungen, z. B. bei 100 und 300 % Dehnung verwendet.

1.3.2.2.1.3 Elastizität/Dämpfung

Rückprallelastizitätsprüfung nach Schoob (DIN 53 512): Ein Pendel mit einem kugelförmigen Hammer fällt gegen eine Elastomerprobe. Die Elastizität wird als Prozentsatz der Rückprallhöhe bezogen auf die Ausgangshöhe ermittelt (◘ Abb. 1.67).

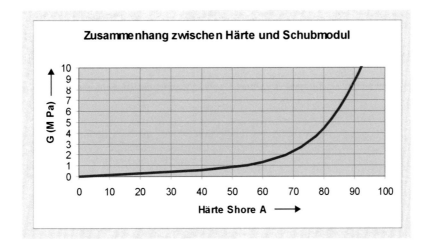

Abb. 1.64   Zusammenhang zwischen Härte und Schubmodul

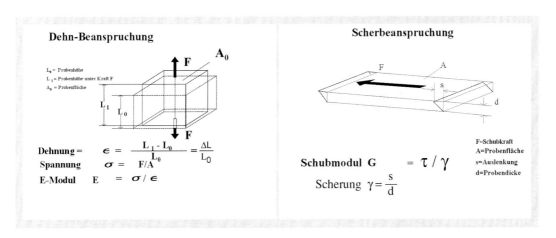

Abb. 1.65   Beanspruchungsarten bei Elastomeruntersuchungen

Eine weitere Methode, um das Dämpfungsverhalten zu beurteilen, ist ein wiederholtes Dehnexperiment: Die Fläche zwischen den Be- und Entlastungskurven der Spannungs-Dehnungskurve entspricht einem Energieverbrauch. Durch sinnvolle Wahl der Verformungsbeträge und der Geschwindigkeit bzw. der Wiederholfrequenz bei sinusförmiger Beanspruchung kann das Dämpfungsverhalten des Materials im gewünschten Arbeitsbereich ermittelt werden.

1.3.2.2.1.4 Reibungskoeffizient

Zur Messung des Reibungskoeffizienten von Elastomeren gegen verschiedene Reibpartner ist eine Vielzahl von Apparaturen in Gebrauch. Eine Gummiprobe wird unter definierter Last über eine Reibfläche bewegt und die hierfür erforderliche Kraft wird gemessen.

1.3.2.2.2 Beständigkeitsprüfungen

1.3.2.2.2.1 Heißluftalterung/Quellung
- Messung der Ausgangseigenschaften
- Lagerung im Medium, ggf. bei erhöhter Temperatur
  - Heißluft
  - Kraftstoffe, Öle
  - Säuren/Laugen
  - Ozon, UV-Licht …
- Erneute Prüfung der Eigenschaften
  - Masse- und Volumenveränderung
  - mechanische Eigenschaften
  - Farbveränderung, Auskreiden, Rissbildung
  …

1

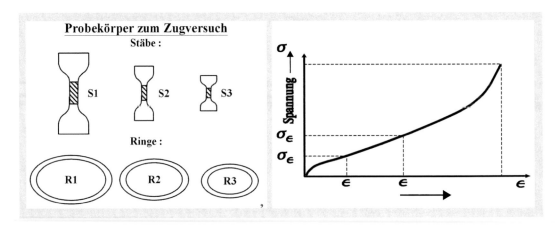

■ **Abb. 1.66**   Probekörper zum Zugversuch und Spannungs-Dehnungs-Diagramm

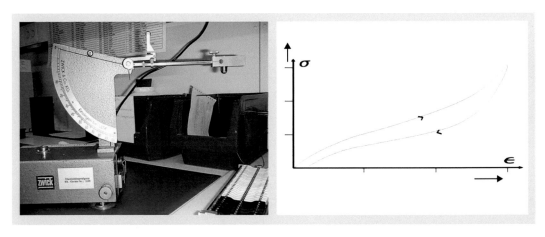

■ **Abb. 1.67**   Rückprallelastizitätsprüfung mit dem Schoob-Pendel (links), Be- und Entlastungs-Dehnkurve (rechts)

1.3.2.2.2.2 Druckverformungsrest

Zylinderförmige Proben werden in aller Regel um 25 % zwischen zwei Platten komprimiert und für längere Zeit bei hoher oder auch tiefer Temperatur gelagert. Anschließend werden die Proben ausgespannt und die Rückerholungshöhe wird gemessen. Hieraus wird nach der untenstehenden Formel der Druckverformungsrest (DIN 53 517) berechnet (■ Abb. 1.68).

Er ist verursacht durch

- Alterung
- Nachvernetzung
- Kristallisation, insbesondere bei tiefen Lagerungstemperaturen

1.3.2.2.2.3 Weiterreißfestigkeit

Typische Bruchdehnungen für Elastomere liegen in der Größenordnung von 200 bis 600 %; bei Einkerbungen können Elastomere allerdings deutlich früher einreißen und zerstört werden. Dieses Einreißverhalten kann unter Verwendung verschiedener Probenformen mit Kerben und Einschnitten untersucht werden (■ Abb. 1.69).

1.3.2.2.2.4 Ermüdungsrissbildung

Für jeden Werkstoff kann man eine Bruchdehnung ermitteln, bei deren Überschreitung des Material reißt, aber auch bei ausreichend oft wiederholter Dehnung unterhalb der Bruchdehnung wird in der Regel ein Bruch auftreten. Dieser wird oft durch Fehlstellen und Kerben initiiert und wächst dann zu einem Bruch weiter. Ermüdungsrissbildung wird untersucht, indem man Probekörper in der Regel mit Einschnitten wiederholt dehnt und hierbei das Anwachsen der Risslänge mit der Zyklenzahl beobachtet.

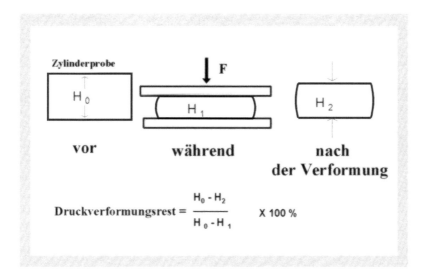

Abb. 1.68   Druckverformungsrest

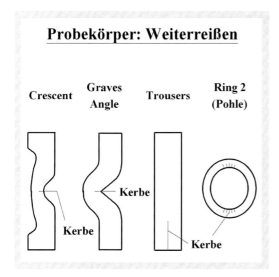

Abb. 1.69   Probekörper: Weiterreißen

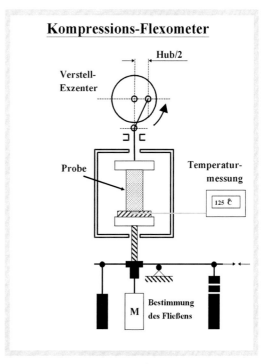

Abb. 1.70   Kompressions-Flexometer

1.3.2.2.2.5 Zermürbung/Wärmebildung

Dickwandige Elastomerbauteile erzeugen unter dynamischer Beanspruchung infolge der Dämpfung Wärme, die nur langsam abgeleitet werden kann, da Gummi ein schlechter Wärmeleiter ist. Dies kann zu Hitzestau im Innern von Artikeln und damit zur Zerstörung führen. Zur Messung dieses Effekts kann das Goodrich Kompressions-Flexometer (DIN 53533) eingesetzt werden: Eine massive Zylinderprobe (f 17,5 mm Höhe 25,4 mm) wird über ein Hebelsystem zwischen zwei Platten mit einer bestimmten Vorspannung eingespannt; zusätzlich wird sie mit hoher Frequenz (30 Hz) sinusförmig komprimiert (Abb. 1.70).

1

Durch den Energieverlust infolge der Dämpfung steigt die Probentemperatur an. Gemessen wird der Anstieg der Oberflächentemperatur in der isolierten Aufstandsfläche als Maß für die Wärmebildung in der Probe.

Durch Alterungseffekte kommt es unter dem Einfluss der dynamischen Belastung zu einem Fließen der Probe. Hieraus lassen sich Rückschlüsse auf die Stabilität insbesondere des Vernetzungssystems des Elastomeren ziehen.

1.3.2.2.2.6 Ozonrissbildung

Ozon greift die Doppelbindung von Polymeren mit ungesättigter Hauptkette an. Wenn Elastomere in gedehntem Zustand Ozonangriff ausgesetzt sind, treten Risse quer zur Hauptspannungsrichtung auf. Dies wird im Labor unter verschärften Bedingungen geprüft, indem in Prüfkammern eine erhöhte Ozonkonzentration bei in der Regel erhöhter Temperatur eingestellt wird (DIN 53509). Probenstreifen werden gedehnt in der Kammer gelagert und regelmäßig visuell auf Risse untersucht.

1.3.2.2.2.7 Abrieb

DIN 53516: Eine Elastomerprobe wird unter definierter Last über einen auf einer rotierenden Trommel aufgeklebten Prüfschmirgelbogen gezogen. Der Gewichtsverlust wird durch Wägung bestimmt und über die Dichte in Volumenverlust umgerechnet. Die mögliche Veränderung in der Angriffsschärfe des Schmirgelbogens wird mithilfe eines parallel mitgeprüften Referenzmaterials korrigiert (◘ Abb. 1.71).

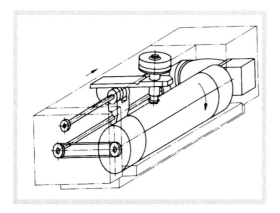

◘ **Abb. 1.71**   Abriebtest

1.4 Produktqualifikation (Umweltsimulation), Qualitätssicherung

Ulrich Braunmiller

1.4.1 Einleitung

Technische Produkte sind während ihrer Lebensdauer einer Vielfalt von Einflüssen ausgesetzt, die sich auf die Funktion, die Gebrauchsdauer, die Qualität und die Zuverlässigkeit des Produkts auswirken. Deshalb ist es im technischen, ökonomischen und ökologischen Sinn wichtig, technische Produkte so zu konstruieren und zu fertigen, dass sie den zu erwartenden Belastungen standhalten und zuverlässig ihre Aufgaben erfüllen.

Aus diesem Grund werden alle äußeren Belastungen, die ein Produkt erfahren kann, simuliert. Man spricht dabei von Produktqualifikation oder, weil die gesamte Produktumwelt nachgebildet wird, von Umweltsimulation. Die Beweggründe dafür können sehr unterschiedlichen sein und unterscheiden sich in den verschiedenen Branchen. Mancher Hersteller führt Tests im Rahmen seiner allgemeinen Qualitätssicherung durch, ein anderer untersucht gezielt die Funktion unter Belastung. Wieder andere versuchen eine bestimmte Lebensdauer nachzuweisen oder Ausfallraten und Repraturanfälligkeiten zu reduzieren, manch anderer auch nur, weil ein Abnehmer eine bestimmte Untersuchung fordert [40].

Im Rahmen der Produkthaftung hat sich die Verantwortung eines Herstellers für sein Produkt erhöht. Er muss heute für die Sicherheit und in vielen Fällen für Funktion, Zuverlässigkeit und Haltbarkeit seines Produkts geradestehen. Dadurch begründet sich eine erhöhte Sorgfalt und ein steigender Aufwand für die Produktqualifikation [41].

1.4.2 Branchen und Produkte

Gegenstand der Untersuchungen sind Produkte, Systeme oder Bauteile aus verschiedenen Branchen (◘ Tab. 1.20). Bei Produkten der Luft- und Raumfahrt, der Fahrzeugtechnik oder der Medizintechnik werden alle Bauteile eines jeden

Branche	Beispiele von Bauteilen
Fahrzeugtechnik	Radio, Verstärker, Antennen, Elektrische Diebstahlwarnung, Airbagelektronik, -schalter, Airbagsysteme (Module, Gasgeneratoren, Gurtstraffer), Tacho, Displays, Schalter, Sitzbelegungssensoren, Spracherkennungssysteme, Reifendruckschalter, -sensor, Kunststoffkraftstofftanks, Lenkräder, Navigationsgeräte, Batterien, Magnete, Leuchtweitenregulierung, Ganganzeiger, Getriebegeber, Spracherkennungssysteme, Motorradbedienteile, Lenkstockschalter, Schlüssel, Einspritzventile, Heizgeräte, Gebläse, Motorradbekleidung, Steuereinheiten, Reifen, Verkehrsleitsysteme
Elektronik, Elektrotechnik	Laserscanner, Fernbedienungen, Gebläse, Verstärker, Notschalter, Anzeigetafeln, Datenträger, Steckverbinder, Steckerleisten, Kabel, Schalter, Sensoren, Sensorfolie, Brandmelder, Messtechnik, Drehgeber, Lichttechnik (Starter, Elektronik, Vorschaltgeräte), Lichtschranken, Lampen, Leitplatten, Alarmsysteme
Maschinenbau	Stative, Mechanische Spannsysteme, Hydraulikmotoren, Getriebe
Luft- und Raumfahrt	Anzeigeinstrumente, Dichtungen, Komponenten von Satelliten
Wehrtechnik	Computer, Munition, Waffen, Fahrzeugausrüstung
Medizintechnik	Infusionspumpen, Prothesen, medizinischer Therapie- und Diagnosegeräte (EKG-Schreiber, Ultraschallgeräte, Anlagen zur Tomografie)
Bauwesen	Schilder, Gaszähler, Baustoffe (Stahlbetone, Mineralwolle), Rollläden, Fensterrahmen, Zutrittsysteme
Verpackung, Transport	Klebeetiketten, Transport-, Um- und Verkaufsverpackungen, Trockenmittelbeutel, Frankiermaschinen, Farbbandkassetten

◻ Tab. 1.20   Branchen und Beispiele von Bauteilen

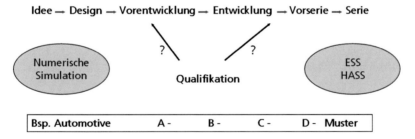

◻ Abb. 1.72   Von der Idee zum Produkt, wann soll geprüft werden?

Produkts untersucht. In diesen Branchen kommt kein einziger neuer Artikel auf den Markt ohne eingehende Untersuchungen und Qualifikationen.

Es gibt zwei Zeitpunkte in der Entwicklung eines Produkts für die Umweltsimulation (◻ Abb. 1.72). Entwicklungsbegleitend werden erste Muster betrachtet. Diese Teile haben noch nicht exakt die Beschaffenheit des späteren Produktes. Allerdings lassen sich an den Ergebnissen der Untersuchungen wichtige Erkenntnisse für die Weiterentwicklung ableiten.

Kurz vor Serienfertigung liegt das endgültige Produkt vor. Hier hat die Umweltsimulation einen Abnahmecharakter. Ein Vorteil gegenüber den Untersuchungen an Mustern ist, dass der endgültige Entwicklungsstand vorliegt. Erforderliche Änderungen können aber zu diesem Zeitpunkt nur schwer umgesetzt werden, dies ist sehr nachteilig. Um früh in der Entwicklung eines Systems Prüfungen durchführen zu können, werden oft Untersuchungen an den einzelnen Bauteilen und Subsystemen durchgeführt. Da diese meist zu einem früheren Zeitpunkt vorliegen, ergibt sich dadurch ein Zeitvorteil. Später muss dann am vorliegenden Produkt nur noch das Zusammenwirken der Teilsysteme überprüft werden.

1

1.4.3 Vorgehensweise

Ziel der Umweltsimulation ist die Aufprägung aller möglichen Belastungen in kurzer Zeit. Dabei wird Wert darauf gelegt, die gleiche Wirkung zu erzielen, die nach langer Einsatzdauer zu erkennen ist. Dies wird durch gleiche Schadensbilder bestätigt, von denen man auf gleiche Schadensmechanismen schließt. Überzogene Belastungen und Unfälle versucht man allerdings auszuschließen, da sich mit der Robustheit meist auch der Preis einer Ware erhöht.

Im ersten Schritt werden alle möglichen Belastungen erfasst. Hierzu gehören Informationen zu den Einsatzorten des Produktes, der Dauer von Belastungen, Betriebszustände und der angestrebten Lebensdauer.

Beispiel: Auslegungsgrundlagen für ein Rollladensystem

An der Außenfassade angebrachte Rollladensysteme zu Abdunkelung oder Sichtschutz werden in verschiedenen Breitengraden und Klimazonen der Erde eingesetzt. Der Hersteller muss definieren, ob er seine Produkte für eine definierte Region auslegt und anbietet oder ob ein weltweiter Einsatz angestrebt wird. Rollläden aus Kunststoff haben bei täglicher Nutzung eine Lebensdauer von 20 bis bestenfalls 30 Jahren, allerdings erreichen dies die dazugehörigen Gurte und Antriebsmotoren nicht.

1.4.4 Belastungen

Als Belastung bezeichnet man die von außen auf ein Produkt eingeprägte Ursache, als Beanspruchung deren Wirkung [42] (◘ Tab. 1.21). Viele Belastungen wirken in der Umwelt meist gleichzeitig, meist kann man aber die Wirkung einer einzelnen Größe zuweisen. Daher werden diese einzeln erfasst. Nicht alle Belastungen wirken gleichzeitig und nicht alle in gleichem Maße auf ein Produkt ein. Es sind für jeden Anwendungsfall die relevanten Größen zu identifizieren [43].

Beispiel: Belastungen eines Rollladensystems

Die wichtigsten Belastungsgrößen für einen Kunststoffrollladen sind Klimaeinflüsse (Temperaturen, Luftfeuchte), Sonnen- und UV-Strahlung, Niederschläge sowie mechanische Belastungen der Betätigung. Die auftretenden Belastungen werden messtechnisch erfasst und in Datenbanken zusammengeführt. Leider gibt es immer noch wenig allgemein erhältliche Daten. Die meisten von Firmen finanzierten Messungen gehen nur in deren Datensammlung ein.

1.4.5 Ableitungen von Prüfungen

Aus den gemessenen Werten werden Prüfungen abgeleitet. Die Pegel für diese müssen

◘ Tab. 1.21 Mögliche Belastungsgrößen (Auswahl)

Mechanisch – Vibration – Stöße, Schocks – Statische Kräfte – Reibung	Druck – Unterdruck – Überdruck – Druckwechsel	Temperatur/Klima – Hohe Temperatur – Tiefe Temperatur – Temperaturwechsel – Temperaturschock – Feuchte (+ Temperatur) – Betauung, Frost
Staub – Sedimentierender Staub – Staub + Wind	Korrosion – Gasförmige Reaktionspartner – Flüssige (neblige) Reaktionspartner	Strahlung – Sonne – UV – Radioaktivität
Niederschläge – Regen – Schnee, Graupel – Hagel	Chemikalien	Akustische Anregung
	Biologische Einflüsse	Elektromagnetische Einflüsse

nicht den gemessenen Werten entsprechen. Die gemessenen Werte schwanken in Amplitude oder Verteilung sehr stark. Keine einzelne Messung ist repräsentativ für alle anderen Messungen.

Viele Produkte haben ein breites Anwendungsspektrum. Will man einen breiteren Markt abdecken, so müssen auch manche nicht üblichen Anwendungsfelder oder -orte betrachtet werden. Je nach Anwendungsfeld bezieht man mehr oder weniger hohe Sicherheitszuschläge mit ein. Bei gewöhnlichen Bauteilen dienen die Sicherheitszuschläge auch dazu die Unsicherheiten in der Streuung der Belastung und der Bauteilerträglichkeit abzudecken. Bei sicherheitsrelevanten Bauteilen kommen noch aufgrund der Bauteilauslegung Faktoren bis zu 3 hinzu (Beispiele: Krane, Aufzüge, Bremssysteme, Brücken).

Manche Einflussfaktoren wirken eine lange Zeit, man will diese aber in einer deutlich kürzeren Zeit abdecken. Dies ist bei allen langlebigen Produkten wie beispielsweise Automobilteilen der Fall. Daher versucht man durch Maßnahmen, darunter auch ein Erhöhen der Werte, die Zeit zu raffen.

Beispiel: Einzelprüfungen für ein Rollladensystem

Für Kunststoffrollläden sind Prüfungen der maximalen und der minimalen Temperatur, Bewitterungen unter Sonnen- oder UV-Strahlung und mechanische Betätigungsversuche unabdingbar. Gegebenenfalls können diese Parameter noch untereinander oder mit Niederschlägen kombiniert werden.

1.4.6 Zeitraffung

Unter Zeitraffung versteht man Maßnahmen zur Verkürzung der Belastungsdauer mit dem Sinn, die gleichen Wirkungen am Objekt zu erzielen wie unter einer langen Belastungsdauer mit normalen Belastungen.

1.4.6.1 Zeitraffung ohne Pegelerhöhung

1.4.6.1.1 Zeitraffung unter Ausblenden von Ruhezeiten

Manche Belastungen wirken nur zeitweilig. Daher bietet sich hier an die reinen Einwirkzeiten aneinanderzureihen, um somit eine Verkürzung der Belastungsdauer im Vergleich zur Einsatzdauer zu erzielen.

Beispiel: Vibrationen im Automobil, erster Schritt der Zeitraffung durch Ausblenden von Ruhezeiten

Als Auslegungsgrundlage für Automobile galt lange Zeit eine Laufleistung von 300.000 km in 5000 Betriebsstunden über 15 Jahre. Die 5000 Betriebsstunden lassen sich in etwa 7 Monaten aufprägen. Damit kann man alle Vibrationen durch die Fahrbewegung sowie durch die Anregungen des Antriebsstranges innerhalb dieser Zeitdauer durch Aufprägen der tatsächlichen mechanisch-dynamischen Belastungen simulieren.

Allerdings ist dabei zu beachten, dass die Vibrationen oft mit anderen Einflussfaktoren wie beispielsweise thermischen Belastungen zusammenwirken. Diese synergistischen Einflüsse können bei der Ausblendung von Ruhezeiten nicht berücksichtigt werden. (Beispiel: Kriechen oder Verspröden von Kunststoffen)

1.4.6.1.2 Vernachlässigung weniger belastender Abschnitte

Bei vielen Anwendungen schwanken die Belastungspegel während ihrer Einwirkdauer erheblich; starke Abschnitte treten oft nur in sehr kurzen Zeitabschnitten auf und weniger belastende Abschnitte nehmen einen größeren Zeitraum ein. Wenn man annimmt, die weniger belastenden Abschnitte tragen zur Alterung bzw. zur Ermüdung sehr wenig bei, kann man diese vernachlässigen.

Beispiel: Vibrationen im Automobil, zweiter Schritt der Zeitraffung durch Vernachlässigung weniger belastender Abschnitte

Vibrationen durch die Fahrbewegung hängen im hohen Maße von Untergrund und von der Fahrgeschwindigkeit ab. Leerlauf im Stand oder eine gleichmäßige langsame Fahrt führt nicht zu starken Vibrationen. Daher bietet es sich an, nur die Abschnitte zu betrachten, die über schlechte Straßen oder durch Schlaglöcher gehen oder einfach einen hohen Vibrationspegel haben. Je nach Grad der Auswahl reduziert sich dabei die zu betrachtende Zeit unter Umständen auf wenige Tage oder Wochen.

1.4.6.2 Zeitraffung mit Pegelerhöhung

Höhere Belastungen führen zu schneller eintretenden Wirkungen. Daher kann man durch Erhöhung der Belastungspegel eine Zeitraffung erzielen (◘ Abb. 1.73). Allerdings sind die Gesetzmäßigkeiten, nach denen eine höhere Belastung eine höhere Wirkung erzielt, in den seltensten Fällen genau bekannt. Sie sind von den Werkstoffen und den Geometrien abhängig, in der Regel nichtlineare Funktionen und nicht beliebig zu höheren Werten fortsetzbar. Letzteres bedeutet, dass sich aufgrund einer Pegelerhöhung auch der Schadensmechanismus verändern kann, also dass sich Schadensentstehung und -bild verändern. Dies führt zu falschen Aussagen und muss vermieden werden.

Beispiel: Vibrationen im Automobil, dritter Schritt der Zeitraffung durch Pegelerhöhung
Durch Erhöhung der Vibrationsamplitude können Schwingungsversuche für viele Automobilteile – nachdem bereits Ruhezeiten ausgeblendet und wenig belastende Abschnitte vernachlässigt wurden – auf einen oder wenige Tage reduziert werden.

1.4.6.2.1 Zeitraffung durch Temperaturerhöhung

Viele Alterungsvorgänge beruhen auf chemische Reaktionen. Svante Arrhenius (1859 bis 1927) zeigte

$$v = c \cdot e^{-\frac{E_A}{k \cdot T}} \qquad A = \frac{t_{Feld}}{t_{test}} = \frac{v_{Test}}{v_{Feld}}$$
$$= e^{-\frac{E_A}{k} \cdot \left(\frac{1}{T_{test}} - \frac{1}{T_{Feld}} \right)}$$

auf, dass die chemische Reaktionsgeschwindigkeit nachhaltig von der Temperatur abhängt.

v: Reaktionsgeschwindigkeit

T: Temperatur (in K)

E_A: Aktivierungsenergie (z. B. 0,45 eV für Elektronikkomponenten)

k: Allg. Gaskonstante (Boltzmann-Konstante $8{,}617 \cdot 10^{-5}$ eV/K $= 1{,}380.662 \cdot 10^{-23}$ J/K)

c: Konstante, von den Werkstoffeigenschaften abhängig

A: Beschleunigungsfaktor

t: Zeit

Eine Temperaturerhöhung von 10 K bewirkt unter dieser Näherung eine

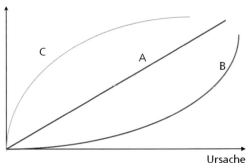

Wirkung

◘ **Abb. 1.73** Mögliche Ursache – Wirkungsbeziehungen (A: linearer Zusammenhang, B, C: Beispiele nichtlinearer Zusammenhänge)

- Verdoppelung der Reaktionsgeschwindigkeit
- Halbierung der Lebensdauer
- Halbierung der Versuchsdauer

Hierbei handelt es sich allerdings um eine grobe Näherung, die Ungenauigkeit nimmt dabei mit der Temperaturerhöhung deutlich zu. Auch steigt das Risiko, dass realitätsferne Wirkungen auftreten, erheblich.

Werden Nichttemperatureinflüsse simuliert, so ist stets das zu betrachtende Objekt auf einer bestimmten Temperatur. Das kann man nutzen, um bei Einflussgrößen, wie beispielsweise Vibrationen oder Korrosionen, die Wirkung beschleunigt zu erzielen, ohne die eigentliche Einflussgröße zu erhöhen.

Beispiel: Thermische Alterung von Rollläden
Die Temperatur für Alterungsversuche sollte nicht höher als die maximale Einsatztemperatur der Werkstoffe sein. Mit der Annahme einer Alterungstemperatur von 70 °C und einer angenommenen Durchschnittstemperatur von 10 °C, die noch knapp über der Durchschnittstemperatur in Deutschland liegt [44], erhält man eine Zeitraffung um den Faktor 64. Die thermischen Einflüsse von 30 Jahren lassen sich somit innerhalb eines halben Jahres simulieren.

Beispiel für die Grenzen der Zeitraffung: Alterung von Kunststoffbauteilen
Kunststoffbauteile haben eine relativ geringe maximale Einsatz- bzw. Lagertemperatur. Überschreitet man diese, treten Effekte aufgrund der eingeschränkten Formstabilität bis hin zum Aufschmelzen des Werkstoffes auf, die auch nach

sehr langer Nutzungsdauer nicht beobachtet werden. Dann sind die Werkstoffe nicht beschleunigt gealtert, sondern auf eine anderere Art und Weise beschädigt worden.

Andere Modelle, die zum Teil das Arrhenius-Modell verfeinern und zum Teil neben der Temperatur auch den Feuchteeinfluss berücksichtigen, sind:

- Lawson-Modell (RH2-Modell, Arrhenius mit Temperatur und Feuchte)
- Coffin-Manson-Modell (Thermische Zyklen)
- Power-rule-Modell (Power-Law, Levenbach, Peck)
- Eyring-Modell (Goldberg)
- Reciprocal Exponential.

1.4.6.2.2 Pegelerhöhung bei mechanischen Belastungen

Aus der Betriebsfestigkeitslehre wird die Wöhlerkurve verwendet (◘ Abb. 1.74). Biegewechsel an Werkstoffen werden nur bis zu einer bestimmten Anzahl ertragen. Erhöht man die Spannungsamplitude, so nimmt die Anzahl der ertragbaren Lastwechsel ab.

Bei normalen mechanisch-dynamischen Belastungen treten nicht stets die gleichen Amplituden auf. Daher addiert man den Schädigungsanteil der verschiedenen Amplituden nach Palmgren-Miner linear [44].

$$\frac{t_{real}}{t_{test}} = \left(\frac{\hat{a}_{test}}{\hat{a}_{real}} \right)^{s}$$

Für sinusförmige Schwingungen gilt:

t: Zeit

$\hat{a}$: Amplitude der Beschleunigung

s: Exponentialfaktor (üblicherweise $s = 6$)

$$\frac{t_{real}}{t_{test}} = \left(\frac{PSD_{test}}{PSD_{real}} \right)^{k}$$

Für Breitbandrausch gilt:

t: Zeit

PSD: Leistungsdichtespektrum in g^2/Hz oder $(m/s^2)^2$/Hz

k: Exponentialfaktor (üblicher Weise $4 < k < 10$); $k = b/n$

b: Steigung der Wöhlerkurve (materialabhängig)

n: Dämpfung ($n = 2{,}4$; für Elastomere $n = 2{,}0$)

Die Exponenten dieser beiden Formeln bestimmen stark die Zeitraffung durch Pegelerhöhung bei Vibration. Zu beachten ist, dass kleine Exponenten zu einer höheren Belastung führen (Pegelerhöhung führt zu kleiner Zeiteinsparung). Diese Exponenten sind werkstoffspezifisch und hängen von der Steigung der Wöhlerkurve ab, die für viele Werkstoffe insbesondere Kunststoffe nicht verfügbar ist. Für Bauteile aus verschiedenen Werkstoffen kann man auch unterschiedliche Exponenten verwenden. Daher werden oft mittlere Werte verwendet. Die Ungenauigkeit nimmt daher mit der Pegelerhöhung stark zu.

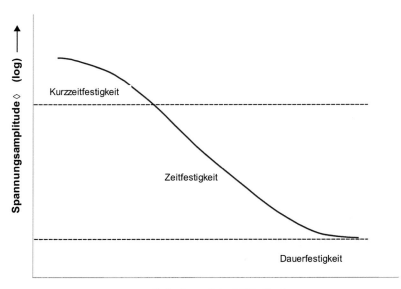

◘ **Abb. 1.74** Wöhlerkurve

1

Beispiel: Vibrationen im Automobil
Gemessene Leistungsdichtespektren für Breitbandrauschen liegen bei einem Effektivwert von etwa 5 m/s², eine Pegelerhöhung bis 20 m/s² wird in der Praxis oft verwendet. Dadurch erhält man eine Vervierfachung der Pegel und mit dem Exponentialfaktor 4 eine Verkürzung der Versuchsdauer um den Faktor $4^4 = 256$ [45].

1.4.7 Methodik

Die Erträglichkeit gibt an, inwieweit Bauteile den aufgeprägten Belastungen standhalten. Die Erträglichkeit, selbst von Gleichteilen, streut [46, 47].

Die auf den Markt gebrachten Teile erfahren eine unterschiedliche Lebensgeschichte, daher streuen auch die auftretenden Belastungen. Nur der Anteil der erzeugten Produkte fallen aus, bei denen sich die Belastungs- und die Erträglichkeitskurve überschneiden (🔲 Abb. 1.75).

1.4.7.1 Produktqualifikation

Bei der Prüfung an Neuteilen wird versucht die höchsten Belastungen aufzuprägen (🔲 Abb. 1.76). Alterung von Teilen verändern ihre Eigenschaften, darunter auch die Erträglichkeit, sie wird in aller Regel vermindert und verbreitert (🔲 Abb. 1.77). Beispiele für die Verringerung der Erträglichkeit von Produkten mit der Alterung sehen wir immer dann, wenn ältere Geräte ausfallen, obwohl sich die äußeren Bedingungen nicht verändert haben [48].

Von den Produkten wird erwartet, dass sie den tatsächlichen Belastungen ohne Einschränkungen standhalten. Das bedeutet, dass sie weder Schaden nehmen noch in ihrer Funktion beeinträchtigt werden. Aus Sicherheitsgründen werden oft Zuschläge in den Belastungen, d. h. kleine Pegelerhöhungen vollzogen. Die künstliche Alterung von Bauteilen, die eine Verschiebung der Erträglichkeit mit sich bringt, kann man durch eine Verschiebung der Belastungen ebenfalls simulieren.

1.4.7.2 Entwicklungsbegleitende Erhöhung der Robustheit

An Entwicklungsmustern, die schon nahe am endgültigen Produkt sind, werden Prüfungen durchgeführt, indem die Pegel erhöht werden bis ein Fehler auftritt (🔲 Abb. 1.78). Dies kann deutlich über das normale Maß gehen. Dieser Fehler oder der daraus entstandene Schaden wird repariert und das Teil wird weiter mit noch höheren Pegeln belastet, bis wieder ein Fehler auftritt und so weiter – bis keine Reparatur mehr möglich ist. Daraus erhält man eine Liste von Schwachstellen.

Da man viele davon mit einfachen Mitteln beheben kann, resultiert so eine Verbesserung des Produkts hinsichtlich seiner Erträglichkeit. Allerdings verbessert man damit auch oft an unnötigen Stellen. Bei Schwachstellen, die nicht auf eine einfache Art oder unter erheblichem Aufwand (z. B. Verteuerung des Produkts) zu beheben sind, ist eine Entscheidung aber schwer zu treffen. Bei diesem Vorgehen spricht man von TAAF (Test Analyse and Fix) oder von HALT (Highly Accelerated Life Testing). Letzterer Begriff entspringt allerdings mehr einer Verkaufsstrategie als einer Beschreibung des Vorgehens, mit beschleunigter Lebensdauerprüfung hat dieses Vorgehen nichts zu tun.

Bei diesen Tests, die während der Produktentwicklung durchgeführt werden, können allerdings nur thermische und mechanische Belastungen (periodische Schocks) durch schnelle Temperaturwechsel und pneumatische Hammerschocks aufgeprägt werden. Sie geben auch keine Aussage über die generelle Eignung eines Produkts in einer definierten Umgebung.

1.4.7.3 Prüfung von Neuteilen auf Schwachstellen (Frühausfälle)

Untersucht man die Ausfallwahrscheinlichkeiten technischer Erzeugnisse, erhält man immer wieder eine ähnliche Funktion für die Ausfallwahrscheinlichkeit. Bei neuen Produkten ist die

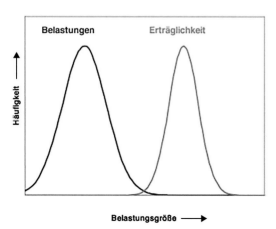

🔲 **Abb. 1.75** Belastung und Erträglichkeit

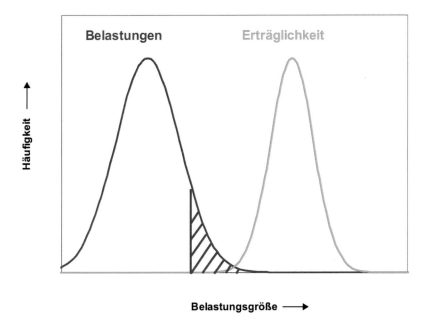

● **Abb. 1.76**   Aufprägen der größten Belastungen bei der Produktqualifikation

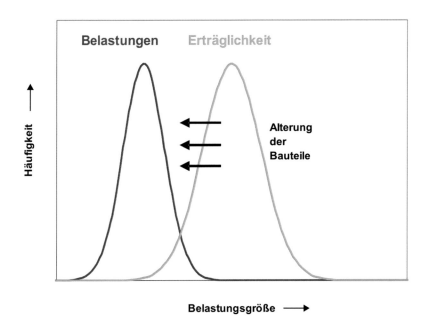

● **Abb. 1.77**   Verschiebung der Produktverträglichkeit durch Alterung

Ausfallrate höher und fällt auf einen niedrigeren, dann annähernd konstant bleibenden Wert ab. Bei einem deutlichen Alter der Teile steigt dann die Ausfallrate wieder, die Erzeugnisse oder bestimmte Teile daraus haben ihre Lebensdauer erreicht (● Abb. 1.79). Gerade die Frühausfälle stören die Hersteller. Daher versucht man

Bauteile, die eine hohe Frühausfallrate bei geringen Spätausfällen zeigen, während der Produktion durch definierte Belastungen zu altern und die defekten auszusortieren.

Dieser Prozedur müssen dann alle produzierten Teile unterzogen werden. Verwendet man für die Alterung Belastungen, die

1

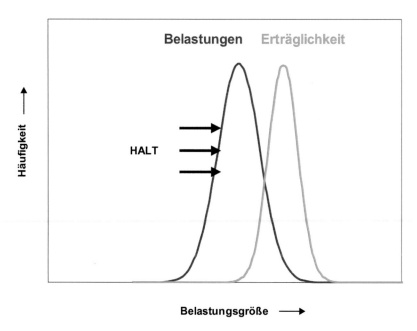

◘ Abb. 1.78   Schnelltest durch ständige Erhöhung der Belastung, es kommt zwangsläufig zu Ausfällen (HALT Highly Accelerated Life Testing)

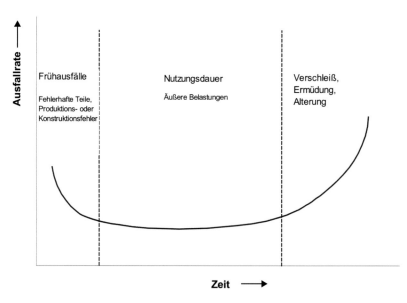

◘ Abb. 1.79   Typische Ausfallwahrscheinlichkeit technischer Erzeugnisse über der Zeit

höchstens die Maximalbelastungen der Bauteile erreichen, so redet man von Environmental Stress Screening (ESS) [49, 50]. Hat man in der Produktentwicklung einen Test zur Erhöhung der Robustheit durchgeführt, wie beispielsweise einen HALT Test, kann man die darin gewonnenen Erkenntnisse nutzen, um eine Belastung aufzuprägen, die über den maximalen Umgebungsbelastungen liegt, aber in der Regel von den Produkten noch ertragen wird, dies nennt man Highly Accelerated Stress Screening (HASS), [51].

Beispiel: Elektronische Bauteile

Um die Frühausfallrate zu reduzieren, werden elektronische Komponenten (integrierte Schaltungen, Widerstände, Kondensatoren, bestückte Leiterplatten) hochwertiger Erzeugnisse vor dem Zusammenbau bei erhöhter Temperatur einen definierten Zeitraum betrieben und anschließend überprüft. Dadurch wird vermieden, dass schwache oder fehlerhafte Komponenten eingesetzt werden. Damit kann die Zuverlässigkeit elektronischer Systeme erheblich gesteigert werden.

Extremtemperaturen, bis sie durchtemperiert sind und kommen dann innerhalb weniger Sekunden in die Kammer mit der anderen Temperatur. Da Luft eine geringe Wärmekapazität besitzt, kann man die Wirkung durch flüssige Medien erhöhen.

Anwendungsbeispiel

1.4.8 Einzelprüfungen

1.4.8.1 Temperaturprüfungen

Temperaturbelastungen sind oft die dominierenden Gründe für Ausfälle. Dabei können konstante Wärme oder Kälte oder zyklische Temperaturänderungen relevant sein (◘ Tab. 1.22). Konstante Wärme beschleunigt die Alterung von Teilen, konstante Kälte führt zu Versprödungen. Temperaturwechsel führen zu Kondensation und aufgrund verschiedener Wärmeausdehnungen zu Spannungen in Werkstoffen und tragen damit zur Rissbildung bei. Sehr schnelle Temperaturänderungen werden auch Temperaturschocks genannt. Diese vergrößern die Effekte des Temperaturwechsels. Temperaturschocks werden meist in einem Zweikammerverfahren durchgeführt. Die Bauteile verweilen bei einer der beiden

Am Fraunhofer ICT, Pfinztal wurden im Februar 2018 unter anderem die zwei Fensterreihen der Spritzgießhalle, siehe ◘ Abb. 1.80a, mit Kunststofffolien gegen eintretende IR-Strahlung beklebt. Wir vermuten, dass dadurch die im ◘ Abb. 1.80a auf den leeren Parkplätzen erkennbaren Reflexionen entstehen.
Die wellenförmigen Strukturen der spiegelnden Fenster, ◘ Abb. 1.80b, deren Reflexionen in ◘ Abb. 1.80a am Fußboden zu sehen sind, deuten auf verformte Fensterscheiben und können die Brennwirkung der reflektierten Sonnenstrahlen auf geparkten Autos erzeugen.
Diese beobachteten wir die 15 Jahre davor nicht.
Am 1. August 2018, einem der heißesten Tage des Sommers, kam es an einigen der geparkten PKW, ◘ Abb. 1.80c, entlang der Linie Heckklappe/Dach dreieckiges Seitenblech und

◘ Tab. 1.22   Einige Beispiele zur Wirkung von Temperaturprüfungen

Einflussfaktor	Bauteile	Wirkung
Wärme, Kälte	Leistungselektronik, Widerstände	Überhitzung durch Eigenerwärmung Leistungsbeeinträchtigung, Veränderung der Eigenschaften, Drift
	Elastomere, Dichtungen	Versprödung, Zerstörung, Verformung
	Gleitlager	Verlust der Schmierwirkung, Erhöhung der Viskosität
	Kunststoffbauteile	Änderung der mech. Eigenschaften, Verfärbungen
Temperatur- wechsel	Elektronische Schaltungen	Lösen von Verbindungen
	Kunststoffbauteile	Rissbildung
	Beschichtete Gehäuse	Ablösen der Beschichtung
	Glasbauteile	Rissbildung, Splittern
	Dichtungen	Leckbildung

1

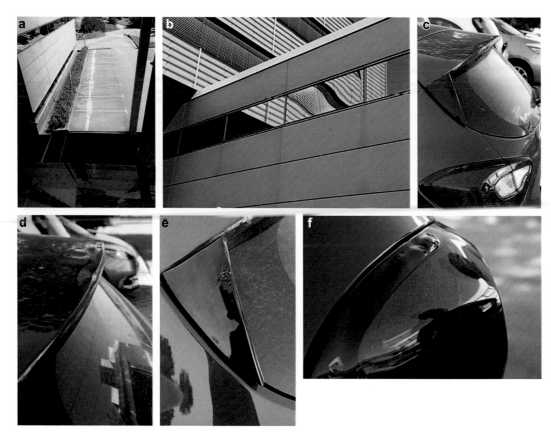

◘ Abb. 1.80 **a** Gebündelte Sonnenlichtreflexion der Hallenfenster auf den Parkplätzen, **b** Wellenförmige Verformungen der Glasscheiben sind erkennbar, **c** Linienförmige Aufschmelzungen über Heckklappe oben, Dreiecksteil und Rückleuchte an einem PKW, der an den Parkflächen ◘ Abb. 1.80a parkte, **d** Detailaufnahme der Schmelzverformungen an der ABS-PC-Heckklappe oben, **e** Einbrennlöcher im thermoplastischen Dreiecksteil, **f** Schmelzebeulen an der thermoplastischen Rückleuchtenverkleidung

Rückleuchte beidseitig zu Schmelzungen an den verbauten Kunststoffteilen. Es liegt auf der Hand, dass die Reflexionslinie in ◘ Abb. 1.80a, die als Brennlinie der Sonnenstrahlen wirken muss, dafür die Ursache ist. Temperaturmessungen ergaben über 130 °C entlang des Reflexionsstreifens auf PKW-Höhe und ca. 60 °C daneben außerhalb.

◘ Abb. 1.80d zeigt die Verformungen (infolge Orientierungen) bei örtlicher Erwärmung der ABS-PC-Heckklappe oben.

◘ Abb. 1.80e lässt Einbrennlöcher am thermoplastischen Dreiecksteil zwischen Rückscheibe, Heckklappe und Hinterkotflügel erkennen.

◘ Abb. 1.80f zeigt Aufschmelzbeulen am oberen Rand der PC-Rücklichtverglasung.

Bei derartigen Schäden stelle sich schnell die Frage der Haftung. Autoversicherer lehnen diese ab. Vor 5 Jahren gab es in London einen ähnlichen Fall. Die Richter verurteilten den Hausbesitzer zur Übernahme der Schadenskosten bei den Mietern, die die Parkplätze vor dem Haus nutzten und durch ähnliche Reflexionen des Sonnenlichtes an der Hausfassade auf die Fahrzeuge beschädigt wurden.

1.4.8.2 Klimaprüfungen

Unter Klima versteht man in der Umweltsimulation die gleichzeitige Regelung der Temperatur und der Luftfeuchte (◘ Tab. 1.23). Meist ist dabei eine hohe Luftfeuchte ein Belastungsfaktor, nur sehr wenige Werkstoffe zeigen eine Empfindlichkeit gegen sehr trockenes Klima. Zudem lagern sich bei feuchtem Klima monomolekulare Lagen Wasser an Oberflächen an. Dadurch werden Stofftransportvorgänge an der Oberfläche ermöglicht. Luftverunreinigungen können somit zu Korrosionsvorgängen führen [52].

◻ Tab. 1.23   Einige Beispiele zur Wirkung von Klimaprüfungen

Bauteile	Wirkung
Elektronische Schaltungen	Veränderung von Eigenschaften, Kurzschluss
Gleitlager	Wasseraufnahme der Schmierstoffe, Veränderungen der Schmiereigenschaften
Bauteile aus wasseraufnehmenden Werkstoffen	Aufquellen
Optische Bauelemente	Beschlagen, Verschmutzung
Bauteile aus Naturstoffen	Feuchteaufnahme, Quellung, Verrottung, Rissbildung
Metallische Bauteile	Korrosion

◻ Tab. 1.24   Vergleich von Schutzartprüfungen nach Norm

		EN 60529 (Elektrotechnik)	DIN 40050 Teil 9 – ISO 20653 (Automobilbau)
Erste Kennziffer	Berührungs-schutz 1, 2, 3, 4	Identisch	
	Staub 5, 6	Mit und ohne Unterdruck	Kein Unterdruck
		Staubmedium Talkum	Staubmedium Portlandzement/Flug-asche (Arizonastaub)
		Staub ist schmierend	Staub ist abrasiv
		Strömung vertikal von oben	Strömung vertikal von oben und horizontal
		Staubprüfung kontinuierlich	Staubprüfung zyklisch
Zweite Kennziffer	Wasser	8 Wasserkategorien	11 Wasserkategorien

1.4.8.3 Schutzart

Schutzartprüfungen dienen weniger der Alterung von Bauteilen als mehr zum Nachweis einer geforderten Dichtheit von Gehäusen. Einerseits ist dies ein sicherheitsrelevantes Merkmal bei stromführenden Teilen, andererseits bedeutet dies aber auch den Schutz des Gehäuseinnern vor Umweltbelastungen. Es gibt Tests zum Wasser-, Staub- und Berührungsschutz von Geräten, Gehäusen und Baugruppen (◻ Tab. 1.24). Eintritt von festen oder flüssigen Fremdstoffen führt meist zu Funktionsstörungen und zu Korrosion.

1.4.8.4 Korrosionsprüfungen

Der Begriff Korrosion bezeichnet die allmähliche Zerstörung eines Stoffes durch Einwirkungen anderer Stoffe aus seiner Umgebung. Diese Definition schließt alle Materialen ein. Im Folgenden wird diese verwendet (◻ Tab. 1.25). In einem engeren Sinn werden aber auch Reaktionen eines metallischen Werkstoffes mit seiner Umgebung als Korrosion bezeichnet.

Die Zerstörung beginnt meist an der Oberfläche der Bauteile. Aufgrund der unterschiedlichen chemischen oder elektrochemischen Reaktionen, die zur Korrosion führen, gibt es verschiedene Arten, diese in der Simulation anzuregen. In der Umweltsimulation verwendet man entweder eine gasförmige oder eine neblige Atmosphäre zum Anregen von Korrosionsvorgängen und gegebenenfalls zyklische Abfolgen [53]:

- Salznebel konstant oder zyklisch (5 % NaCl-Lösung, ggf. mit Essigsäure und Kupfer(II)chlorid), Salznebel tritt etwa bis 150 km bis 200 km Entfernung von der Küste auf, auch wird durch Salznebel die Streusalzwirkung simuliert
- Kondenswasser (100 % Feuchte)

1

◘ Tab. 1.25 Beispiele zur Wirkung korrosiver Belastungen

Bauteile	Wirkung
Elektrische Steckverbinder	Korrosion am Steckkontakt und Erhöhung elektrischer Widerstände
Leiterplatten	Veränderung der Schaltungscharakteristik durch Korrosion der Kupfer-bahnen
Lackierte Oberflächen	Blasenbildung an Lacken und galvanischen Schichten durch Unter-wanderung der Schutzschicht
Bauteile aus metallischen Werkstoffen	Korrosion
Kunststoffteile in elektrischen Anlagen	Bildung von sauren und alkalischen Lösungen (Elektrolyte)

◘ Tab. 1.26 Beispiele zur Wirkung mechanischer Belastungen

Bauteile	Wirkung
Fahrzeug- oder Maschinenteile	Bauteilermüdung, z. B. durch Resonanzanregung (Ermüdungs- und Schwingungsbrüche) in Form von Rissbildung Lösen von Fixierungen
Transportgüter	Wanderung von verpackten Gütern in geschütteten Polstern Verschlechterung der Ladungssicherung Oberflächenschäden durch Stoß-, Reib- oder Scheuervorgänge

- Kondenswasserwechselprüfung (Kesternich) (Wechsel zwischen Schwefeldioxid, Betauung und Trocknung)
- Schadgas (eine oder mehrere Komponenten) beispielsweise mit H_2S, SO_2, Cl_2 und NO_2

1.4.8.5 Mechanische Prüfungen

Mechanische Belastungen führen zu Brüchen, Deformationen und optischen Veränderungen an Bauteilen (◘ Tab. 1.26). Hierbei unterscheidet man in statische, dynamisch transiente und dynamisch dauerhafte Belastungen [54]. Statische Belastungen untersucht man mit Kompressionsversuchen. Kompressionstester drücken auf gesamte Bauteile oder gezielt auf eine definierte Fläche. Diese Versuche werden hauptsächlich an verpackten Gütern als Test an der Verpackung durchgeführt.

Kurze einmalige oder Stoßvorgänge von außen werden mittels Pendelhammer, Federhammer oder Vertikalhammer (Freifallhammer) aufgeprägt. Dabei trifft eine definierte, meist als Kugelausschnitt geformte Fläche mit festgelegter kinetischer Energie auf die empfindlichsten Stellen der Versuchsmuster. Fallvorgänge oder Stöße auf Produkte werden durch Schocktestmaschinen simuliert. Die zu belastenden Teile werden dabei fest auf einen Prüftisch gespannt, der durch seine Gewichtskraft oder durch

eine Pneumatikvorrichtung beschleunigt werden kann. Der eigentliche Schock wird durch abruptes Abbremsen erzielt.

Mit Schwingerregern kann man harmonische Schwingungen (Sinusschwingungen) und stochastische Schwingungen (Breitbandrauschen) anregen. Auch kleinere Schocks lassen sich durch Schwingerreger erzeugen.

1.4.8.6 Kraft-, Druck-, Beschleunigungs- und Drehmomentmessungen (Piezo-Sensorik)

In der industriellen Fertigung zählt die piezoelektrische Sensorik [55] mittlerweile zu den Schlüsseltechnologien für den wirtschaftlichen Erfolg. Innerhalb der Fertigungskette von produzierenden Unternehmen sorgt die auf dem piezoelektrischen Prinzip beruhende Messtechnik für eine markante Erhöhung der Prozesssicherheit sowie für eine nachhaltige Produktivitätssteigerung – und macht damit den Weg frei zu einer Null-Fehler-Produktion in Füge-, Montage- und Prüftechnik. Ein Blick auf die Funktionsweise und die Vorteile veranschaulicht die Wichtigkeit dieser Technologie.

Die piezoelektrische Messtechnik eignet sich besonders gut für die Optimierung und Kontrolle von Fertigungsprozessen, mittels

Kraft-, Druck-, Beschleunigungs- und Drehmomentmessung. Der in der Sensortechnik verwendete Quarzkristall erzeugt bei mechanischer Belastung ein Ladungssignal, das direkt proportional zur einwirkenden Kraft ist. Der Vorteil: Durch die hohe Steifheit des Kristalls sind die Messwege entsprechend klein. Sie liegen meist im Bereich weniger Mikrometer. Laufen die zu prüfenden Prozesse schnell und dynamisch, erweist sich die hohe Eigenfrequenz des Quarzes als vorteilhaft. Abhängig von der Lage der polaren Kristallachsen zur einwirkenden Kraft unterscheidet man verschiedene Piezoeffekte:

- Longitudinaleffekt: Beim Longitudinaleffekt entsteht die Ladung auf den Angriffsflächen der Kraft und kann dort über Elektroden abgenommen werden. Piezoelemente mit dem Longitudinaleffekt sind empfindlich auf Druckkräfte und eignen sich vor allem für einfache und robuste Sensoren zur Messung von Kräften.
- Schub- oder Schereffekt: Beim Schub- oder Schereffekt ist die piezoelektrische Empfindlichkeit wie beim Longitudinaleffekt von der Form und Größe des Piezoelements unabhängig. Schubempfindliche Piezoelemente werden für Schubkraft-, Drehmoment- und Dehnungssensoren sowie für Beschleunigungssensoren verwendet. Sie eignen sich zum Bau von Sensoren, die auch bei Temperaturänderungen ein ausgezeichnetes Verhalten aufweisen.
- Transversaleffekt: Bei der Ausnutzung des Transversaleffekts ist es möglich, durch eine geeignete Formgebung und Anordnung der Piezoelemente eine größere Ladungsausbeute zu erreichen. Elemente, die den Transversaleffekt aufweisen, eignen sich für hochempfindliche Druck-, Dehnungs- und Kraftsensoren.

Ladungsverstärker wandeln die von einem piezoelektrischen Sensor abgegebene Ladung in eine proportionale Spannung um. Der Verstärker wirkt als Integrator und kompensiert ständig die vom Sensor abgegebene elektrische Ladung am Bereichskondensator proportional zur wirkenden Messgröße.

Mit Quarzsensoren lassen sich Kräfte sowohl direkt als auch indirekt messen. Bei der direkten Messung liegt der Sensor voll im Kraftfluss und misst die ganze Kraft. Das ergibt eine hohe Messgenauigkeit, die nahezu unabhängig vom Angriffspunkt der Kraft ist. Kann der Sensor nicht direkt in den Kraftfluss platziert werden, misst der Sensor nur einen Teil der Kraft und der Rest fließt über die Einbaustruktur, den sogenannten Kraftnebenschluss, ab. Bei indirekter Kraftmessung wird mit Dehnungssensoren die Prozesskraft indirekt über die Strukturdehnung gemessen. Quarzsensoren sind außerordentlich stabil, robust und kompakt. Daher sind sie nicht nur in der Forschung und Entwicklung, sondern auch in Produktion und industrieller Prüftechnik weit verbreitet.

Anwendungsbeispiele

Vorteile von Piezo-Sensoren

Die Messung mit piezoelektrischen Quarz-Kraftaufnehmern bietet für die dynamische und quasistatische Messung viele Vorteile. Eine dynamische Kraftmessung ist beispielsweise bei den Alterungs- und Belastungsuntersuchungen an Kraftfahrzeugkomponenten erforderlich. Die Quarz-Kraftaufnehmer bestehen aus aktiven Sensorelementen. Diese erzeugen ein lineаres Ladungssignal am Ausgang, das zur einwirkenden Kraft proportional ist. Deshalb können sie für mehrere Messbereiche verwendet werden, da die Kraftmessung direkt über die Sensorelemente und nicht indirekt über die Verformung einer Struktur erfolgt. Aus diesem Grund können diese Messelemente über mehrere Dekaden messen und müssen somit während der Messung von verschiedenen Kräften nicht getauscht werden.

Ein weiterer Vorteil bieten die Piezo-Sensoren bezüglich Überlast-Schutz: Piezoelektrische Quarz-Kraftaufnehmer reagieren auf Belastung, nicht auf Dehnung. Das bedeutet, dass während der Messung praktisch keine Auslenkung auftritt. Die meisten Aufnehmer haben eine Druckfestigkeit von $3{,}0 \times 10^8$ Pa, wodurch eine massive Überlastung möglich ist, ohne zu riskieren, den Aufnehmer zu zerdrücken. Sogar, wenn der Aufnehmer über seinen zulässigen Messbereich hinaus überlastet wird, treten

1

keine Schäden, Nullpunktverschiebungen, Ermüdungen oder Linearitätsänderungen auf. Weitere Vorteile der piezoelektrischen Quarz-Technik sind die hohe Ausgangsspannung (5 oder 10 V bei ICP®-Ausgang), der weite Betriebstemperaturbereich (−73 bis 204 °C) sowie die niedrigen Beschaffungs- und Lebenszykluskosten. Quarz-Kraftaufnehmer bieten demnach bei gewissen Anwendungen sowohl diverse technische Vorteile als auch den Vorteil von markanten Kosteneinsparungen.

Systemlösungen für prozessintegrierte Qualitätssicherung
Damit die von den hochempfindlichen Piezo-Sensoren erfassten Daten auch nutzbar sind, werden diese in entsprechenden Monitorsystemen visualisiert, bewertet und dokumentiert. Die Integration solcher Überwachungssysteme in die Produktion ist nötig, um die Qualität der hergestellten Produkte zu überprüfen bzw. beurteilen zu können.
Ausführlich siehe in: NN (2017) Wie funktioniert…
piezoelektrische Messtechnik? In: Jahresmagazin
Werkstofftechnik WAW 2017, S. 4–5.
▶ www.kistler.com.

1.4.9 Kombinierte Prüfungen

Alle Belastungen nach ❒ Tab. 1.27 können gemeinsam eingebracht werden. Dies bringt aber nur in bestimmten Fällen Vorteile, sodass in der Regel die Belastungen nur dann gemeinsam aufgeprägt werden, wenn diese synergistisch wirken. Dies ist der Fall, wenn Wirkungen erzielt werden, die keine der Einzelbelastungen allein oder die Einzelbelastungen in beliebiger Reihenfolge nacheinander erzielen können.

Unabdingbar ist die Kombination von korrosivem Medium und Luftfeuchte bei den Korrosionsuntersuchungen. Häufig werden die Umweltbelastungen mit Betriebsbelastungen der zu prüfenden Produkte kombiniert.

1.4.10 Zusammenfassung und Ausblick

Die Umweltsimulation trägt wesentlich zur Steigerung der Produktqualität bei. Schwachstellen können frühzeitig erkannt und beseitigt werden, die Eignung eines Produkts für seinen Einsatz wird nachgewiesen. In den Branchen und Einsatzgebieten, in denen heute schon derartige Untersuchungen angestellt werden, sind die Versagens- und Ausfallraten deutlich reduziert.

Die Entwicklung der Produktqualifikation in den letzten 10 Jahren zeigt, dass heute deutlich mehr geprüft wird als damals. Sowohl die Intensität der Prüfung einzelner Teile hat zugenommen wie auch die Berücksichtigung prüflingsspezifischer Besonderheiten.

Beispiel: Automobilelektronik
Die Ausfallraten der gesamten Automobilelektronik sind in den letzten Jahren nach einer anfänglichen Steigerung konstant geblieben und fallen derzeit wieder, obwohl immer mehr elektronische Teile im Fahrzeug eingebaut werden. Dies bedeutet, dass die Zuverlässigkeit der einzelnen Komponente deutlich erhöht werden konnte.
Viele der neu auf den Markt kommenden Produkte sind in Aufbau und Technologie Weiterentwicklungen bestehender Vorgänger. Bei den Vorgängern hatte man oft schon Fehler erkannt und abgestellt, nicht erkannte Schwachstellen

❒ **Tab. 1.27** Vergleich kombinierter Belastungen und Einzelbelastungen

	Gemeinsames Aufprägen aller Belastungen	Vereinzelung der Belastungen
Vorteile	+ Synergieeffekte werden berücksichtigt + kürzere Testzeiten + Frage der Reihenfolge von Prüfungen stellt sich nicht	+ günstiger + Fehlersuche einfacher + Anlagen vorhanden
Nachteile	− Teure Anlagen − Kombinationsanlagen sind nicht häufig verfügbar − Fehlermechanismen sind schwer zu identifizieren	− Synergieeffekte werden nicht berücksichtigt − Problem der Reihenfolge

wurden oftmals durch Feldausfälle im Laufe der Jahre sichtbar.

Dies eröffnet die Möglichkeit, an den Schwachstellen vergangener Produkte zu lernen. Entwicklungszyklen werden immer kürzer, für eine Validierung des Produkts bleibt am Ende der Entwicklung immer weniger Zeit. Eine Möglichkeit, die Dauer zu verkürzen, ist die gleichzeitige Beaufschlagung mehrerer relevanten Faktoren. Nachteile sind die hohen Kosten für derartige Anlagen sowie eine Erschwernis der Fehlererkennung.

Man muss die Qualifikation von Produkten nicht ganz am Ende der Produktentwicklung durchführen, man kann auch an Entwicklungsmustern und frühen Prototypen wichtige Erkenntnisse gewinnen. Zwar wird dabei nicht das endgültige Produkt der Analyse unterzogen, was eine gewisse Unsicherheit bedeutet, aber der Zeitvorteil und vor allem die Möglichkeit zu diesem Zeitpunkt noch gravierende Veränderungen vornehmen zu können, macht dieses Vorgehen attraktiv.

Mechanisches und das thermische Verhalten von Bauteilen lassen sich rechnerisch erfassen. Es gibt kaum eine Produktentwicklung, bei der kein verwertbarer Satz an Eingangsdaten für Berechnungen vorliegt. Dazu gehören:

- Konstruktionszeichnungen
- Werkstofftabelle, und -daten (Belastungsdaten)
- Belastungsannahmen
- Schadensdatenbanken, -daten

Es gibt Ansätze, die Ergebnisse der Produktqualifikation mit Computerprogrammen abzuschätzen. Dies wird die Möglichkeit gezielterer Untersuchungen ermöglichen.

- Messmethodik
- Betriebsdatenerfassung (BDE)
- QS-Norm

Zerstörungsfreie Prüfungen

Reibeverhalten von Carbonfasergewebe mit Binderauftrag beim Drapierprozess

Dieses Beispiel soll zeigen und erinnern, wie breit und bedeutend die Prüftechnik ist und damit auch die Umweltsimulation. Nur mit detaillierten Daten kann sie nutzenbringend erfolgen.

Die Umformung von 2-dimensionalen Gewebezuschnitten in eine doppelgekrümmte 3D-Preform erfolgt durch den Mechanismus der Scherdeformation des orthogonalen Gewebes. Neben den charakteristischen Scherkräften wirken zusätzlich Reibkräfte zwischen den Umformwerkzeugen und dem Gewebe sowie zwischen benachbarten Gewebelagen, die den Formgebungsprozess beeinflussen. Mit der vorliegenden wissenschaftlichen Arbeit wird das Reibverhalten von Carbonfasergewebe mit einseitig aufgebrachtem Pulverbinder zum Formwerkzeug bei verschiedenen Parametern wie etwa Reibgeschwindigkeit, Temperatur, Normalkraft und Faserorientierung untersucht.

Ausführlich siehe in: Graf M, Henning F (2017) Reibverhalten von Carbonfasergewebe mit Binderauftrag beim Drapierprozess. In: Zeitschrift Kunststofftechnik – Journal of Plastics Technology 14 (2018) 1, Carl Hanser Verlag, München.

1.5 Qualitätssicherung

- Inline
  - Aufbereitung
  - Maschine
  - Werkzeug
- Online
- Offline
  - Rohstoffe
  - Halbzeug
  - Bauteil

1.6 Normung

Das wichtige Gebiet der Normung ist bisher in der 1. Auflage von Polymer Engineering unterrepräsentiert. Um diesen Mangel ein wenig zu beheben, werden im Folgenden einige Informationen aus der Zeitschrift Kunststoffe 2017 beispielhaft abgedruckt.

- **Normentwürfe [56–61]:**
- DIN EN 1329-1/A1:2016-12

- Kunststoffrohrleitungssysteme zum Ableiten von Abwasser (niedriger und hoher Temperatur) innerhalb der Gebäudestruktur – Weichmacherfreies Polyvinylchlorid (PVC-U) – Teil 1: Anforderungen an Rohre, Formstücke und das Rohrleitungssystem; Deutsche und Englische Fassung EN 1329-1:2014/prA1:2016
- DIN EN 13207:2017-01
- Kunststoffe –Thermoplastische Silofolien und -schläuche für den Einsatz in der Landwirtschaft; Deutsche und Englische Fassung prEN 13207:2016
- DIN EN 13655:2017-01
- Kunststoffe – Nach Gebrauch abnehmbare thermoplastische Mulchfolien für den Einsatz in Landwirtschaft und im Gartenbau; Deutsche und Englische Fassung prEN 13655:2016 (Einsprüche bis 2017-02-09 über das Norm-Entwurfsportal)
- DIN EN ISO 2555:2017-05
- Kunststoffe – Harze im flüssigen Zustand, als Emulsionen oder Dispersionen – Bestimmung der scheinbaren Viskosität mit einem Rotationsviskosimeter mit Einzelzylinder (ISO/DIS 2555:2017); Deutsche und Englische Fassung prEN ISO 2555:2017
- DIN EN ISO 11357-3:2017-05
- Kunststoffe – Dynamische Differenzthermoanalyse (DSC)- Teil 3: Bestimmung der Schmelz- und Kristallisationstemperatur und der Schmelz- und Kristallisationsenthalpie (ISO/DIS 11357-3:2017); Deutsche und Englische Fassung prEN ISO 11357-3:2017
- DIN EN ISO 11357-6:2017-05
- Kunststoffe – Dynamische Differenzthermoanalyse (DSC)- Teil 6: Bestimmung der Oxidations-Induktionszeit (isothermische OIT) und Oxidations-Induktionstemperatur (dynamische OIT) (ISO/DIS 11357 6:2017); Deutsche und Englische Fassung prEN ISO 11357-6:2017
- DIN EN ISO 14855-2:2017-05
- Bestimmung der vollständigen aeroben Bioabbaubarkeit von Kunststoffmaterialien unter den Bedingungen kontrollierter Kompostierung – Verfahren mittels Analyse des freigesetzten Kohlenstoffdioxides Teil 2: Gravimetrische Messung des freigesetzten Kohlenstoffdioxides im Labormaßstab (ISO/DIS 14855-2:2017); Deutsche und Englische Fassung prEN ISO 14855-2:2017

- DIN EN 12104:2017-07
- Elastische Bodenbeläge- Presskorkplatten – Spezifikationen; Dt. und Engl. Fassung prEN 12.104:2017
- DIN EN ISO 13056:2017-06
- Kunststoffrohrleitungssysteme Drucksysteme für Warm- und Kaltwasser – Prüfverfahren der Vakuumdichtheit (ISO 13056:2011); Dt. und Eng I. Fassung prEN ISO 13056:2017
- DIN EN 12310-2:2017-09
- Abdichtungsbahnen – Bestimmung des Widerstandes gegen Weiterreißen- Teil 2: Kunststoff- und Elastomerbahnen für Dachabdichtungen; Deutsche und Englische Fassung prEN 12310-2:2017
- DIN EN 14215:2017-10
- Textile Bodenbeläge- Einstufung von maschinengefertigten abgepassten Polteppichen und Läufern; Deutsche und Englische Fassung prEN 14215:2017
- DIN EN 16205/A1:2017-02
- Messung von Gehschall auf Fußböden im Prüfstand; Deutsche und Englische Fassung EN 16.205:2013/prA1:2017
- DIN EN 15023-2:2017-02
- Kunststoffe- Polyvinylalkohol (PVAL)-Formmassen – Teil 2: Bestimmung von Eigenschaften (ISO/DIS 15023-2:2016); Deutsche und Englische Fassung prEN ISO 15023-2:2016
- DIN EN 21309-1:2017-02
- Kunststoffe – Ethylen-Vinylalkohol (EVOH)-Copolymer-Formmassen – Teil 1: Bezeichnungssystem und Basis für Spezifikationen (ISO/DIS 21309-1:2017); Deutsche und Englische Fassung prEN ISO 21309-1:2017
- DIN EN ISO 11298-1:2017-08
- Kunststoffrohrleitungssysteme für die Renovierung von erdverlegten Wasserversorgungsnetzen- Teil 1: Allgemeines (ISO/DIS 11298-1:2017); Deutsche und Englische Fassung prEN ISO 11298-1:2017
- DIN EN ISO 11298-3:2017-08
- Kunststoffrohrleitungssysteme für die Renovierung von erdverlegten Wasserversorgungsnetzen- Teil 3: Close-Fit-Lining (ISO/DIS 11298-3:2017); Deutsche und Englische Fassung prEN ISO 11298-3:2017
- DIN EN ISO 21301-1:2017-07

- Kunststoffe – Ethylen-Vinylacetat (EIVAC)-Werkstoffe- Teil 1: Bezeichnungssystem und Basis für Spezifikationen (ISO/DIS 21301-1:2017); Deutsche und Englische Fassung prEN ISO 21301-1:2017
- DIN EN ISO 21301-2:2017-07
- Kunststoffe – Ethylen-Vinylacetat (E/VAC)-Werkstoffe- Teil 2: Herstellung von Probekörpern und Bestimmung von Eigenschaften (ISO/DIS 21301-2:2017); Deutsche und Englische Fassung prEN ISO 21301-2:2017
- DIN EN ISO 21304-1:2017-07
- Kunststoffe – Ultrahochmolekulare Polyethylen (PE-UHMW)-Werkstoffe- Teil l: Bezeichnungssystem und Basis für Spezifikationen (ISO/DIS 21304-1:2017); Deutsche und Englische Fassung prEN ISO 213041:2017
- DIN EN ISO 23999:2017-07
- Elastische Bodenbeläge – Bestimmung der Maßänderung und Schüsselung nach Wärmeeinwirkung (ISO/DIS 23999:2017); Deutsche und Englische Fassung prEN ISO 23999:2017
- DIN EN ISO 24342:2017-07
- Elastische und textile Bodenbeläge – Bestimmung der Kantenlänge, Rechtwinkligkeit und Geradheit von Platten (ISO/DIS 24342:2017); Deutsche und Englische Fassung prEN ISO 24342:2017
- DIN EN ISO 29988-1:2017-07
- Kunststoffe – Polyoxymethylen (POM)-Werkstoffe- Teil 1: Bezeichnungssystem und Basis für Spezifikationen (ISO/DIS 29988-1:2017); Deutsche und Englische Fassung prEN ISO 29988-1:2017
- DIN EN ISO 29988-2:2017-07
- Kunststoffe – Polyoxymethylen (POM)-Werkstoffe- Teil 2: Herstellung von Probekörpern und Bestimmung von Eigenschaften (ISO/DIS 29988-2:2017); Deutsche und Englische Fassung prEN ISO 29988-2:2017

- **Normen und Standards [59–61]**
- DIN 16726:2017-08
- Kunststoffbahnen- Prüfungen (Einsprüche bis 2017-04-09 über das Norm-Entwurfsportal)
- DIN EN ISO 18830:2018-02

- Kunststoffe- Bestimmung der aeroben biologischen Abbaubarkeit von nicht-schwimmenden Kunststoffmaterialien in einer Meerwasser/Sediment-Schnittstelle – Prüfverfahren mittels Messung des Sauerstoffbedarfes in einem geschlossenen Respirometer (ISO 18830:2016)
- DIN EN 15534-11 A1:2018-02
- Verbundwerkstoffe aus cellulosehaltigen Materialien und Thermoplasten (üblicherweise Holz-Polymer-Werkstoffe (WPC) oder Naturfaserverbundwerkstoffe (NFC) genannt) – Teil 1: Prüfverfahren zur Beschreibung von Compounds und Erzeugnissen
- DIN EN 13260/A1:2018-01
- Kunststoffrohrleitungssysteme aus Thermoplasten für erdverlegte Abwasserkanäle und -leitungen – Prüfverfahren zur Bestimmung der Widerstandsfähigkeit gegen Temperaturwechsel und gleichzeitige äußere Belastung (ISO 13260:2010/DAM 1:2017)
- DIN 16876:2016-12
- Rohre und Formstücke aus Polyethylen hoher Dichte (PE-HO) für erdverlegte Kabelschutzrohrleitungen – Maße und technische Lieferbedingungen
- DIN EN 1815:2016-12
- Elastische und Laminatbodenbeläge – Beurteilung des elektrostatischen Verhaltens; Deutsche Fassung EN 1815:2016
- DIN EN 15701:2017-02
- Kunststoffe – Ummantelungen aus thermoplastischen Kunststoffen für Dämmstoffe für die Haustechnik und für betriebstechnische Anlagen -Anforderungen und Prüfungen; Deutsche Fassung EN 15701:2016
- DIN EN ISO 2286-1:2017-01
- Mit Kautschuk oder Kunststoff beschichtete Textilien- Bestimmung der Rollencharakteristik- Teil 1: Bestimmung der Länge, Breite und Nettomasse (ISO 2286-1:2016); Deutsche Fassung EN ISO 2286-1:2016
- DIN EN ISO 2286-2:2017-01
- Mit Kautschuk oder Kunststoff beschichtete Textilien- Bestimmung der Rollencharakteristik- Teil 2: Bestimmung der flächenbezogenen Gesamtmasse, der flächenbezogenen Masse der Beschichtung und der flächenbezogenen Masse des Trägers (ISO

2286-2:2016); Deutsche Fassung EN ISO 2286-2:2016

- DIN EN ISO 2286-3:2017-01
- Mit Kautschuk oder Kunststoff beschichtete Textilien – Bestimmung der Rollencharakteristik- Teil 3: Bestimmung der Dicke (ISO 2286-3:2016); Deutsche Fassung EN ISO 2286-3:2016
- DIN EN ISO 4629-1:2016-12
- Bindemittel für Beschichtungsstoffe – Bestimmung der Hydroxylzahl – Teil 1: Titrimetrisches Verfahren ohne Katalysator (ISO 4629-1:2016); Deutsche Fassung EN ISO 4629-1:2016
- DIN EN ISO 4629-2:2016-12
- Bindemittel für Beschichtungsstoffe – Bestimmung der Hydroxylzahl – Teil 2: Titrimetrisches Verfahren mit Katalysator (ISO 4629 2:2016); Deutsche Fassung EN ISO 4629-2:2016
- DIN EN ISO 11357-1:2017-02
- Kunststoffe Dynamische Differenzthermoanalyse (DSC) – Teil 1: Allgemeine Grundlagen (ISO 113571:2016); Deutsche Fassung EN ISO 11357-1:2016
- DIN EN ISO 11469:2017-01
- Kunststoffe- Sortenspezifische Identifizierung und Kennzeichnung von Kunststoffformteilen (ISO 11469:2016); Deutsche Fassung EN ISO 11469:2016
- DIN EN ISO 17694:2016-10
- Schuhe- Prüfverfahren für Obermaterialien und Futter – Dauerfaltverhalten (ISO 17694:2016); Deutsche Fassung EN ISO 17694:2016
- DIN ISO 976:2016-12
- Kautschuk und Kunststoffe – Polymer-Dispersionen und Kautschuk-Latices – Bestimmung des pH-Wertes (ISO 976:2013)
- DIN 16878:2017-07
- Rohre und Formstücke aus Polypropylen (PP) für erdverlegte Kabelschutzrohrleitungen – Maße und technische Lieferbedingungen
- DIN EN ISO 15493:2017-07
- Kunststoffrohrleitungssysteme für industrielle Anwendungen -Acrylnitril-Butadien-Styrol (ABS), weichmacherfreies Polyvinylchlorid (PVC-U) und chloriertes Polyvinylchlorid (PVC-C) – Anforderungen an Rohrleitungsteile und das Rohrleitungssystem – Metrische

Reihen (ISO 15493:2003 + Amd 1:2016 + Cor 1:2004); Deutsche Fassung EN ISO 1S493:2003 + A1:2017

- DIN EN ISO 15876-1:2017-06
- Kunststoffrohrleitungssysteme für die Warm-und Kaltwasserinstallation – Polybuten (PB)- Teil 1: Allgemeines (ISO 15876-1:2017); Deutsche und Englische Fassung EN ISO 15876-1:2017
- DIN EN ISO 15876-2:2017-06
- Kunststoffrohrleitungssysteme für die Warm- und Kaltwasserinstallation – Polybuten (PB)- Teil 2: Rohre (ISO 15876-22017); Deutsche und Englische Fassung EN ISO 15876-2:2017
- DIN EN ISO 15876-3.2017 06
- Kunststoff-Rohrleitungssysteme für die Warm- und Kaltwasserinstallation – Polybuten (PB)- Teil 3: Formstücke (ISO 15876-3:2017); Deutsche und Englische Fassung EN ISO 15876-32017
- DIN EN ISO 15876-5:2017-06
- Kunststoff-Rohrleitungssysteme für die Warm- und Kaltwasserinstallation – Polybuten (PB) –Teil 5: Gebrauchstauglichkeit des Systems (ISO 15876-5:2017); Deutsche und Englische Fassung EN ISO 15876 5:2017
- DIN EN ISO 16396-2:2017-07
- Kunststoffe – Polyamid (PA)-Formmassen für das Spritzgießen und die Extrusion- Teil 2: Herstellung von Probekörpern und Bestimmung von Eigenschaften (ISO 16396-2:2017); Deutsche Fassung EN ISO 16396 2:2017
- DIN EN ISO 20028-1:2017-07
- Kunststoffe –Thermoplastische Polyester (TP)-Werkstoffe – Teil 1: Bezeichnungssystem und Basis für Spezifikationen (ISO 20028-1:2017); Deutsche Fassung EN ISO 20028-1:2017
- DIN EN ISO 20028-2:2017-07
- Kunststoffe – Thermoplastische Polyester (TP)-Werkstoffe- Teil 2: Herstellung von Probekörpern und Bestimmung von Eigenschaften (ISO 20028-2:2017); Deutsche Fassung EN ISO 20028-2:2017
- DIN CEN/TS 1453-2:2017-06
- Kunststoff-Rohrleitungssysteme mit Rohren mit profilierter Wandung zum Ableiten von Abwasser (niedriger und hoher-Temperatur) innerhalb von Gebäuden – Weichmacherfreies Polyvinylchlorid (PVC-U) – Teil 2: Empfehlungen für die Beurteilung der

Konformität; Deutsche Fassung CEN/TS
1453-2:2017
- DIN 16726:2017-08
- Kunststoffbahnen – Prüfungen
- DIN 55543-5:2017-10
- Verpackungsprüfung – Prüfverfahren für
Verpackungsfolien - Teil 5: Bestimmung der
Verbundhaftung
- DIN EN 1453-1:2017-09
- Kunststoff-Rohrleitungssysteme mit Rohren
mit profilierter Wandung zum Ableiten von
Abwasser (niedriger und hoher Temperatur)
innerhalb von Gebäuden – Weichmacher-
freies Polyvinylchlorid (PVC-U) – Teil 1:
Anforderungen an Rohre und das Rohr-
leitungssystem; Deutsche Fassung EN
453-1:2017 + AC:2017
- DIN EN 13967:2017-08
- Abdichtungsbahnen – Kunststoff- und
Elastomerbahnen für die Bauwerks-
abdichtung gegen Bodenfeuchte und Wasser
– Definitionen und Eigenschaften; Deutsche
Fassung EN 13967:2012 + A1:2017
- DIN EN 16810:2017-08
- Elastische, textile und Laminat-Bodenbeläge
– Umwelt-Produktdeklarationen – Pro-
duktkategorieregeln; Deutsche Fassung EN
16810:2017
- DIN EN ISO 294-1:2017-09
- Kunststoffe – Spritzgießen von Probekörpern
aus Thermoplasten – Teil 1: Allgemeine
Grundlagen und Herstellung von Vielzweck-
probekörpern und Stäben (ISO 294-1:2017);
Deutsche Fassung EN ISO 294 1:2017
- DIN EN ISO 4589-1:2017-08
- Kunststoffe – Bestimmung des Brenn-
verhaltens durch den Sauerstoff-Index
– Teil 1: Allgemeine Anforderungen (ISO
4589-1:2017); Deutsche Fassung EN ISO
4589-1:2017
- DIN EN ISO 4589-2:2017-08
- Kunststoffe – Bestimmung des Brennver-
haltens durch den Sauerstoff-Index- Teil 2:
Prüfung bei Umgebungstemperatur (ISO
4589-2:2017); Deutsche Fassung EN ISO
4589-2:2017
- DIN EN ISO 4589-3:2017-08
- Kunststoffe- Bestimmung des Brennver-
haltens durch den Sauerstoff-Index- Teil
3: Prüfung bei erhöhter Temperatur (ISO
4589-3:2017); Deutsche Fassung EN ISO
4589-3:2017

- DIN EN ISO 9405: 2017-09
- Textile Bodenbeläge- Beurteilung der Aus-
sehensveränderung (ISO 9405:2015); Deutsche Fassung EN ISO 9405:2017
- DIN EN ISO 15023-1:2017-08
- Kunststoffe- Polyvinylalkohol
(PVAL)-Werkstoffe- Teil 1: Bezeichnungssystem und Basis für Spezifikationen (ISO
15023-1:2017); Deutsche Fassung EN ISO
15023-1:2017

**Tagesaktuelle Hinweise zu laufenden Projek-
ten finden Sie auf der Homepage des DIN-FNK:**
▶ www.din.de/go/fnk.

Literatur

1. Göschel U (1996) Thermally stimulated structural
changes in highly oriented glassy polyethylen-
terephthalate. Polymer 18(37):4049–4059
2. DIN EN ISO 6727-1 (2003) Kunststoffe: Bestimmung
dynamisch-mechanischer Eigenschaften; Teil 1: allgemeine Grundlagen. Beuth, Berlin
3. ISO 6727-7 (1996) Plastics: determination of dynamic
mechanical properties; Part 7: non-resonance method. Beuth, Berlin
4. Institut für Kunststoffprüfung und Kunststoffkunde
(2005) Manuskript zum Hauptfachpraktikum. Universität Stuttgart
5. Internetseite der Firma Netzsch: ▶ http://www.
netzschthermal-analysis.com
6. Internetseite der Firma Gabo: ▶ http://www.gabo.com
7. Internetseite der Firma TA Instruments: ▶ http://
www.tainstruments.com
8. DIN EN ISO 527 (1996) Kunststoffe – Bestimmung der
Zugeigenschaften – Teil 1: Allgemeine Grundsätze.
Beuth, Berlin
9. Schmiedel H (Hrsg) (1992) Handbuch der Kunststoffprüfung. Hanser, München, S 105
10. Eisenreich N, Rohe T (1996) Identifying plastics,
analytical methods facilitate grading used plastics
(Identifizieren von Kunststoffen, Analytische Methoden helfen Altkunststoffe zu sortieren). Kunststoffe
Plast Europe 86(2):31–32
11. Eisenreich N, Rohe Th (2000) Infrared spectroscopy
in analysis of plastics recycling. In: Meyers RA (Hrsg)
Encyclopedia of analytical chemistry, Bd. 9. John
Wiley & Sons, Chichester, S 7623–7644
12. Hummel DO (2006) IR Hummel defined polymers
basic collection. Elektronische Ressource. Wiley-VCH,
Weinheim
13. Pahl M, Gleissle W, Laun HM (1995) Praktische Rheologie der Kunststoffe und Elastomere. Kunststofftechnik. VDI-Verlag, Düsseldorf
14. Hepperle J (2003) Einfluss der molekularen Struktur
auf rheologische Eigenschaften von Polystyrol- und
Polycarbonatschmelzen. Dissertation, Universität
Erlangen-Nürnberg

1

15. DIN 53014-1 (2002) Viskosimetrie; Kapillarviskosi-meter mit Kreis- und Rechteckquerschnitt zur Bestimmung von Fließkurven; Grundlagen, Begriffe, Benennungen
16. Hensen F (1988) Kunststoff- Extrusionstechnik I. Hanser, München
17. Mezger T (2012) Das Rheologie Handbuch: Für Anwender von Rotations- und Oszillations-Rheometern (Farbe und Lack Edition) | Vincentz Network
18. Schramm G (2004) Einführung in Rheologie und Rheometrie. Thermo Electron, Karlsruhe
19. Gleißle W (1978) Ein Kegel-Platte-Rheometer für sehr zähe viskoelastische Flüssigkeiten bei hohen Schergeschwindigkeiten. Untersuchung des Fließverhaltens von hochmolekularem Siliconöl und Polyisobutylen. Dissertation, Universität Karlsruhe
20. Cox WP, Merz EH (1958) Correlation of dynamic and steady flow viscosities. J Polym Sci 28:619–622
21. Fattmann G (2007) Praktische Rheometrie wandgleitender Polymere (Polymerforschung in Paderborn) Taschenbuch, Shaker Verlag, ISBN 9783832260773
22. Hensen F (Hrsg) (1989) Handbuch der Kunststoff-Extrusionstechnik, Bd. 1. Hanser, München
23. NN (1982) Messextruder und Messkneter in der Kunststoffverarbeitung. VDI-K Tagungshandbuch
24. Kurzbeck S (1999) Dehnrheologische Eigenschaften von Polyolefinschmelzen und Korrelationen mit ihrem Verarbeitungsverhalten beim Folienblasen und Thermoformen. Dissertation, Universität Erlangen-Nürnberg
25. Münstedt H, Laun HM (1981) Elongational properties and molecular structure of polyethylene melts. Rheol Acta 20:211–221
26. Laun H, Münstedt H (1978) Elongational behaviour of a low density polyethylene melt. 1. Strain rate and stress dependence of viscosity and recoverable strain in the steady state. Comparison with shear data. Influence of interfacial tension. Rheologica Acta 17:415–425
27. Wolff R (1990) Der Rheotensversuch als Wareneingangskontrollverfahren. Dissertation, Universität Stuttgart University
28. Wolff R (1986) Untersuchung des Rheotensversuchs hinsichtlich seiner Eignung als Wareneingangskontrollverfahren. PolyProc Eng 4:97–123
29. Bernnat A (2001) Polymer Melt Rheology and the Rheotens test. Disseration, Universität Stuttgart
30. Wagner MH, Schulze V, Gottfert A (1996) Rheotens-mastercurves and drawability of polymer melts. Polymer Engineering and Science April 36(7): 925–935
31. Jaroschek J (2013) Spritzgießen für Praktiker. Hanser, München
32. Schiffers R (2014) Für jeden Schuss der richtige Umschaltpunkt – Einspritzarbeit. Kunststoffe 114(11):58
33. Kopczynska A, Ehrenstein GW: Oberflächenspannungen von Kunststoffen. Messmethoden am LKT. Sonderdruck, Friedrich-Alexander-Universität Erlangen-Nürnberg, Lehrstuhl für Kunststofftechnik
34. Neumann AW, Kwok DY (1999) Contact angle measurement and contact angle interpretation. Adv Colloid Interface Sci 81:167–249
35. Wu S (1996) Polymer interface and adhesion. Marcel Dekker Inc, New York
36. Bakelite AG: Formmassen – Vergleich von Prüfnormen nach ISO, DIN, ASTM, JIS und BS. S. 65
37. Engineering Plastics: Duroplaste Verarbeitung von rieselfähigen duroplastischen Formmassen 19.12.19, 13 Seiten. ► www.raschig.de
38. Eyerer P, Schäfer R (1973) Mikrohärteprüfung an elastomeren Formteilen: Mitteilung aus dem Zentrallabor der Elring Dichtungswerke
39. Eyerer S, Eyerer P, Eicheldinger M et al (2018) Theoretical analysis and experimental investigation of material compatibility between refrigerants and polymers Energy 163:782–799
40. Vogl G (1999) Umweltsimulation für Produkte – Zuverlässigkeit steigern, Qualität sichern. Vogel Fachbuch, Würzburg. ISBN 3802317823
41. Environmental Engineering Handbook. SEES (Swedish Environmental Engineering Society), Item No. 003
42. Braunmiller U (1994) Wirkungen von mechanisch-dynamischen Transportbelastungen auf Transportgüter und Verpackungsmaterialien. Wissenschaftliche Schriftenreihe des ICT, Bd. 9, ISSN 0933-0062
43. Schubert H, Ziegahn K-F (1999) Environmental engineering: fundamentals and strategies. In: Reichert T (Hrsg) Climatic and air pollutions effects on materials and equipment. CEEES Publication No- 2, CEEES. ISBN 3- 9806167-2-X
44. Deutscher Wetterdienst, DWD, (2005) Klimastatusbericht, ISBN 3-88148-413-2
45. Souchard E, Lenfant P (1991) Vibration testing in the automotive industry. Noise & Vibration Worldwide, ISSN 0957-4565
46. Braunmiller U (1999) Source Reduction by European Testing Schedules (SRETS). BCR Information, office for official publications of the European communities, Report EUR 19090, ISBN 92-828-7624-1
47. Trost T (1998) Source Reduction by European Testing Schedules (SRETS) – Identification of damage inducing mechanisms. BCR Information, office for official publications of the European communities, Report EUR 18267 EN, ISBN 92–828-3604-5
48. Fundamentals of Acceleration Stress Testing. Thermotron Industries (1998)
49. Holy M (2004) Environmental Stress Screening: State of the Art oder Alter Zopf. In: Umwelteinflüsse erfassen, simulieren, bewerten. 33. Jahrestagung der GUS, ISBN 3-9808 382-4-2
50. Holy M (1999) Synthesis of an ESS Survey at the European Level. CEEES Publication No. 3, ISSN 1104-6341
51. Mountogianakis H (2004) Hochbeschleunigte Lebensdauertests HALT/HASS – Von der Designverifikation zur erfolgreichen Qualifikation. In: Umwelteinflüsse erfassen, simulieren, bewerten. 33. Jahrestagung der GUS, ISBN 3-9808 382-4-2

52. Cäsar J, Braunmiller U (2004) Betauung – die unbekannte Größe. In: Umwelteinflüsse erfassen, simulieren, bewerten. 33. Jahrestagung der GUS, ISBN 3-9808 382-4-2

53. Reichert T, Cäsar J (1999) Corrosion tests on electronical products. In: Reichert T (Hrsg) Climatic and air pollutions effects on materials and equipment. CEEES Publication No-2, CEEES. ISBN 3- 9806167-2-X

54. Furrer E, Ziegahn K-F (2005) Transportbelastungen – Tipps und Tricks. Gesellschaft für Umweltsimulation, ISBN 3-9808 382-7-7

55. NN (2017) Wie funktioniert… piezoelektrische Messtechnik? In: Jahresmagazin Werkstofftechnik WAW 2017, S. 4–5

56. Kunststoffe 1/2017, S. 78

57. Kunststoffe 5/2017, S. 102

58. Kunststoffe 7/2017, S. 78

59. Kunststoffe 10/2017, S. 213

60. Kunststoffe 2/2017, S. 86

61. Kunststoffe 8/2018, S. 86

Weiterführende Literatur

62. Ehrenstein GW (1999) Polymer – Werkstoffe, Struktur, Eigenschaften, Anwendung, 2. Aufl. Hanser, München

63. Frick A, Stern C (2017) Einführung in die Kunststoffprüfung – Prüfmethoden und Anwendungen. Hanser, München. ISBN 978-3-446-44351-8

64. Hering E, Martin R, Stohrer M (1999) Physik für Ingenieure, 7. Aufl. Springer, Berlin

65. BASF: Kunststoffphysik im Gespräch. S. 49–54

66. Becker GW, Meißner J (1963) Elastische und viskose Eigenschaften von Werkstoffen. Beuth, Berlin

67. Biederbick K (1977) Kunststoffe. Vogel-Verlag, Würzburg

68. Ehrenstein GW (2002) Mit Kunststoffen konstruieren, 2. Aufl. Hanser, München

69. Haenle S, Gnauck B, Harsch G (1972) Praktikum der Kunststofftechnik, 2. Aufl. Hanser, München, S 282–288

70. Hellerich W, Harsch G, Haenle S (2004) Werkstoff-Führer Kunststoffe. Hanser, München

71. Laeis W (1972) Einführung in die Werkstoffkunde der Kunststoffe. Hanser, München, S 131–143

72. Menges G (2002) Werkstoffkunde Kunststoffe. Hanser, München

73. Baur E, Osswald T, Brinkmann S, Rudolph N, Schmachtenberg E (2012) Saechtling Kunststoff Taschenbuch, 31. Aufl. Hanser, München

74. Schreyer G (1972) Konstruieren mit Kunststoffen, Teil 1 und 2. Hanser, München, S 349–455

75. Taprogge R (1977) Konstruieren mit Kunststoffen. VDIVerlag, Düsseldorf, S 8

76. DIN EN ISO 527 (1996) Kunststoffe – Bestimmung der Zugeigenschaften – Teil 2: Prüfbedingungen für Form- und Extrusionsmassen. Beuth, Berlin

77. DIN EN ISO 179 (2001) Kunststoffe – Bestimmung der Charpy-Schlageigenschaften – Teil 1: Nichtinstrumentierte Schlagzähigkeitsprüfung. Beuth, Berlin

78. Elias HG (2003) Makromoleküle, Bd. 4, 6. Aufl. Wiley-VCH, Weinheim

79. Stipp P (2013) 21 auf einen Streich. Verbundwerkstoffe. In: Kunststoffe 8/2013, S. 94–95

80. Gross JH (2017) Mass spectrometry – a textbook, 3. Aufl. Springer, Heidelberg. ISBN 978-3-319-54397-0

81. Günzler H, Böck H (1983) IR-Spektroskopie, 2. Aufl. Verlag Chemie, Weinheim. ISBN 978-3-319-54397-0

82. Hummel D, Scholl F (1988) Atlas der Polymer- und Kunststoffanalyse, Bd. 2 Teil b/I, 2. Aufl. Hanser, München

83. Wachter G (1990) Interpretation von IR-Spektren – eine Einführung. CLB Chemie für Labor und Betrieb, 9 Teile in den Heften 5 bis 12, 1989 bis 1990

84. Ehrenstein GW, Riedel G, Trawiel P (1998) Praxis der Thermischen Analyse von Kunststoffen. Hanser, München

85. Elias H-G (2003) Makromoleküle, Bd. 4, 6. Aufl. Wiley-VCH, Weinheim

86. Frick A, Stern C (2006) DSC-Prüfung in der Anwendung. Hanser, München, S 164

87. Knappe S (2007) Qualitätssicherung und Schadensanalyse (DSC-Analyse). Kunststoffe 97(9):224–226

88. Strasser C (2017) Polymerkristallite auf dem Prüfstand. Kinetische Analyse der isothermen Kristallisation von PE-LD mittels DSC. In: Kunststoffe 2/2017, S. 77–81

89. Turi EA (1997) Thermal characterization of polymeric materials. Academic Press, San Diego

90. Widmann G, Riesen R (1990) Thermoanalyse – Anwendungen, Begriffe, Methoden. Hüthig Verlag, Heidelberg

91. Wunderlich B (1990) Thermal analysis. Academic Press, New York

92. Batzer H (1985) Polymere Werkstoffe, Bd I Chemie und Physik, Bd. I. Georg Thieme Verlag, Stuttgart. ISBN 3-13-648101-1

93. Carlowitz B (1990) Die Kunststoffe: Chemie, Physik, Technologie. Hanser, München. ISBN 3-446-14416-1

94. DIN EN ISO 899 (1996) Bestimmung des Kriechverhaltens. Beuth, Berlin

95. Eyerer P (2006) Kunststoffkunde Vorlesungsmanuskript. IKP Universität Stuttgart, 14. Aufl, 2006/07

96. Fung YC (1965) Foundations of solid mechanics. Prentice-Hall, Englewood Cliffs. ISBN 0133299120

97. Lévêque A, Ayglon D, Affolter S (2013) Schlagzähigkeit vorhersagen. Prüftechnik. In: Kunststoffe 11/2013, S. 83–87

98. Pöllet P (1985) Automatisierung der Zeitstandprüfung an Kunststoffen. Kunststoffe, 75. Jahrgang. Hanser, München

99. Stojek M (1998) FEM zur mechanischen Auslegung von Kunststoff- und Elastomerbauteilen. Herausgeber Michaeli W, Springer-VDI-Verlag, Düsseldorf, ISBN 3-9806285-2-0

100. Gabriel C (2001) Einfluss der molekularen Struktur auf das viskoelastische Verhalten von Polyethylenschmelzen. Dissertation, Universität Erlangen-Nürnberg

101. Giesekus H, Langer G (1977) Die Bestimmung der wahren Fließkurven nicht-newtonscher Flüssigkeiten und plastischer Stoffe mit der Methode der repräsentativen Viskosität. Rheol Acta 16(1):1–22

1

102. Remmler T Kunststoffe 05/1999, S. 126–128 Bestimmung mit einem Doppelkapillar-Rheometer: Fließeigenschaften von Kunststoffschmelzen

103. Schwetz M (2002) Untersuchungen zu Düsenströmungen von Polyolefinschmelzen mit der Laser-Doppler-Anemometrie. Dissertation, Universität Erlangen-Nürnberg

104. Worthoff R (2013) Technische Rheologie in Beispielen und Berechnungen Taschenbuch – 9. Oktober 2013, Wiley Weinheim

105. Schlarb AK (2016) Spannungsrissbeständigkeit effizient beurteilen. In: WAK Jahresmagazin Kunststofftechnik 2016

106. Fink JK (2017) Reactive polymers: fundamentals and applications. A concise guide to industrial polymers. 3. Aufl, Plastics Design Library, 978-0128145098

107. Henning F, Moeller E (2011) Handbuch Leichtbau. Methoden, Werkstoffe, Fertigung. Hanser, München

108. Marchetti K, Pongratz S (2007) Schadensanalyse an Elastomeren. Kunststoffe 97(11):44–49

109. Tröbs M (2017) Die „Falten" der Kunststoffe nach Alterung. Thermooxidative Alterung von Polypropylen und Polyamid 6. In: Kunststoffe 8/2017, S. 78–81

110. Zockoll A, Plagemann P (2014) Den Zustand von Klebungen kontinuierlich im Blick. In: adhäsion 7–8/2014, S. 22–27

111. Akkermann R, ten Thije R, Sachs U (2010) Friction in textile thermoplastic composites forming. Binetruy C, Boussu F (Eds) Recent Advances in Textile Composites

112. Cornelissen B, Sachs U, Rietmann B et al. (2014) Dry friction characterisation of carbon fibre tow and satin weave fabric for composite applications. In: Composites: Part A 56 (2014) 127–135, ▶ https://doi.org/10.1016/j.compositesa.2013.10.006

113. Erland S, Dodwell TJ, Butler R (2015) Characterisation of inter-ply shear in uncured carbon fibre prepreg. Composites Part A 77. ▶ https://doi.org/10.10167/j.compositesa.2015.07.008

114. Mulvihill DM, Smerdova O, Sutcliffe MPF (2016) Friction of carbon fibre tows. Composites: Part A xxx (2016), ▶ https://doi.org/10.1016/j.compositesa.2016.08.034

115. Nezami FN, Gereke T, Cherif C (2016) Analyses of interaction mechanisms during forming of multi-layer carbon woven fabrics for composite applications. Composites Part A 84. ▶ https://doi.org/10.1016/j.compositesa.2016.02.023

116. Popov VL (2009) Kontaktmechanik und Reibungsphysik. Verlag der Polytechnischen Universität Tomsk, ISBN 5-98298-449-3

117. Roselman IC, Tabor D (1976) The friction of carbon fibres. J Phys D Appl Phys. ▶ https://doi.org/10.1088/0022-3727/9/17/012

118. Spurr RT, Newcomp TP (1956) The adhesion theory of friction. Fedodo Limited. ▶ https://doi.org/10.1088/0370-1301/70/1/314

119. Tourlonias M, Bueno MA (2016) Experimental simulation of friction and wear of carbon yarns during the weaving process. In: Composites: Part A 80 (2016), ▶ https://doi.org/10.1177/0731684410371405

120. Bruchmüller M, Geis J, Grotheloh R (2017) Stete Reibung höhlt den Kunststoff. Tribologische Messungen von Kunststoffoberflächen auf Sand. In: Kunststoffe 1/2017, S. 54–55

121. Calleja FJB, Fakirov S (2009) Microhardness of Polymers. Cambridge University Press, ISBN, S 9780511565021

122. Czanderna AW (1984) Methods of surface analysis. Elsevier, Amsterdam, ISBN 9780444596451

123. Günther J, Frettlöh V (2017) Forensik trifft Kunststoff. In: Kunststoffe 10/2017, S. 113–117

124. Heimerl M, Ludwig D (2014) Gegen Kratzen beständig. Qualitätssicherung. In: Kunststoffe 3/2014, S. 60–62

125. Kilian P, Arndt T (2014) Möglichst ohne Kratzer. Transparente Kunststoffe. In: Kunststoffe 1/2014, S. 66–70

126. Seeger P, Moneke M, Stengler R (2017) Kleinsten Kratzern auf der Spur. Oberflächenbeschädigungen bei ihrer Entstehung objektiv beurteilen und visualisieren. In: Kunststoffe 1/2017, S. 25–27

127. Tripmaker A, Ucan H (2017) Erkennung von Leckagen an FVK-Hochleistungsstrukturbauteilen. In: lightweight.design 3/2017, S. 54–57

128. Spancken D, Büter A, Töws P, Schwarzhaupt O (2017) Prüfung und Bewertung eines funktionsintegrierten Leichtbauquerlenkers. In: lightweigt.design 3/2017, S. 32–35

129. Schwarzhaupt O, Herkenrath L (2017) Tiefe Einblicke bis zur Faser. In: K-Magazin 1/2017, S. 54–55

130. Stipp P (2017) Sitzkomfort im Härtetest. Weichelastische Schäume gemäß DIN-, ISO-, ASTM- und Werksnormen prüfen. In: Kunststoffe 2/2017, S. 41–43

131. Wenzlau C, Hinz O (2013) Sensor im Laufschritt. In: Kunststoffe 8/2013, S. 88–89

132. Brown RP (1984) Taschenbuch der Kunststoff-Prüftechnik. Hanser, München

133. Cromton TR (2006) Polymer Reference Book, 1. Aufl. Rapra Technology, Shawbury (Polymercharakterisierung, Qualitätsmanagement)

134. Felber E (2007) Automobilentwicklung mit dem Einmachglas (Geruchstest). Kunststoffe 97(11):105–107

135. Finn G, Hissmann O (2007) Unbestechliche Augen – Folieninspektion. Kunststoffe 97(5):46–49

136. Hissmann O (2007) Lückenlose Kontrolle (Polymer- und Folienherstellung). Kunststoffe 97(10):245–248

137. Knappe S (2007) Ist die Formulierung richtig? (Thermogravimetrie). Kunststoffe 97(10):255–257

138. Krampe R (2007) Perfekte Augen (Folieninspektion). Kunststoffe 97(10):240–244

139. Michaeli W, Tondorf A, Berdel K (2007) Dreidimensionale Schaumstrukturanalyse (Qualitätssicherung). Kunststoffe 97(10):264–267

140. Reichert T (Hrsg) (2004) Natural and artificial ageing of polymers. GUS, Publ 5, Pfinztal

141. Riedl A (2007) Mehr als Prüfen – Kalkulierbarer Wettereinfluss. Kunststoffe 97(5):58–60

142. Schmiedel H (1992) Handbuch der Kunststoffprüfung. Hanser, München

143. Schulz H, Krajewski P et al (2007) Unerwünschte Emissionen müssen nicht sein. Kunststoffe 97(11):100–103

144. Steinhoff B et al (2007) Prozessbedingter Abbau von Polymilchsäure (Extrusion). Kunststoffe 97(10):259–262

145. Wietzke S, Rutz F, Koch M (2007) Der Terahertz-Blick – Spektroskopie. Kunststoffe 97(5):52–56

146. NN (2017) Funktionsträger eines stabilen Prozesses. Intervew mit Michael Deronja über die Grundvoraussetzung nicht nur für eine Just-in-time-Produktion. In: Kunststoffe 3/2017, S. 16–18

147. Kruppa S (2017) Warum muss die Prozessregelung beim Wiederanfahren korrigieren? In: Kunststoffe 9/2017, S. 106–107

148. Steinko W (2013) Echtzeit-Prozessüberwachung im Spritzgießwerkzeug. IR-Thermografie. In: Kunststoffe 10/2013, S. 202–207

149. Kruppa S (2017) Verbesserte prozess- und Bauteilqualität beim Einsatz von Rezyklaten. In: Kunststoffe 11/2017, S. 40–41

150. Koslowski T et al (2017) Werkstoffcharakterisierung im Werkzeug. In: Kunststoffe 9/2017, S. 108–112

151. Gießauf J et al. (2017) Zahlen, die zählen. In: Kunststoffe 9/2017, S. 100–104

152. Hissmann O, Mayo P (2013) Onlinekontrollen in der Polymerherstellung. Qualitätssicherung. In: Kunststoffe 10/2013, S. 259–262

153. Prunk H (2017) Extrusion online im Blick. Durchmesser, Wanddicke, Exzentrizität und Sagging während der Produktion messen. In: Kunststoffe 4/2017, S. 81–84

154. Thieleke P, Kast O, Bonten C (2017) Fliegender Wechsel. Verweilzeiten mittels Ultraschalltechnik inline messen. In: Kunststoffe 4/201, S. 76–79

155. Faistl P (2017) Qualität modular abgesichert. Software unterstützt Reinraumproduktion im Einklang mit aktuellen Normen. In: Kunststoffe 10/2017, S. 26–28

156. Mühleiß D (2017) Goldene Reinraumregeln. In: Kunststoffe 10/2017, S. 30–31

157. Poppensieker J (2017) Glänzend inspiriert. COP-Verfahren erweitert Folieninspektion um Prüfung funktionaler Eigenschaften. In: Kunststoffe 10/2017, S. 189–192

158. Ludat N et al (2017) Planlage von Kunststoffbahnen inline ermitteln. In: Kunststoffe 11/2017, S. 57–58

159. Geyer A, Röber T, Bonten C (2017) Die kritische Dehnung nutzen. In: Kunststoffe 10/2017, S. 143–147

160. Schwarz J (2013) Chefsache Qualitätssicherung. Messtechnik im Spiegel der Zeit. In: Kunststoffe 9/2013, S. 181–183

161. NN (2013) Steigender Prüfungsdruck beflügelt. Qualitätskontrolle. In: Kunststoffe 9/2013, S. 104–106

162. Ehrhardt M (2017) Auf dem Prüfstand. Wie die digitale Welt die Mess- und Prüftechnik verändert. In: Kunststoffe 1/2017, S. 50–53

163. Zimmermann C (2017) Das A und O der Qualitätssicherung. Messsysteme, Spektralfotometer und Analysegeräte. In: Kunststoffe 9/2017, S. 80–84

164. Lätzsch HJ et al. (2017) Sensorfunktion im Faserverbund. In: Kunststoffe 9/2017, S. 145–149

165. Neubig N (2013) 400 Maschinen spielerisch leicht angebunden. In: Kunststoffe 10/2013, S. 208–201

166. Spinner M (2017) Kaizen auf schwäbische Art. Arbeitsprozesse systematisch und kontinuierlich verbessern. In: Kunststoffe 10/2017, S. 22–25

167. Meid F (2017) Qualität erfolgreich managen. In: Kunststoffe 9/2017, S. 23–26

168. Christof H, Hofmann P, Frank E, Buchmeiser M, Gresser G (2016) Textile Lösungen zur Sensorintegration in Faserverbundbauteile. In: lightweight.design 5/2016, S. 26–31

169. Fuhrmann G (2017) Zerstörungsfreie Prüfung von Multilayerpreforms. In: Kunststoffe 4/2017, S. 44–45

170. Hochrein T (2013) Ich sehe was, was du nicht siehst. Zerstörungsfreie Prüfverfahren (ZfP). In: Kunststoffe 11/2013, S. 70–74

171. Moritzer E et al. (2016) Ultraschallbasierte Charakterisierung von gealterten Polymeren. In: WAK Jahresmagazin Kunststofftechnik 2016, S. 98–103

172. Rahammer M, Kreutzbruck M (2017) Beschichtungsdicken messen. Schnelle und zerstörungsfreie Charakterisierung dünner Bauteiloberflächen. In: Kunststoffe 7/2017, S. 64–66

173. Baur E, Osswald TA, Rudolph N (Hrsg) (2013) Saechtling Kunststoff taschenbuch. 31. Aufl., ISBN 978-3-446-43729-6

174. Schöttl L et al (2019) A novel approach for segmenting and mapping of local fiber orientation of continuous FRC laminates based on volumetric images. NDT = E Intern; ▶ https://doi.org/10.1016/j.ndteint.2019.102194

Kunststoffe und Bauteile – Umwelt und Recycling

Jörg Woidasky, Elisa Seiler, Frank Henning, Marc-Andree Wolf und Matthias Harsch

© Springer-Verlag GmbH Deutschland, ein Teil von Springer Nature 2020
P. Eyerer et al. (Hrsg.), *Polymer Engineering 3*, https://doi.org/10.1007/978-3-662-59839-9_2

2.1 Kreislaufwirtschaft und Recycling

Jörg Woidasky

Die Forderung nach „nachhaltigen Wirtschaftsformen" umfasst wirtschaftliche, technische, soziale und ökologische Anforderungen, die eine ausgewogene „dauerhaft durchhaltbare Entwicklung" ermöglichen sollen. Der Grundgedanke dabei ist, die Entwicklungsmöglichkeiten der kommenden Generationen mindestens auf dem Niveau der heutigen zu erhalten. Hierzu haben sich die Vereinten Nationen am 25.09.2015 auf insgesamt 17 Nachhaltigkeitsziele („Sustainable Development Goals"/ SDG) geeinigt, um weltweit die Armut zu beenden, die Umwelt zu schützen und Wohlstand für alle zu ermöglichen.

Ein Teilaspekt der ökologischen Nachhaltigkeit ist die Kreislaufschließung von Stoffen und Produkten. Die Kreislauffähigkeit von Werkstoffen lässt sich dabei nicht abstrakt definieren, sondern muss die jeweiligen Rahmenbedingungen mit einbeziehen. Hierzu zählt u. a. der Einsatzzweck, die möglichen Werkstoffalternativen, aber auch das Nutzerverhalten und die vorhandenen Strukturen zur Kreislaufführung

oder Entsorgung der Altprodukte: Während etwa um 1980 Kunststoffe oft als nicht recyclingfähig galten, wurden mittlerweile zahlreiche Verfahren entwickelt und zum Teil großtechnisch umgesetzt, die die Verwertung von Kunststoffen aus den Bereichen Verpackung, elektrische/elektronische Produkte oder Altfahrzeuge ermöglichen. Ein maßgeblicher Treiber hierbei waren und sind rechtliche Rahmenbedingungen, die das Prinzip der Produktverantwortung festschreiben, sodass Herstellern oder Inverkehrbringern von Produkten auch die Verantwortung für deren Entsorgung, d. h. für die Kreislaufführung oder die Beseitigung, übertragen wird.

Diese Produktverantwortung erfordert unter anderem die Information der Nutzer über Entsorgungsmöglichkeiten sowie den Aufbau von Strukturen zur Sammlung, ggf. Demontage, Sortierung und Verwertung von Produkten (unter dem Begriff „Restwertbestimmung" in ◘ Abb. 2.1 zusammengefasst). Ziel der Kreislaufschließung war und ist die Schonung natürlicher Ressourcen durch verminderten Werkstoffverbrauch und geringeren Bedarf an Entsorgungskapazitäten. Neben dieser Betrachtung der Nachnutzungsphase sind auch im Sinne der Nachhaltigkeit die Phasen der Produktkonzeption, der Herstellung und der Nutzung relevant.

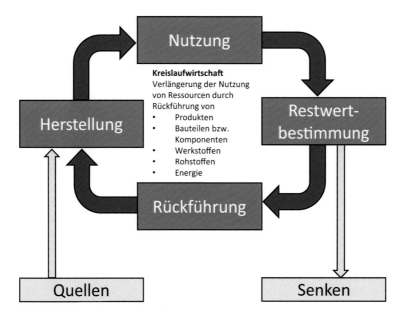

◘ **Abb. 2.1**   Grundprinzip der Kreislaufwirtschaft

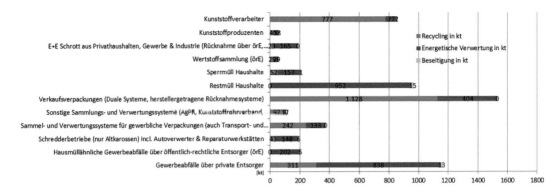

◘ Abb. 2.2 Übersicht über Kunststoffabfälle zur Verwertung und Beseitigung in Deutschland nach Herkunftsarten 2015 (Gesamtmasse 5.921 kt) [1]

Während bei der Produktkonzeption die Möglichkeiten für nachhaltige Nutzungs- und Entsorgungsformen festgelegt werden, ist bei der Herstellung u. a. die Frage nach den Arbeitsbedingungen von Relevanz. Bei der Nutzung wiederum sind Auswirkungen auf (Mit-)Mensch und Umwelt von Bedeutung für die Nachhaltigkeit des Produkts. Umfassend können diese Fragen nur durch aufwändige methodische Ansätze beantwortet werden. Für die detaillierte Untersuchung der umweltlichen Auswirkungen steht das standardisierte Verfahren der Ökobilanzierung/Life Cycle Assessment nach der Normenreihe DIN ISO 14040ff. bereit (siehe auch ▶ Abschn. 2.2).

2.1.1 Bauteil-Wiederverwendung

Die erneute Verwendung von Bauteilen schließt einen kleinen Kreislauf, bei dem im Vergleich zur Herstellung neuer Bauteile wenige Prozessschritte durchlaufen werden. Somit liegt die Bauteilverwendung auf einer hohen Stufe in der ökologischen Rangfolge der Kreislaufverfahren. Kunststoffbauteile werden jedoch oft als Gehäuse- oder Außenbauteile verschiedener Produkte eingesetzt und tragen durch ihre Variationsmöglichkeiten maßgeblich zur stilistischen Differenzierung der Produktgenerationen bei, sodass sie in den seltensten Fällen für andere Generationen eingesetzt werden können. Eine Wiederverwendung von Kunststoffbauteilen kann jedoch bei solchen Produkten sinnvoll sein, für die eine Endbevorratung von

Ersatzteilen durchgeführt wird, deren Umfang durch Wiederverwendung von Produktrückläufern ergänzt werden kann. Dennoch bleibt der Umfang der Wiederverwendung begrenzt, betrachtet man das Beispiel Alt-Pkw: Bei 10 bis 20 % der abgemeldeten Fahrzeuge wird derzeit eine Altteileverwertung durchgeführt, die Demontagehäufigkeit von Kunststoffteilen liegt in der gleichen Größenordnung, jedoch nur etwa knapp 3 Masse-% der Alt-Pkw werden im Teilekreislauf rezykliert (◘ Abb. 2.2, 2.3 und 2.4).

2.1.2 Möglichkeiten der werkstofflichen Kreislaufführung

Die Möglichkeiten der werkstofflichen Kreislaufführung von Polymeren werden in ◘ Tab. 2.1 dargestellt.

Die Wiederverwertung von Produktionsabfällen (Angüsse, Butzen) ist Stand der Technik, um den Werkstoffverbrauch zu minimieren. Hierfür werden Mühlen verschiedenster Größe eingesetzt und das Mahlgut direkt in den Produktionsprozess zurückgeführt.

Für die werkstoffliche Kreislaufführung von Altteilen wird eine möglichst hohe und gleichbleibende Rezyklatqualität angestrebt. Eine wichtige Einflussgröße bei Altteilen mit thermoplastischer Polymermatrix ist dabei die Kettenlänge.

Durch Alterungs- und Verarbeitungsprozesse wird die Kettenlänge der Polymere beeinflusst, sodass bei mehrfach verarbeiteten und gealterten

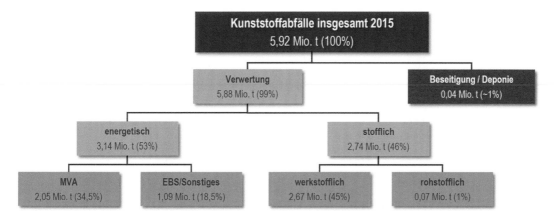

◻ Abb. 2.3　Kunststoffabfallverwertung in Deutschland nach Verwertungsarten 2015 [1]

◻ Abb. 2.4　Produktion, Verarbeitung, Inlandsverbrauch und Verwertung von Kunststoffen in Deutschland 2015 [1]

thermoplastischen Polymeren eine Verschlechterung der Werkstoffkennwerte eintritt. Der Einfluss der Alterung von duroplastischen Matrixwerkstoffen auf die Rezyklatqualität scheint dagegen vernachlässigbar zu sein.

In den wenigsten Fällen werden gebrauchte Materialien ohne Modifikation wieder verarbeitet. Der Regelfall ist zum einen die Zumischung von Neuware, zum anderen die gezielte Eigenschaftseinstellung durch Additivierung/Compoundierung.

Bewährt haben sich dort, wo neuwaregleiche Werte für rezyklathaltige Polymere angestrebt werden, Rezyklatanteile von etwa bis 30 Masse-%. Ein wichtiges Element des Thermoplastrecyclings ist die Schmelzefiltration, die der Abtrennung ungeschmolzener oder nicht aufschmelzbarer Partikel in der Polymerschmelze dient. Diese Partikel werden von Metallgeweben oder Lochplatten zurückgehalten und mit einem Teilstrom der Polymerschmelze ausgetragen. Der Massenverlust der Polymerschmelze liegt hier bei etwa 3 bis 5 % zuzüglich der Masse der abgetrennten Partikel.

Die äußeren Alterungsursachen für Außenbauteile aus Kunststoffen sind z. B. Bewit-

◻ Tab. 2.1 Werkstoffliche Optionen der Kunststoffverwertung

Polymersystem	Werkstoffliche Verwertungsmöglichkeit
Thermoplaste und thermoplastische Elastomere	1. Regranulieren (ausschließlicher Einsatz von Rezyklat) 2. Compoundieren (Mischen mit Neuware bzw. Additiven)
Glasfaserverstärkte Thermoplaste	1. Regranulieren (ausschließlicher Einsatz von Rezyklat) 2. Compoundieren (Mischen mit Neuware bzw. Additiven) 3. Bei glasmattenverstärkten Thermoplasten (GMT) Fließpressen (Umformung des Bauteils)
Duroplaste	Partikelrecycling: 1. Einsatz der feingemahlenen Masse als Füllstoff 2. Einsatz der Glasfasern bei verstärkten Massen (SMC/BMC) in Neuware
Thermoplastische oder duroplastische Polyurethane[a]	1. Weiterverarbeitung wie Thermoplaste 2. Fließpressen 3. Vermahlung und Einsatz als PUR-Füllstoff 4. Partikelverbund (PUR zerkleinern und mit Bindemittel verpressen, bei Weichschaum als Flockenverbund, bei Hartschaum durch Klebpressen)
Elastomere	Verarbeitung von Altreifen zu Stücken, Granulat oder Mehl durch Mahlverfahren. Produkte für Unterbau-, Schalldämmplatten, Isolierungen, Mehl für Reifen, Förderbänder, Matten, Sohlen

Anmerkung: [a]Die gesonderte Berücksichtigung geht auf die in der Automobilindustrie gebräuchliche Einteilung zurück

terung (UV-Strahlung, Wasseraufnahme, Gaszutritt, Temperaturwechsel) oder ständige dynamische Beanspruchung. Bei pigmentierten Bauteilen beschränkt sich die Schädigung durch UV-Strahlung auf eine ca. 300 µm tiefe Schicht, unter der der Werkstoff weitgehend unverändert bleibt. Eine Lackierung verändert z. B. die Feuchtigkeits- oder Sauerstoffaufnahme, Strahlungsabsorption oder mechanische Beanspruchung. Kunststoffe werden darüber hinaus z. B. durch hohe Temperatur, Öl, Kraftstoff und Säure angegriffen. Daneben führt eine erneute Verarbeitung des Werkstoffs zur Polymerschädigung. Außer durch diese chemischen Alterungserscheinungen wird die Rezyklatqualität durch Verunreinigungen wie unverträgliche Polymere, Lackierungen, Klebstoffe oder Verschmutzungen (wie z. B. Staub, Aufkleber) negativ beeinflusst. Insbesondere die Lackierung ist dabei relevant, da sich in thermoplastischen Recyclingbauteilen durch Lackpartikel Fehlstellen bilden, die z. B. die Schlagzähigkeit deutlich herabsetzen.

Die Altstoffverträglichkeit ist daher eine wichtige Voraussetzung für die werkstoffliche Kreislaufführung. Verunreinigungen oder sortenfremdes Material können bereits in geringen Mengen die Qualität von Rezyklaten oder rezyklathaltigen Bauteilen deutlich mindern und so die Kreislaufführung erschweren oder verhindern. Hinweise zur recyclinggerechten Konstruktion gibt u. a. die VDI-Richtlinie 2243 [2].

Für die Kreislaufführung hochwertiger Carbonfaserverstärkungsfasern stehen Verfahren zur Abtrennung der Polymermatrix durch Pyrolyse zur Verfügung, Alternativverfahren wie die Nassoxidation wurden ebenfalls untersucht. Das Ziel der Verfahren ist die Bereitstellung matrixfreier Rezyklat-Fasern. Als besondere technisch-wirtschaftliche Herausforderung stellt sich hier der Erhalt der möglichst großen Faserlänge dar [3]. Darüber hinaus ist auch die Frage der Beseitigung von Carbonfasern noch nicht vollständig geklärt: Trotz der grundsätzlichen Oxidierbarkeit von Carbonfasern oberhalb von 585 °C kommt es bei der Behandlung von Carbonfaser-Compositen in Müllverbrennungsanlagen aufgrund der Verweilzeiten nicht zu einer vollständigen Verbrennung, sondern zu einer Faserverschleppung in Schlacke und Flugstaub [4].

2.1.2.1 Werkstoffrecycling von Duroplasten – Partikelrecycling

Die Nichtumformbarkeit der Duroplaste erfordert die Anwendung anderer werkstofflicher Verwertungsverfahren als bei

◻ **Tab. 2.2** Einsatzmöglichkeiten für zerkleinertes SMC [5]	
Partikelgröße	**Einsatzmöglichkeiten**
>25 mm	Baumaterial, Spanplatten, Leichtbeton, Isoliermaterial, landwirtschaftliches Mulchmaterial
ca. 3–10 mm	Verstärkung oder Füllmaterial in bituminösen Dichtmassen, Polymerbeton, Straßenbaumaterial, Glasfasersubstitut in Polymermatrizes
<0,8 mm	Füllmaterial in SMC, BMC und Thermoplasten (Partikelrecycling)

Thermoplasten. So ist z. B. das Grundprinzip der werkstofflichen SMC-Verwertung die Zerkleinerung für das Partikelrecycling. Eine Übersicht über die Verwertungsmöglichkeiten für SMC-Mahlgutfraktionen gibt ◻ Tab. 2.2.

Als Partikelrecycling wird das Einbinden von zerkleinerten, chemisch unveränderten Duroplastpartikeln oder -fasern in eine Duroplastmatrix aus Primärmaterial bezeichnet. Das Ziel des Partikelrecyclings ist entweder die Wiedergewinnung der Glasfasern zur weiteren Nutzung ihrer Verstärkungseigenschaften oder die Verwendung des gesamten Matrix- und Verstärkungsmaterials in Form eines feinen Pulvers als Füllstoffsubstitut. Partikelrecycling besteht aus folgenden Schritten:
1. Zerkleinerung,
2. Aufbereitung und Fraktionieren,
3. Herstellung der rezyklathaltigen Formmasse,
4. Formgebung und Pressen [6].

Die Fa. ERCOM (Rastatt) betrieb in Deutschland die einzige Anlage zum werkstofflichen Recycling von SMC-Bauteilen. Heute ist die Verwertung von glasfaserverstärkten Compositen z. B. aus Rotorblättern von Windenergieanlagen durch den Einsatz im Zementwerk als gängiges Verfahren der Verwertung anzusehen. Dabei werden sowohl die Matrix als Ersatzbrennstoff als auch die Verstärkungsfaser als Teil des Zementprodukts verwertet [3].

2.1.3 Biologisch abbaubare Polymere (biologisch abbaubare Werkstoffe/BAW)

Biologisch abbaubare Polymere werden oft (fälschlicherweise) mit aus nachwachsenden Rohstoffen hergestellten Polymeren gleichgesetzt. Beide Eigenschaften sind jedoch nicht zwangsläufig miteinander gekoppelt. Biologisch abbaubare Werkstoffe sind geeignet, unter bestimmten Umgebungsbedingungen (Temperatur, Feuchte, Vorhandensein von Mikroorganismen) aerob durch Kompostierung oder anaerob durch Vergärung abgebaut zur werden. Dies kann z. B. durch Tests, wie in EN 13432 beschrieben, überprüft werden [7].

Bei den synthetisch erzeugten Polymeren wird durch eine Verminderung des Stabilisatorgehalts oder/und den Zusatz von Initiatoren, die den biologischen Abbau beschleunigen, der biologische Abbau erreicht. Zu dieser Gruppe gehört zum Beispiel PHB (Polyhydroxybutyrat) oder PLA (Polymilchsäure) [8]. Andere Polymere nutzen ein Blend beider Typen wie z. B. bei Polyethylen/Stärkekombinationen.

BAW haben sich bisher nur in Nischenmärkten, wie z. B. als Geschirr oder Besteck bei der Verpflegung im Rahmen von Großveranstaltung oder im landwirtschaftlichen Bereich (als Töpfe oder Mulchfolien) etablieren können. Hier sind technische und wirtschaftliche Rahmenbedingungen anzutreffen, die Vorteile für BAW versprechen. Solche Vorteile konnten bisher z. B. bei der Substitution von Massenkunststoffen durch BAW jedoch nicht realisiert werden, zumal sie auch aus abfallwirtschaftlicher Sicht nicht nur Vorteile bieten. So ist insbesondere die Vermischung von BAW mit Massenkunststoffen aufgrund der mangelnden Verträglichkeit als problematisch einzustufen. Selbst beim Einsatz z. B. als Sammelbeutel für Bioabfälle sind BAW nicht unumstritten, da sowohl ihr endgültiger Verbleib nicht abschließend geklärt ist als auch ein Teil der BAW im Aufbereitungsprozess gemischt mit konventionellen Kunststoff-Folien abgetrennt wird.

◘ Tab. 2.3   Verträglichkeitsmatrix für Polymere [9]

		PE	PP	PS	PVC	PET	PC	PA	PBT
Zumischwerkstoff	PE	1	3–4	4	4	4	4	2–4	4
	PP	2–4	1	4	4	4	4	2–4	4
	PS	4	4	1	4	3	2–4	3–4	3–4
	PVC	4	4	2–4	1	4	3–4	4	4
	PET	4	4	4	4	1	1	3–4	4
	PC	4	4	2–4	4	1	1	3–4	1
	PA	4	4	3–4	4	3	4	1	3
	PBT	4	4	2–4	4	4,3	1	3–4	1

1 = gut verträglich; 2 = mischbar bis ca. 20 %; 3 = mischbar bis ca. 5 %; 4 = unverträglich

2.1.4 Verträglichkeit von Polymeren

Oft ist es technisch nicht oder nur mit unverhältnismäßig hohem Aufwand möglich, sortenreine Kunststoffe für eine Wiederverwertung zu erhalten. In diesem Fall ist ein werkstoffliches Recycling nicht prinzipiell ausgeschlossen, wenn die Polymere im Gemisch verträglich, mischbar und daher gemeinsam verarbeitbar sind. Ein Hilfsmittel zur Beurteilung der Werkstoffverträglichkeit von Kunststoffen in Gemischen sind Verträglichkeitsmatrizes (◘ Tab. 2.3).

2.1.5 Rohstoffliche Kreislaufführung

Die rohstoffliche Kreislaufführung führt die Polymere auf chemische Grundbausteine zurück, die dann erneut z. B. zur Polymersynthese, für die Herstellung von anderen Chemieprodukten wie Farben oder Klebstoffe oder zur Substitution von Erdöl oder seinen Derivaten genutzt werden können.

2.1.5.1 Inlösungnahme

Bei der Inlösungnahme werden Polymere nicht zu Monomeren zerlegt, sondern die Makromoleküle unter Strukturerhalt in einem Lösemittel aufgelöst, sodass feste Füllstoffe und Additive abfiltriert werden können. Die Polymere und das Lösemittel werden anschließend durch Verdampfung und Destillation oder Fällung getrennt [10]. Der gesamte Energiebedarf des Verfahrens liegt je nach Lösemittelbeladung zwischen 1,5 und 3 kWh/kg freigesetztem Polymer.

Thermoplaste sind in Abhängigkeit von ihrer Polarität in entsprechenden Lösungsmitteln löslich, wovon z. B. bei der Lackherstellung Gebrauch gemacht wird. So löst sich z. B. PP unter anderem in Xylol, Aceton und Tetrachlorethen [11]. Die Lösung findet vor allem in den amorphen Bereichen des Polymers statt, kristalline Bereich sind sehr unempfindlich.

Problematisch sind Toxizität und Handhabung (Explosionsgefahr) mancher Lösemittel sowie der hohe Energieaufwand zur Lösemittelregenerierung. Dennoch wurden bereits einige Verfahren im technischen Maßstab primär für Styrolpolymere, aber auch für andere Kunststoffe umgesetzt und erfolgreich betrieben [12].

2.1.5.2 Solvolyse

Die Solvolyseverfahren Hydrolyse, Alkoholyse, Glykolyse sowie Aminolyse sind für die Kreislaufführung von Produkten der Polykondensation und -addition geeignet [13]. Da es sich bei diesen Reaktionen um Gleichgewichtsprozesse handelt, kann das Ausgangsmaterial bei hoher Temperatur und Zugabe entsprechender Substanzen in die Monomere zerlegt werden. Man unterscheidet dabei summative und selektive Löseverfahren.

2.1.5.3 Verfahren zur Einspeisung in Prozesse der Erdölverarbeitung

Zum Einsatz in Verfahren der Erdölverarbeitung müssen die Kunststoffe durch eine Vorbehandlung pumpfähig gemacht werden. Die Pumpfähigkeit von Thermoplasten wird durch eine Verringerung der Molmasse auf 1000 bis 15.000 g/mol (Kettenverkürzung) sichergestellt. Duroplaste können durch mechanische Zerkleinerung auf unter 100 μm und Anmaischen mit einer geringen Menge von Erdölzwischenprodukten über den klassischen „Kohleweg" als Slurry (Suspension) eingeführt werden [14]. Daher ist das vollständige Schließen des Stoffkreislaufs von Polymeren durch die Zerlegung in niedermolekulare Produkte, die in Raffinerien eingespeist werden und wiederum als Ausgangsstoffe für Polymersynthesen dienen, möglich. Der Chloranteil des Produkts darf jedoch bei der Abgabe an eine Raffinerie 1 ppm nicht übersteigen.

Großanlagen für die Spaltung und Aufbereitung hochsiedender, langkettiger Rückstandsfraktionen aus der Erdölverarbeitung stehen zur Verfügung. Die Verfahren zur Einspeisung in Prozesse der Erdölverarbeitung lassen sich unterteilen in thermische und katalytische Spaltverfahren sowie hydrierende Verfahren (◘ Tab. 2.4). Eine Anlage zur Vorbehandlung von Polymeren vor einer Raffinerie war die aus wirtschaftlichen Gründen inzwischen stillgelegte Kohleölanlage Bottrop. Neben diesem Hydrierverfahren existieren noch zahlreiche weitere technische Optionen für die Umsetzung von Polymeren, die jedoch bisher höchstens in Pilotversuchen und ausschließlich mit unverstärkten Polymeren untersucht wurden.

2.1.5.4 Pyrolyse

Pyrolyse ist die drucklose thermische Zersetzung von Stoffen unter Ausschluss eines Vergasungsmittels. Die Ausgangsstoffe werden radikalisch zu wasserstoffreicheren flüchtigen Pyrolysegasen und -ölen, Wasser und wasserstoffärmerem festem Pyrolysekoks umgewandelt. Nach den Behandlungstemperaturen unterscheidet man Niedertemperatur- (bis 500 °C), Mitteltemperatur- (500–800 °C) und Hochtemperaturpyrolyse (über 800 °C). Durch die Erhöhung der Pyrolysetemperatur kann die Produktaufteilung von Öl zu Gas verschoben werden [15]. Besonders vorteilhaft im Vergleich zur Verbrennung ist bei der Pyrolyse der geringere Gas-Volumen-Strom, der ca. 5–20 % des Verbrennungsrauchgasstroms ausmacht. Die deutlich kleinere Auslegung der

Gasreinigungsaggregate führt zu niedrigeren Investitionskosten.

In der Gasbehandlung wird das Pyrolysegas in der Regel durch Abkühlung in eine oder mehrere Ölfraktionen unterschiedlicher Siedebereiche und das Permanentgas mit den Hauptkomponenten H_2, CO, CO_2 und CH_4 aufgetrennt. Die kondensierbaren Öle sind chemisch instabil und benötigen eine Nachbehandlung z. B. durch Hydrierung oder die direkte Umwandlung durch Kombinationsverfahren.

Der als festes Pyrolyseprodukt entstehende Koks enthält die mineralischen und nicht entgasbaren Bestandteile des Ausgangsmaterials. Er ist nach dem Erkalten spröde, sodass mineralische Anteile durch mechanische Zerkleinerungs- und Klassierverfahren abgetrennt werden können. Die Verwertung dieses Materials ist noch nicht geklärt [16].

Für die Pyrolyse von Kunststoffen wurden Wirbelschicht- und Drehtrommelreaktoren als die geeignetsten Aggregate identifiziert und untersucht. Die Verweilzeiten in Drehrohrreaktoren liegen zwischen 20 und 90 min [17], in Wirbelschichtreaktoren bei bis ca. 90 s [18]. Insbesondere bei Kunststoffen erschwert die schlechte Wärmeleitung und der hohe Energiebedarf der Kunststoffzersetzung die Anwendung der Pyrolyse.

2.1.5.5 Vergasung

Bei der Vergasung wird Kohlenstoff durch unterstöchiometrische Oxidation in gasförmige Produkte umgesetzt. Der Prozess kann in die idealisierten Teilschritte der Trocknung, Entgasung und Vergasung aufgeteilt werden. Die teilweise Oxidation von Entgasungsprodukten setzt Wärme frei, die die endothermen Prozesse der Trocknung und Entgasung fördert. Die Einstellung der Vergasungstemperatur erfolgt über die Sauerstoffzufuhr.

Kohlenwasserstoffe werden in Gegenwart von Vergasungsmitteln (Sauerstoff, Luft, Wasserdampf) bei 1350 bis 1600 °C und bis 15 MPa Druck zu Synthesegas umgesetzt, das je nach Verfahrensbedingungen unterschiedliche Zusammensetzungen aufweist und unter anderem für die Ammoniak- oder Methanolsynthese, Fischer-Tropsch-Synthese von Kohlen-

◻ Tab. 2.4 Übersicht über für Polymere geeignete Verfahren zur Einspeisung in Verfahren der Erdölverarbeitung

Verfahren	Ausgangsstoffe	Produkte[b]	Kurzcharakterisierung
Thermische Spaltverfahren			
Visbreaking	Vakuumrückstand[a]	Mitteldestillatkomponenten	Druckloses Verfahren zur Molmasse-reduzierung bei Temperaturen von 350–480 °C in Röhrenöfen bei 1,4–1,8 MPa
Delayed coking	Atmosphärischer Rückstand, Schweröl[a]	Petrolkoks, Gasöl, Benzin, Crackgase	Diskontinuierliche Behandlung durch Aufheizen auf ca. 490 °C und Verkokung in Kokskammern bei 2 MPa, 460 °C
Fluid coking	Vakuumrückstand[a]	Petrolkoks, Gasöl, Benzin, Crackgase	kontinuierliche Behandlung im Wirbelbett bei 480–560 °C
Steamcracking	Niedrigsiedende Fraktionen (Ethan, Leichtbenzin), Naphta[a]	Ethen, Propen, weitere Olefine	Umsetzung bei ca. 600–900 °C, –3,3 MPa unter Zusetzung von Wasserdampf zur Erhöhung der Olefinausbeute
Katalytische Spaltverfahren			
Catcracking	Destillatfraktionen, metall-/heteroatom-arme Rückstandsfraktionen[a]	Liquefied petroleum gas (LPG), Benzin, Gasöl	Katalytische Behandlung in Wirbel schicht- oder Fließbettreaktoren bei 0,6–0,9 MPa, 450–510 °C
Hydrierverfahren			
Hydrocracking	Rückstandsprodukte (Vakuumrückstand), Naphta[a]	Leichtes Heizöl, Benzin, synthetisches Rohöl aus Rückstandsprodukten, LPG aus Naphta	Katalytische Behandlung bei hohen Drücken (7–25 MPa) und Temperaturen (250–450 °C) zum Aufspalten der C-Ketten
Degradative Extrusion			
Degradative Extrusion	Thermoplastische Polymere mit geringem unschmelzbaren Anteil	Öl-/wachsartige, verdüsbare Schmelze	Kettenabbau der Polymere in modifiziertem Extruder bei Temperaturen bis ca. 400 °C, optional Zugabe von Vergasungsmitteln oder Katalysatoren[c]

Anmerkungen:

[a] Beim Einsatz von Kunststoffen wird dem Ausgangsmaterial nur ein kleiner Polymerteilstrom zugesetzt

[b] Siedebereiche (Richtwerte): bis 100 °C Leichtbenzin, bis 200 °C Schwerbenzin/Naphta, bis 250 °C Kerosin/Petroleum, bis 350 °C Gasöl

[c] Da keine eindeutige Zuordnung dieses Verfahrens zu thermischen oder katalytischen Spaltverfahren möglich ist, erfolgt die gesonderte Aufführung des Verfahrens in dieser Tabelle

wasserstoffen, zur Wasserstofferzeugung oder Energiegewinnung eingesetzt werden kann [15]. Durch hohe Drücke und Temperaturen werden alle höheren Molekülstrukturen auf CO und H_2 zurückgeführt. Anorganische Schadstoffe (Chlorwasserstoff, Ammoniak, Schwefelverbindungen, Staub) können durch die Gasbehandlung abgetrennt und teilweise verwertet werden.

2.1.5.6 Hochofeneinblasung

Heizwertreiche Fraktionen können im Kupolofen oder Hochofen zur Eisenherstellung bzw. -verarbeitung genutzt werden. Der Kupolofen dient vor allem dem Aufschmelzen von Schrott mit Koks, beim Hochofen wird durch Reduktion von Eisenerz metallisches Eisen erschmolzen. Dazu werden sowohl Koks als Möllergut eingefüllt als auch schwefelreiches Schweröl oder Kohle eingeblasen und mit dem Heißwind vergast. Ein Teil des Schweröls kann durch Kunststoff substituiert werden [19]. Der Hochofeneinsatz von Kunststoffen erfordert deren Vorzerkleinerung auf einen Durchmesser bis zu 5 mm, da dieses Granulat aus einem Druckgefäß mit 0,4–0,5 MPa über eine Lanze in den unteren Hochofenteil eingebracht wird.

2.1.5.7 Einsatz im Zementdrehrohr

Im Drehrohr eines Zementwerkes werden Ton und Kalk zu Zementklinker gesintert bzw. gebrannt. Der Reaktor wird im Gegenstrom betrieben: Die Primärfeuerung erhitzt das Material auf ca. 1400 °C, die Sekundärfeuerung im Aufgabebereich stellt die Calcinierung bei ca. 900 °C sicher. Für die Herstellung von 1 Mg Zement werden ungefähr 3,3 GJ Energie benötigt [20]. Um die Energiekosten zu reduzieren, die ca. 50 % der Produktionskosten ausmachen, werden Ersatzbrennstoffe wie z. B. Altreifen, Altöl, Lackschlämme, Holzmehl oder Brennstoff aus Müll (BRAM) bzw. Ersatzbrennstoff (EBS) eingesetzt. Bis zu 30 % des Gesamtwärmebedarfs einer Anlage konnten bereits durch Ersatzbrennstoffe gedeckt werden [22], deren feste Rückstände in das Produkt eingebunden werden [19].

2.1.6 Verbrennung

Bei der Verbrennung geht der stoffliche Charakter des eingesetzten Materials verloren. Daher kann sie nicht zum Recycling im Sinne der stofflichen Kreislaufführung gezählt werden.

Der Verbrennungsvorgang kann in die Teilprozesse Trocknung, Entgasung, Vergasung

Trocknung:	Verdampfung des Wassers bis 200 °C
Entgasung/Pyrolyse:	Endotherme Zersetzungsreaktionen ohne Vergasungsmittel bei 150 - 650 °C:
	Organ. Verbindungen $\leftrightarrow$ Pyrolysegas + Pyrolysekoks
	$\Delta H > 0$ kJ/mol
Vergasung:	Umsetzung von festem Kohlenstoff durch partielle Oxidation durch ein Vergasungsmittel bei 650 - 900 °C:
	$C + \frac{1}{2} O_2 \rightarrow CO$ $\qquad$ $\Delta H = -123$ kJ/mol
Verbrennung:	Umsetzung aller gasförmigen Verbindungen durch vollständige Oxidation zu CO_2 und Wasserdampf bei 750 - 1.100 °C:
	$C + \frac{1}{2} O_2 \rightarrow CO$ $\qquad$ $\Delta H = -123$ kJ/mol
	$CO + \frac{1}{2} O_2 \rightarrow CO_2$ $\qquad$ $\underline{\Delta H = -283}$ kJ/mol
	$C + O_2 \rightarrow CO_2$ $\qquad$ $\Delta H = -406$ kJ/mol
Sekundärreaktionen:	$C + H_2O \leftrightarrow CO + H_2$ $\qquad$ $\Delta H = 119$ kJ/mol
	$C + CO_2 \leftrightarrow 2 CO$ $\qquad$ $\Delta H = 162$ kJ/mol
	$C + 2 H_2 \leftrightarrow CH_4$ $\qquad$ $\Delta H = -87$ kJ/mol
	$CO + H_2O \leftrightarrow CO_2 + H_2$ $\qquad$ $\Delta H = -42$ kJ/mol
	$CO + 3 H_2 \leftrightarrow CH_4 + H_2O$ $\qquad$ $\Delta H = -206$ kJ/mol

◻ Abb. 2.5 Idealisierte chemische Teilprozesse der Verbrennung

und vollständige Oxidation aufgeteilt werden (◘ Abb. 2.5) [17]. Diese idealisierten Prozesse können sich zeitlich und räumlich überlagern und wechselseitig beeinflussen. Pyrolyse- und Vergasungsverfahren nutzen die Möglichkeit, durch Einstellung von Randbedingungen nur einen Teil der Prozesse zu begünstigen.

2.1.6.1 Verbrennungskonzepte und -aggregate

Als Verbrennungskonzepte kommen in Frage
- Mono-Verbrennungssysteme ausschließlich für Kunststoffe
- Co-Verbrennungssysteme mit einer gemeinsamen Verbrennung

von mindestens einer weiteren Fraktion außer Kunststoff [23].

Die Mono-Verbrennung von Kunststoffen in Spezialfeuerungen ist derzeit noch nicht Stand der Technik. Die relevantenVerbrennungsaggregate für Feststoffe sind
- Roste (vor allem Stab- und Walzenroste),
- Drehrohre (mit Gleich- oder Gegenstromluftführung),
- Wirbelschichten (mit stationärem, rotierendem oder zirkulierendem Wirbelbett)
- Staubfeuerungen.

2.1.6.2 Verbrennung in Kraftwerken

Bei der Verbrennung heizwertreicher Fraktionen in Kraftwerken kommen Wirbelschichtfeuerungen oder Staubfeuerungen zum Einsatz [19]. Bei der Staubfeuerung wird das Ausgangsmaterial aufgemahlen und durch einen Brenner staubförmig in den Brennraum eingetragen, wo es in der Schwebe verbrennt.

Für die Vorbehandlung der Kunststoffe zum Zerstäuben in den Brennraum ist entweder das Aufschmelzen oder das Aufmahlen zu Partikeln für den pneumatischen Brennraumeintrag nötig. Kohle wird vor der Verbrennung in Staubfeuerungen auf Korngrößen unter 100 μm aufgemahlen, um den vollständigen Ausbrand sicherzustellen. Insbesondere bei Thermoplasten ist eine solche Feinzerkleinerung wegen der Erwärmung der Polymere durch mechanische Beanspruchungen problematisch. Beim Einsatz von Zyklonbrennkammern sind größere Korngrößen bis zu mehreren Millimetern möglich, da durch die Brennkammergeometrie eine erheblich längere Verweilzeit erzwungen wird [15].

◘ **Tab. 2.5**   Heizwerte verschiedener Materialien

Material	Heizwert H_u (MJ/kg)
PP (unverstärkt)	44
PE (unverstärkt)	43,3
PS	40
PVC	18–26
Glasmattenverstärkte Thermoplaste	30
Duroplaste (allgemein)	20
SMC/BMC (UP-GF)	10–12
Erd-/Heizöl	42
Steinkohle	29–30
Holz	15–17
Papier	13–15
Hausmüll	8,5

2.1.6.3 Verbrennung in Müllverbrennungsanlagen

Ungefüllte und unverstärkte Kunststoffe weisen einen hohen Heizwert und geringe Feuchtegehalte auf, sodass sie bei geringen Temperaturen vergasen, schnell zünden und verbrennen [23]. Der Heizwert der verstärkten Kunststoffe ist neben der chemischen Zusammensetzung vom Anteil der mineralischen Füll- und Verstärkungsstoffe abhängig. Eine Übersicht der Heizwerte verschiedener Materialien gibt ◘ Tab. 2.5.

Für die selbstgängige Verbrennung in Müllverbrennungsanlagen (MVA) ist neben dem Heizwert der Feuchte- und Aschegehalt eines Materials maßgeblich, so dass ab ca. 3,4 MJ/kg, einem Wassergehalt unter 50 % und einem Aschegehalt unter 60 % mit selbstgängiger Brennbarkeit gerechnet werden kann [17].

2.1.7 Ausblick

Für die Kreislaufführung von Kunststoffen und kunststoffhaltigen Produkten stehen eine Vielzahl technischer Optionen zur Verfügung, von denen jedoch vergleichsweise wenige in Pilot- bzw. Produktionsanlagen umgesetzt wurden. Neben der technischen Eignung von Verfahren sind vor allem die wirtschaftlichen und politischen Rahmenbedingungen entscheidend für den Aufbau und Betrieb eines Verfahrens der Kreislaufwirtschaft. In Bereichen, die von vornherein direkte (vor allem wirtschaftliche) Vorteile generieren, wie dies z. B. beim werkstofflichen Produktionsabfallrecycling meist der Fall ist, wurden und werden solche Verfahren schnell umgesetzt und dauerhaft betrieben. Zusätzliche Entwicklungen sind durch neue politische Initiativen wie z. B. das Kreislaufwirtschaftspaket der Europäischen Union sowie die zugehörigen sektorbezogenen Strategien u. a. zu Kunststoffen zu erwarten [24]. Es kann erwartet werden, dass „Insellösungen" für kleine Materialströme aus einzelnen Anwendungen zukünftig kaum noch realisiert werden.

Stattdessen werden große, gleichartige Materialströme aus verschiedensten Anwendungsbereichen zusammengefasst und durch möglichst hochwertige Verfahren mit hinreichender Kapazität und unter Einhaltung ökologischer Rahmenbedingungen verwertet oder beseitigt werden. Auch die Getrennthaltung und -erfassung wird an Relevanz zunehmen, um die Umwelt von unkontrollierten Kunststoffeinträgen zu entlasten. Von steigendem wissenschaftlichen und politischen Interesse sind Einträge kleiner Kunststoffpartikel („Microplastic") aus Produkten oder aus Abriebprozessen in die Umwelt, deren Auftreten und Herkunft derzeit untersucht wird und deren Regulierung z. B. durch Anforderungen an Produkte zukünftig erwartet werden kann.

2.2 Kreislaufführung von Faserverbundwerkstoffen mit duroplastischer Matrix am Beispiel der Rotorblätter von Windkraftanlagen

Elisa Seiler und Frank Henning

Onshore-Windkraftanlagen besitzen eine durchschnittliche theoretische Recyclingquote von ca. 81 %. Grundlage für diesen Wert ist die Verwertung der Beton- und Stahlanteile sowie der elektrischen Anlagen, welche derzeit nach dem Stand der Technik gut verwertet werden können. Nur schwer verwertbar sind die Verbundwerkstoffanteile der Anlage, d. h. die Gondelmaterialien und Rotorblätter.

Werden Rotorblätter nicht repariert, stehen am Ende der Lebensdauer neben der Lagerung oder dem Export der Produkte nur die Verbrennung (Beseitigung) sowie eine Verwertung im Zementwerk als Entsorgungsoptionen zur Verfügung. Als Methode nach dem Stand der Technik werden Rotorblätter in einem mehrstufigen Verfahren zerkleinert und der Heizwert der Verbundwerkstoffmatrix energetisch und die Glasfasern stofflich als Sandersatz im Zementwerk genutzt. Verglichen mit dem enormen Fertigungsaufwand und den hohen Anforderungen an das Rotorblatt erscheint dieser Verwertungsansatz zwar technisch machbar, jedoch werden hier insbesondere die Fasereigenschaften nicht weiter genutzt. Ein Verwertungsansatz zur stofflichen Verwertung durch eine Faserrückgewinnung und erneuten Einsatz in Verbundmaterialien existiert für Rotorblätter bislang nicht.

2.2.1 Bauweisen und Materialien

Im Wesentlichen besteht die Blattform der Rotorblätter aus zwei Halbschalen, die bei der Herstellung in Sandwichbauweise, an Vorder- und Hinterkante sowie an den Stegen mithilfe eines Klebstoffes miteinander verklebt werden, siehe ◘ Abb. 2.6. Als Kernwerkstoffe werden in den Unter- und Oberschalen der Rotorblätter meist Hartschäume oder Balsaholz eingesetzt. Um die Biegekräfte innerhalb des Blattes aufzunehmen, werden zwischen den Halbschalen entweder ein oder mehrere Holmstege oder eine Holmkastenkonstruktion eingesetzt. Die Stege oder Holme bestehen aus faserverstärkten Kunststoff-(FVK)-Laminaten oder Sandwichverbunden.

Durch das Konstruktions- und Fertigungsprinzip der Rotorblätter werden bestimmte Anforderungen (hohe Festigkeit bei geringem Gewicht) an das Material gestellt, die besonders gut durch die Verwendung von Faserverbundmaterialen eingehalten werden können. Bei der Wahl des Werkstoffes spielen jedoch neben den Materialeigenschaften das Gewicht und die Fertigungskosten eine große Rolle.

Aus diesen Gründen ist die zurzeit bislang häufigste Form der eingesetzten Faserverbundwerkstoffe die glasfaserverstärkten Kunststoffe (GFK). Dabei sind Glasfasern in eine duro-

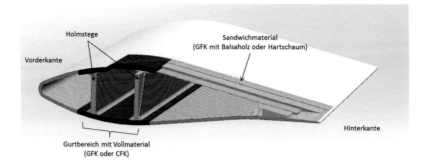

Holmstege

Vorderkante

Sandwichmaterial
(GFK mit Balsaholz oder Hartschaum)

Hinterkante

Gurtbereich mit Vollmaterial
(GFK oder CFK)

◘ Abb. 2.6   Beispiel für den Aufbau eines Rotorblattes

plastische Harzmatrix eingebettet. Gründe für den Einsatz von Glasfasern sind die guten mechanischen, chemischen und dielektrischen Eigenschaften. Wichtig für den Einsatz beim Bau von Rotorblättern sind der niedrige Preis, das geringe Gewicht, die einfache Verarbeitung und die sehr guten Festigkeitseigenschaften. Demgegenüber steht allerdings im Vergleich zur Kohlenstofffaser das geringe Elastizitätsmodul (E-Modul), welcher eine geringe Steifigkeit bedeutet [25]. Neben Glasfasern werden in den besonders belasteten Bereichen wie z. B. den Gurten für eine höhere Festigkeit eine Materialkombination mit Kohlenstofffasern eingesetzt [26]. Mit der Verwendung von Kohlenstofffasern kann bei geringster Masse die höchste spezifische Festigkeit und Steifigkeit wie bei Stahlkonstruktionen erreicht werden. Erheblicher Nachteil ist derzeit noch der Preis, der je nach Güte das 5–10-fache von dem der Glasfaser betragen kann. Bei dem duroplastischen Harzsystem, in das die Fasern eingebettet werden, kommen bei Rotorblättern vorrangig Reaktionsharze wie ungesättigte Polyesterharze (UP) und Epoxidharz (EP) zum Einsatz.

Ein Rotorblatt besteht aus einer tragenden Schale, welche entweder aus zwei miteinander verklebten Halbschalen oder in einem Guss gefertigt werden kann (◘ Abb. 2.7). Die Fertigung erfolgt bei den führenden WKA-Hersteller durch das Handlaminieren, das Vakuuminfusionsverfahren oder die Verwendung von bereits mit Harz getränkten Verstärkungsfasern in Form von Prepregs [28]. Eine weitere Methode zur Fertigung der Schale ist das von Siemens patentierte Integral-Blade-Verfahren, bei dem die Rotorblätter geschlossen in einem Stück hergestellt werden. Der Vorteil dieses

Verfahrens ist eine Fertigung ohne Klebstoffe und damit auch ohne Nahtstellen [29]. Um das Gewicht der Rotorblätter möglichst gering zu halten, bestehen die Schalen bei beiden Verfahren nicht allein aus Faserverbundmaterial, sondern werden in der Sandwichbauweise gefertigt. Im Inneren wird in weniger stark beanspruchten Bereichen weiches Stützmaterial wie Polymerschäume z. B. Polyvinylchlorid oder Polyethylenterephthalat oder Balsaholz eingebaut. Aufgrund der geringen Dichte von Balsaholz (ca. 140 kg/m^3) wird es überwiegend als Stützstoff eingesetzt [30]. Diese zusätzlich eingebauten Sandwichelemente verleihen der Schale bei geringem Gewicht eine erhöhte Steifigkeit (◘ Abb. 2.8).

Zum Schutz vor Umwelteinflüssen wie Feuchtigkeit, Licht oder Schlagbeanspruchungen werden die Rotorblätter mit Gelcoats beschichtet. Je nachdem welches Matrixmaterial verwendet wurde, unterscheiden sich die Lacke. Bei UP-Laminaten bestehen die Gelcoats aus einem Material auf der Basis ungesättigter Polyesterharze, beim EP-Laminaten handelt es sich um Polyurethan-Verbindungen [31].

2.2.2 Verwertung von faserverstärkten duroplastischen Kunststoffen am Beispiel Rotorblatt

2.2.2.1 Wiederverwendung

Die einfachste und ökologisch sowie ökonomisch beste Form der Verwertung kann durch eine wiederholte Verwendung des Produktes für denselben Verwendungszweck erzielt werden. Eine Wiederverwendung der Rotorflügel oder sogar

◻ Abb. 2.7   Aufbau eines Rotorblattes [27]

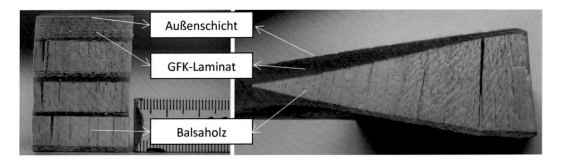

◻ Abb. 2.8   Rotorblattstück in der Mehrfachsandwichbauweise (links) und in Einfachbausweise (rechts) aus Balsaholz (Ochroma Lagopus)

der gesamten WKA ist nach hinreichender Prüfung des Materials möglich. In den letzten Jahren ist der Markt für Gebrauchtanlagen deutlich gewachsen. Ein Grund dafür ist der Austausch von Anlagen zur Ertragssteigerung, das Repowering. Es wurden zunehmend kleinere und leistungsschwächere Anlagen abgebaut und durch neue Anlagen ersetzt. Diese Maßnahme ist ab einer Laufzeit von 10 Jahren möglich, somit haben die abgebauten Anlagen ihre Betriebszeit von 20 Jahren noch nicht erreicht [32]. Die frühzeitig abgebauten WKA werden überprüft, wenn nötig überholt, z. B durch erneutes Auftragen einer Schutzschicht, und zum Verkauf angeboten oder Teile davon zwischengelagert. Die Wartung und Überprüfung der Rotorblätter findet mithilfe zerstörungsfreier Prüfungsverfahren statt z. B. durch Wärmeflussthermografie. Aufgrund der sehr guten Wartung in Deutschland werden derzeit die meisten Rotorflügel teilweise mehrfach repariert. In den wenigsten Fällen wie z. B. Brandschäden müssen sie entsorgt werden. Die größte Schwierigkeit bei der Wiederverwendung sind die sich schnell ändernden Anforderungen an das Bauteil und der Fortschritt in Technik und Design. Da die Leistung einer WKA mit dem Rotorblattdurchmesser korreliert, würde der Einsatz eines kürzeren Flügels auf einer neuen Anlage zu einem Effizienzverlust führen.

2.2.2.2 Weiterverwendung

Unter Weiterverwendung wird eine Nutzung des Produktes verstanden, wobei jedoch der ursprüngliche Zweck der Erstanwendung nicht erfüllt wird. Der Architekt Joel H. Goodman hat sich mit der architektonischen Verwendung ausgedienter Rotorblätter beschäftigt [33]. Die Rotorblätter können als Bauteile für Gebäude oder Solarkollektoren dienen bzw. als Säulen mit Druckbelastung oder Balken mit Biegebelastung benutzt werden. Die Nutzung der Rotorblätter als Ersatz für herkömmliche Baumaterialien und die Einsparung der Kosten für die Deponierung stehen als Ziele im Vordergrund. Als mögliche Projekte werden in seinem Artikel Open Air Theater, ein Besucherrestaurant oder eine schwimmende Solaranlage vorgestellt [34].

In den Niederlanden wurden bereits ausgediente Rotorflügel weiterverwendet. Das Architektenteam 2012Architecten hat aus vier Rotorflügeln ein Abenteuerspielplatz gebaut (◘ Abb. 2.9).

Die Schnitte und Löcher wurden mit Epoxidharz und Glasfasern bearbeitet, um scharfe Kanten zu vermeiden. Für den gesamten Bau des Spielplatzes, mit Planung, Geräten, Materialien und dem Bau, fielen in etwa 300.000–350.000 EUR an Kosten an, wobei die Rotorblätter 750 EUR pro Stück gekostet haben [36].

2.2.2.3 Verwertung

Wenn eine Verwendung nicht möglich ist, steht nach der europäischen Abfallrahmenrichtlinie das Recycling an dritter und die sonstige Verwertung an vierter Stelle [37]. Grundsätzlich wird zwischen werkstofflicher, rohstofflicher und energetischer Verwertung unterschieden (◘ Abb. 2.10). Das Ziel der Verwertung von faserverstärkten Kunststoffen kann in Abhängigkeit vom Materialwert zum einen die Rückgewinnung der Fasern und zum anderen die erneute Nutzung des Kunststoffanteils sein. Besonders bei kohlenstofffaserverstärkten Kunststoffen steht die Rückgewinnung der Fasern im Vordergrund, dies kann sich jedoch mit steigenden Rohölpreisen ändern.

◘ **Abb. 2.9**   Spielplatz aus Rotorblättern [35]

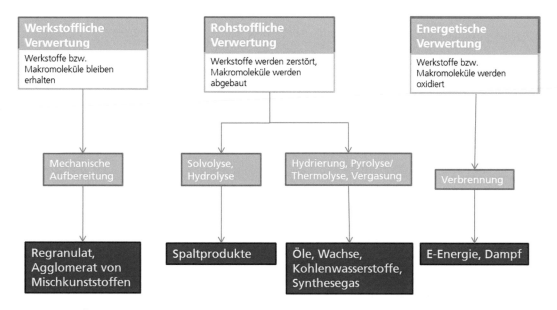

◙ Abb. 2.10   Übersicht zu den einzelnen Verwertungsmöglichkeiten von Kunststoffen [38]

2.2.2.3.1 Werkstoffliche Verwertung

Das werkstoffliche Recycling liegt auf der höchsten nutzbringenden Ebene der Kunststoffverwertung. Wenn ein Produkt aus Sekundärmaterialien vollständig ein Produkt aus Primärmaterial ersetzt, kann bei einen geringem Sortier- und Trennaufwand ein energetischer Wirkungsgrad von 80 % erreicht werden [39]. Bei einer werkstofflichen Verwertung bleiben die Makromoleküle erhalten und durch verschiedene Aufbereitungsschritte wird ein Rezyklat erzeugt, welches erneut zur Kunststofferzeugung eingesetzt werden kann [38].

Duroplastische Kunststoffe bilden im Herstellungsprozess ein widerstandfähiges Gefüge, das nur schwer wieder aufgebrochen werden kann. Bei dem stofflichen Recycling werden die Fasern und die Matrix mechanisch zerkleinert und in Fraktionen getrennt. Eine exakte Trennung von Faser und Matrix ist problematisch, weshalb die zerkleinerten Kunststoffpartikel nur in wenigen Produktionsprozessen integriert werden können [40].

In Deutschland wurde auf diesem Wege bei der Firma ERCOM bis zum Jahr 2004 Faserverbundwerkstoffe in einem trockenen mehrstufigen Zerkleinerungs- und Mahlprozess aufbereitet (siehe ◙ Abb. 2.11). Eine anschließende Fraktionierung in unterschiedliche Korngrößen und Faserlängen ermöglichte eine Nutzung als Füllstoff oder Fasermaterial in Kunststoffen. Der erste Schritt der Zerkleinerung wurde mit einer mobilen Vorzerkleinerungsanlage durchgeführt. Mithilfe eines langsam laufenden Zweiwellenbrechers wurde das Material auf eine Kantenlänge von ca. 50 mm zerkleinert. Die weitere Aufbereitung in Form von Metallabscheidung und Zerkleinerung fand in einer stationären Aufbereitungsanlage statt. Anschließend wurde das Material mithilfe von Siebung und Sichtung in mehrere Fraktionen verschiedener Faserlängen aufgeteilt. Das Rezyklat wurde zu einem Anteil von bis zu 30 % in Neuware (SMC-Matte) wieder eingesetzt, um wie oben bereits erwähnt Füllstoff und einen geringen Anteil an Glasfasern zu ersetzten [42]. Die Firma ERCOM musste 2004 aufgrund von den fallenden Preisen für primäre Glasfaser und der schwankenden Versorgung an Sekundärrohstoffen schließen [43]. Eine Aufbereitung der Verbundwerkstoffe mit diesem Verfahren ist technisch möglich, jedoch hat das Produkt nur mindere Qualität, da keine vollständige Trennung zwischen Faser und Harz erzielt wird.

Eine erfolgreiche Kombination aus stofflicher und energetischer Verwertung praktiziert die Firma neocomp GmbH mit der Holcim AG. Das Prozesschema für die Verwertung von faserverstärkten Kunststoffen, durch die Einbindung in die Zementherstellung, zeigt ◙ Abb. 2.12. Die Vorzerkleinerung an der WKA findet mit einer mobilen Schneidetechnik statt, zum Beispiel mit einer diamantbesetzten Seilsäge oder einer Baggersäge.

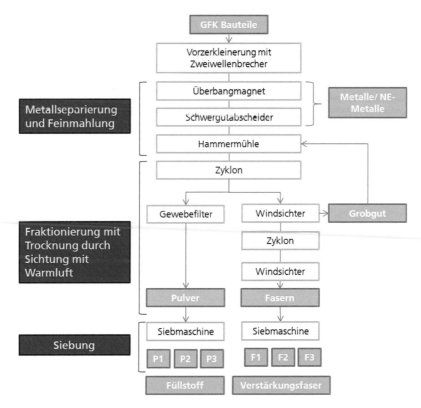

■ **Abb. 2.11**   Aufbereitungsschritte für eine werkstoffliche Verwertung von Verbundwerkstoffen der Firma ERCOM Composite Recycling GmbH [41]

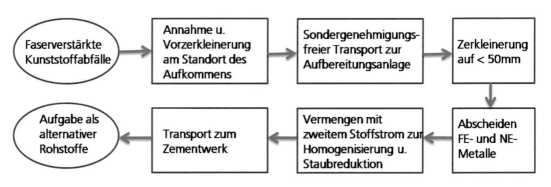

■ **Abb. 2.12**   Prozessschema der Aufbereitung von Rotorblättern von der Firma Holcim [44]

Gleichzeitig wird mithilfe von Filtertüchern und Wasserlanzen der Sägestaub zurückgehalten. Im Anschluss werden der aufgefangene Staub und die Rotorblattsegmente zur weiteren Behandlung in eine gekapselte Aufbereitungsanlage transportiert. Um das Material zu analysieren und in das Zementwerk einzubringen, benötigt es eine Korngröße <50 mm [45]. Mögliche Zerkleinerungsaggregate sind dabei Wellenzerkleinerer, Walzenschredder oder Querstromzerspaner.

Anschließend werden noch Störstoffe wie Metalle entfernt und das Material mithilfe eines zweiten Stoffstromes homogenisiert. Bei diesem zweiten Stoffstrom handelt es sich um feuchten Ersatzbrennstoff (EBS) mit einer Feuchte von 30 %, wodurch der bei den Zerkleinerungsprozessen entstandene Staub gebunden wird.

Das fertig aufbereitete Stoffgemisch wird ins Zementwerk transportiert und dort am Kalzinator aufgegeben. Im Kalzinator wird die im Rotorblattstoffstrom enthaltene thermische Energie bei 850–900 °C zur Kalzinierung (CO_2-Abspaltung aus dem Kalkstein) des Rohmaterials genutzt [45]. Die im Rotorblatt enthaltene nutzbare Wärmemenge (Heizwert) ist mit 14 MJ/kg ungefähr halb so hoch wie die von Steinkohle (ca. 28 MJ/kg). Das bedeutet, dass mit jeder eingesetzten Tonne Rotorblattmaterial im Zementwerk ungefähr eine halbe Tonne Steinkohle substituiert wird. Des Weiteren werden die im Kalzinator anfallenden Aschen der Brennstoffe zusammen mit den entsäuerten Rohmaterialen (Kreide, Sand, Eisenoxid und Aluminiumoxid) in das Drehrohr des Ofens aufgegeben.

Die Rohmaterialien und die Aschen reagieren bei einer bestimmten Zusammensetzung und über 2000 °C Gastemperatur in teilweise flüssigem Zustand miteinander [45]. Da diese Reaktion nur bei einer bestimmten Zusammensetzung zum gewünschten Zementklinker führt, müssen die Bestandteile von Rohmaterialien und Aschen genau aufeinander abgestimmt sein. Je mehr Verbrennungsaschen aus dem Kalzinator in das Drehrohr aufgegeben werden, umso weniger Rohmaterialien werden benötigt. Rotorblätter haben mit ca. 50 % einen sehr hohen Aschegehalt. Die Asche der Rotorblätter besteht überwiegend aus Silizium- und Calciumoxidverbindungen, diese werden natürlicherweise über Kreide und Sand in den Prozess eingetragen. Der nach schlagartiger Abkühlung entstandene Zementklinker wird unter Zugabe von Gips zu Zement vermahlen. Dieser Zement unterscheidet sich qualitativ nicht von anderen Zementen und kann z. B. auch zur Fertigung von neuen Fundamenten für Windenergieanlagen verwendet werden. Als energetische Verwertung wird das entstandene Material im Kalzinator im Zementwerk zur Energiegewinnung verbrannt und somit fossile Energieträger wie Braunkohle substituiert. Die entstandene Asche (50 % der ursprünglichen Masse), das Rohmaterial und die Aschen der anderen Brennstoffe werden anschließend im Drehrohrofen aufgegeben. Bei etwa 1450 °C bildet sich aus den Materialien im Sinterprozess der Zementklinker, der als Zuschlagstoff bei der Zementherstellung verwendet wird. Der beim Sinterprozess benötigte Sand wird durch die Rotorblattasche ersetzt, denn diese enthält aufgrund der Glasfasern Siliziumdioxid [45]. Aus diesem Grund ist der Einbau der Rotorblattasche in den Zement-klinker der Teil der stofflichen Verwertung bei diesem Verfahren. Bereits die ersten Versuche mit Rotorblättern haben gezeigt, dass die Vorzerkleinerung sehr zeitintensiv ist und es durch das abrasive Material zu einem hohen Verschleiß kommt. Darüber hinaus ist bei der Entsorgung von Rotorblättern zwingend auf die Gefahr von Gasen, Staub und Explosionen zu achten [44].

Weitere Unternehmen, welche Faserverbundwerkstoffe werkstofflich verwerten, sind die Firma Seawolf Design. Inc. aus Florida (USA) und Filon bzw. Hambleside Danelaw in England. Seawolf Design. Inc. hat ein vollständiges Verwertungsverfahren vorrangig für Produktionsabfälle von SMC- und BMC-Bauteilen entwickelt. Dieser zweistufige Prozess besteht aus einer Zerkleinerungsmaschine (FRP Grinder) und einer Sprüheinrichtung. Der FRP Grinder ähnelt dem Aufbau einer Hammermühle. Bei einer geringen Abnutzung und unter Beibehaltung einer geringen Temperatur, um die Selbstentzündung zu vermeiden, werden die Fasern zerstörungsfrei zurückgewonnen. Im zweiten Teil des Verfahrens werden die recycelten Glasfasern und ein Trägerschaum mithilfe einer luftbetriebenen Glasfaserspritzpistole als Rezyklate in die Produktion zurückgeführt [46].

2.2.2.3.2 Rohstoffliche Verwertung

Bei einigen Kunststoffabfällen ist die werkstoffliche Verwertung aufgrund der notwendigen Aufbereitungsschritte nicht mehr wirtschaftlich durchführbar. Dann besteht die Möglichkeit, den Kunststoff rohstofflich zu verwerten. Unter der rohstofflichen Verwertung von Kunststoffen wird eine Spaltung der Kohlenwasserstoffketten in die chemischen Grundbausteine oder die jeweiligen Ausgangsmonomere verstanden [38]. Die Verfahren des rohstofflichen Recyclings werden unterschieden in thermisch und solvolytisch wirkende Prozesse. Für Faserverbundwerkstoffe ist vor allem die Pyrolyse, Vergasung und Solvolyse interessant [47].

2.2.2.3.2.1 Pyrolyse

Unter Pyrolyse wird die thermische Zersetzung unter Luftausschluss verstanden. Als Produkte entstehen dabei Pyrolyseöle und -gase, welche weiter aufgearbeitet werden müssen. Die Verteilung der Produkte ist abhängig von den Reaktionstemperaturen und Verweilzeiten. Bei

Temperaturen über 600 °C und kurzen Verweilzeiten ist die Entstehung von gasförmigen Primärprodukten begünstigt, bei Temperaturen von 390–425 °C und langen Verweilzeiten ist die Ölausbeute besser, aber gleichzeitig auch die Bildung von Koks und teerartigen Rückständen erhöht [48]. Eine mögliche Variante zur Aufheizung in der Pyrolyse ist die Mikrowelle. Die Materialphasen des Verbundwerkstoffes absorbieren die Mikrowellen unterschiedlich stark. Der Matrixwerkstoff absorbiert diese stärker als das Fasermaterial und somit kommt es zu einer selektiven Erwärmung. Dies hat die Zersetzung der Matrix zur Folge, wodurch die Fasern in ihrer ursprünglichen Form, Struktur und Qualität vorliegen und neu eingesetzt werden können [49].

Es existieren weltweit bereits mehrere Anlagen in denen Kohlenstofffasern mithilfe der Pyrolysetechnologie zurückgewonnen werden [50]. In Deutschland wird unter anderem durch die Firma CFK Valley Recycling GmbH & Co. KG und Hadeg Recycling GmbH kohlenstofffaserverstärkte Kunststoffe recycelt. Die Firma CFK Valley Recycling GmbH gehört zur Karl Meyer AG, in der Anlage wird das Material im Hochtemperaturverfahren auf ca. 500 °C erhitzt und der Harz verdampft. Die freigelegten Fasern werden gereinigt und zerkleinert und können als Kurzfasern auf dem Markt angeboten werden [51]. Die Rückgewinnung von Kohlenstofffasern durch Pyrolyse im flüssigen Zinnbad wurde im Rahmen einer Dissertation an der Martin-Luther-Universität in Halle untersucht. Eine anschließende Charakterisierung ergab noch oberflächliche Rückstände auf den Fasern, wodurch weiterer Forschungsbedarf besteht [52]. Eine Umsetzung des Verfahrens in den großtechnischen Maßstab ist bislang nicht bekannt.

Die Rückgewinnung von Glasfasern mittels der Pyrolyse gab es bislang lediglich in Dänemark durch die Firma ReFiber Aps (□ Abb. 2.13, 2.14, 2.15 und 2.16) [53]. Erik Grove-Nielsen von der Firma ReFiber Aps aus Dänemark hat ein Verfahren zur thermisch stofflichen Verwertung von Rotorflügeln durch Pyrolyse und Vergasung entwickelt. Dabei wird das Material zuerst vor Ort mit hydraulischen Scheren in eine transportfähige Größe zerkleinert. An der Anlage wird es anschließend in 250 × 250 mm Stücke geschreddert, bevor es kontinuierlich dem Pyrolyseofen zugeführt wird. Dieser erste Teil

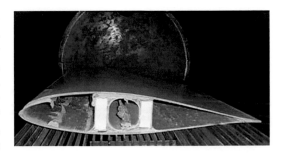

□ **Abb. 2.13**   Rotorblatt im Ofen vor der Pyrolyse [53]

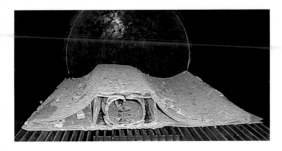

□ **Abb. 2.14**   Rotorblatt im Ofen nach der Pyrolyse [53]

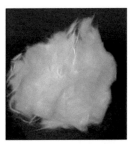

□ **Abb. 2.15**   Aufbereitete Glasfaserwolle [53]

□ **Abb. 2.16**   Dämmstoff aus Rotorblattmaterial [53]

des Verfahrens wird unter Sauerstoffausschluss bei einer Temperatur von ca. 500 °C geführt, wobei der Kunststoff zu Gas pyrolysiert wird [53]. Dieses entstandene Gas kann energetisch oder zur Beheizung des Ofens genutzt werden.

Der zweite Schritt dieses Verfahrens ist die Vergasung des Materials zur „Reinigung" von noch anhaftenden organischen Verbindungen und Staub. Die verbliebenen Glasfasern werden mit einer kleinen Menge Polypropylen (PP)-Fasern vermischt und erneut in einem Ofen erwärmt. Bei diesem letzten Schritt schmelzen die PP-Fasern und verbinden so die Glasfasern miteinander. Als Endprodukt dieses Verfahrens erhält man das Gas als Energieträger und Glasfasern. Diese sind einsetzbar als hitzebeständiges Isolationsmaterial oder Füllstoff. Laut Erik Grove-Nielsen ist die Verwendung als Rohmaterial ebenso möglich, jedoch nicht für neue Rotorblätter, da die Stärke der Fasern gegenüber dem Ausgangsmaterial nachgelassen hat. Trotz des Erfolges dieses Verfahrens wurde das Projekt aus finanziellen Gründen gestoppt. Die Kosten für die Bearbeitung des Materials durch die Pyrolyse wurden auf 100–120 EUR pro Mg (ohne Zerkleinerung) geschätzt und liegen über den Deponiekosten [54].

2.2.2.3.2.2 Vergasung

Die Vergasung ist eine partielle Oxidation von Kohlenwasserstoffen bei Temperaturen von bis zu 1800 °C und einem Druck von bis zu 25 bar. Zusätzlich wird ein Vergasungsmittel einsetzt, welches Sauerstoff, Luft, Rauchgas, Wasserdampf oder Kohlendioxid sein kann. Der Kunststoff wird bei diesem Prozess gespalten, es entsteht Synthesegas (Gemisch aus Kohlenmonoxid und Wasserstoff), welches wieder als Rohstoff in Chemieprozessen eingesetzt werden kann [38]. Ein Ansatz zum Recycling von Verbundwerkstoffen mittels Vergasung, ist das Wirbelschichtverfahren. Dabei wird das vorzerkleinerte Material auf eine von unten beheizte Wirbelschicht aufgegeben. Bei Reaktionstemperaturen von ca. 450 °C werden die Kunststoffe gespalten und die freigelegten Fasern mit den Abgasen über einen Zyklon nach außen getragen [21]. Im Rahmen des englischen PRECOM-Projekts wurde die Anwendung des Wirbelschichtverfahrens auf einen glasfaserverstärkten Kunststoff mit Polyestermatrix untersucht. Es war möglich, Glasfasern mit geringen Anhaftungen zurückzugewinnen, jedoch besitzen sie nur noch 50 % der Festigkeit von Originalfasern. Die gewonnenen Fasern wurden unter anderem zur Produktion von Glasfaserfliesen eingesetzt. Bei der öko-nomischen Betrachtung wurde jedoch deutlich, dass dieses Verfahren erst ab einem Aufkommen von 10.000 Mg pro Jahr machbar wäre [55].

2.2.2.3.2.3 Solvolyse

Als Solvolyse wird das Lösen von Kunststoffen in einem ausgewählten Lösungsmittel verstanden. Die Bezeichnung der jeweiligen Verfahren in Glykolyse, Methanolyse, Hydrolyse, Acidolyse und Alkoholyse wird von dem eingesetzten Reaktionsmittel bestimmt. Im Gegensatz zur Pyrolyse ist die Anwendung der Solvolyse auf bestimmte Kunststoffe begrenzt und das gelöste Matrixmaterial kann theoretisch wieder in der Kunststoffproduktion genutzt werden [52].

Ein für duroplastische Faserverbundwerkstoffe angewendetes Verfahren ist die überkritische Nassoxidation (supercritical water oxidation – SCWO). Der kritische Punkt von Wasser liegt bei 374 °C und 221 bar. Beim Überschreiten dieses Punktes wird das Wasser als überkritisch bezeichnet und besitzt besondere Eigenschaften. Die Löslichkeit organischer Verbindungen nimmt in diesem Bereich zu, wohingegen anorganischer Stoffe unlöslich werden und ausfallen. Bei der überkritischen Nassoxidation werden diese Eigenschaften ausgenutzt. Das Material wird mit Sauerstoff und Wasser in einem Reaktor bei einer Temperatur über 374 °C und einem Druck über 221 bar umgesetzt („flammenlose Verbrennung"). Der organische Anteil, die Matrix, wird zu Kohlendioxid und Wasser oxidiert, zurück bleiben die Fasern. Wenn Stickstoffverbindungen vorhanden sind, reagieren diese zu Ammoniak und Stickstoff [56].

Ein Patent zur Aufbereitung von Leiterplatten aus Elektrogeräten nutzt dieses Verfahren und löst in diesem Fall die Epoxidharz-Duromere zur Rückgewinnung der Glasfasern. Das zu recycelnde Material wird dabei mit einem oder mehreren polaren Lösungsmitteln unter erhöhter Prozesstemperatur (140 °C–280 °C) in Verbindung gebracht. Das Lösen der Harzanteile wird durch Druck oder mechanische Kräfte wie Rühren und Ultraschall begünstigt. Das entstandene Gel wird durch Filtration oder Zentrifugation aufgearbeitet. Die entstandene Metall-Glasfaser-Fraktion wird durch einen Sprühprozess aufgetrennt. Aus der organischen Lösung werden das Epoxidharz und das Lösungsmittel zurückgewonnen. Das Harz kann anschließend neu vernetzt und das Lösungsmittel in den Prozess zurückgeführt werden [57]. In dem europäisch geförderten EURECOMP-Projekt wurde die Anwendung von SCWO auf Faserverbundbauteile aus dem Automobilbereich untersucht. Ziel war die Rückgewinnung beider Materialkomponenten, Faser und Matrix, um das Verfahren wirtschaftlich zu gestalten. Im Projektzeitraum von 2009 bis 2012 konnten mithilfe eines Testreaktors Glasfasern und eine flüssige Fraktion des Harzes zurückgewonnen werden. Jedoch ist die SCWO im Vergleich der Ökobilanzierungen mit anderen Recyclingmethoden wie Pyrolyse oder stofflichem Recycling weniger umwelteffizient. Es sind weitere Forschungsarbeiten notwendig, um den Prozess der SCWO unter ökologisch und ökonomisch verträglich zu realisieren [58].

2.2.2.3.3 Energetische Verwertung

Wenn eine reine stoffliche Verwertung nicht möglich ist, wird die energetische Verwertung in Müllverbrennungsanlagen, Zementwerken oder Stahlwerken denkbar. Kunststoffe besitzen aufgrund ihrer Herstellung aus Erdöl oder Erdgas einen hohen kalorischen Wert und können so als Energieträger genutzt werden. Der Heizwert des Faserverbundwerkstoffes ist abhängig von dem anorganischen Anteil an Matrix. Die typische Materialverteilung bei einem glasfaserverstärkten Kunststoff liegt bei 40 % Glasfasern, 30 % anorganische Füllstoffen und 30 % Harz. Es lässt sich bei der Verbrennung nur der Energiegehalt des Harzes nutzen, somit würden 70 % des Materials als Rückstand verbleiben [55].

2.2.3 Zusammenfassung

Die verfahrenstechnisch einfachste Möglichkeit zur Entsorgung der Rotorblätter ist das Produktrecycling. Durch die Aufarbeitung der Materialien und das Auftragen einer neuen Schutzschicht können die Rotorblätter erneut eingesetzt werden. Allerdings ist dieser Weg durch die schnelle Weiterentwicklung in Technik und Design der Rotorblätter nicht immer möglich. Die Leistung einer Windkraftanlage ist abhängig von dem Rotorblattdurchmesser und somit würde der Einsatz eines kürzeren Flügels auf einer neuen Anlage zu einem Effizienzverlust führen. Die Weiterverwendung in Form eines

Spielplatzes war ein einmaliges Projekt. Dieses Anwendungsfeld weist nur eine geringe Marktgröße auf. Bei der Studie zur architektonischen Weiterverwendung werden Baustoffe für Gestelle von Photovoltaikanlagen ersetzt, was eine deutlich geringere Wertschöpfung des Rotorblattmaterials bedeutet.

Für ein effektives werkstoffliches Recycling von Kunststoffen besteht die Notwendigkeit, dass sortenreine, saubere und stark zerkleinerte Abfälle vorliegen. Bei Rotorblattmaterial bestehen die Probleme in der Materialvielfalt und der aufwendigen Aufbereitung. Durch die Verwendung von Glas- oder Kohlenstofffasern in einer großen Anzahl von Lagen ist das Material sehr fest und stark abrasiv, was zu einem großen Verschleiß führt. Bei der bloßen Zerkleinerung ist das Endprodukt ein Gemisch aus Fasermaterial, Harz und Füllstoff in Form von Kunststoffschaum oder Balsaholz, was anschließend getrennt werden muss. Für ein effektives stoffliches Recycling müssen diese Bestandteile getrennt und materialspezifisch aufbereitet und verwertet werden. Erfolgsversprechenden Ansätze gibt es z. B. im Bereich der Balsaholzverwertung. Ziel der Arbeiten ist eine Abtrennung des Balsaholz für eine stoffliche Verwertung als Dämmstoff [59].

Bei den Verfahren zum rohstofflichen Recycling bilden die Kosten den limitierenden Faktor. Bei der Pyrolyse von Glasfasern im Ofen oder mittels Mikrowellenaufschluss ist der energetische Eintrag zu hoch und die Qualität der Fasern nach dem Verfahren nicht ausreichend, um Primärmaterial zu ersetzen. Versuche wurden bereits in Dänemark gemacht, welche aus finanziellen Gründen eingestellt wurden. Die Pyrolyse von Kohlenstofffasern ist etabliert und kann auf Gurtbereiche aus dem Rotorblatt angewendet werden. Zur Anwendung der Solvolyse bei GFK-Rotorblattmaterialien gibt es derzeit nur Untersuchungen im Labormaßstab, eine großtechnische industrielle Umsetzung ist nicht bekannt.

Es existieren bereits Entsorgungsmöglichkeiten für glasfaserverstärkte Kunststoffe aus anderen Wirtschaftsbereichen wie Automobilindustrie oder Elektrorecycling. Durch die großformatige Schalensandwichbauweise von Rotorblättern mit einer Vielzahl von möglichen Materialkombinationen ist eine einfache Adaption dieser Verfahren aus anderen

Branchen für Rotorblätter problematisch oder meist unwirtschaftlich. Hinzu kommt, dass eine genaue Prognose an Rücklaufmengen aufgrund von unterschiedlichen Laufzeiten der Anlagen oder Verkäufen ins Ausland schwierig ist. Für eine ökologisch und ökonomisch tragbare Verwertung von faserverstärkten Kunststoffen aus Rotorblattmaterialien müssen bestehende Verfahren angepasst und hochwertige Anwendungen der Recyclingmaterialien entwickelt werden.

2.3 Umweltbewertung und -bilanzierung von Kunststoffen

Marc-Andree Wolf

2.3.1 Übersicht

Werkstoff-, Prozess- und Produktentscheidungen wurden im vergangenen Jahrhundert vornehmlich unter technischen und wirtschaftlichen Aspekten getroffen. Die ökologischen Gesichtspunkte konnten nur punktuell integriert werden.

Im Zusammenhang mit dem Begriff „Bilanz" wird man zuerst an die Betriebswirtschaftslehre und die Gegenüberstellung von Einnahmen und Ausgaben, Soll und Ist oder von Kosten und Nutzen denken. Betriebswirtschaftliche Bilanzen dienen als Entscheidungsgrundlage und Steuerungsinstrument und sind in der Regel aufwands- bzw. kostenorientiert.

In dem Instrument der Ökobilanzierung, auch Lebenswegbilanzierung (engl. Life Cycle Assessment – LCA) gennant, und ihrer Erweiterung zur Ganzheitlichen Bilanzierung (engl. Life Cycle Engineering – LCE) oder Nachhaltigkeitsbilanzierung (engl. Life Cycle Sustainability Assessment – LCSA) genannt, liegen inzwischen leistungsstarke und praxiserprobte Werkzeuge für diese Aufgabe vor. Die (umweltliche) Ökobilanzierung ist dabei seit 1997 in der DIN EN ISO 14040 Normenreihe international normiert.

Mit dem International Reference Life Cycle Data System (ILCD) Handbook hat das Joint Research Centre (JRC) der Europäischen Kommission im Jahr 2010 einen umfangreichen Leitfaden für alle Aspekte und Schritte der Ökobilanzierung herausgebracht. Dieser Leitfaden ist konform mit ISO 14040 und 14044, gibt aber wesentlich detailliertere Anleitungen und erhöht damit die Reproduzierbarkeit von Ökobilanzen. PlasticsEurope hat zudem einen auf dem ILCD Handbuch beruhenden, kunststoffspezifischen Leitfaden erarbeitet.

Ebenfalls auf politischer Ebene liegt die Entwicklung des ökologischen Fußabdrucks von Produkten (engl. Product Environmental Footprint – PEF), der auf dem ILCD-Handbuch aufbaut und das Ziel hat die Reproduzierbarkeit von Ergebnissen zu erhöhen, gemeinsam mit produktgruppenspezifischen Leitfäden. Neben einem allgemeinen PEF-Leitfaden wurden von daher 2013 bis Mitte 2018 in einem groß angelegten Pilotprozess unter Einbeziehung von Industrie und anderen Interessengruppen europaweit 19 produktgruppenspezifische Regelwerke erarbeitet (engl. Product Environmental Footprint Category Rules – PEFCR) sowie Referenzergebnisse für die entsprechenden Produktgruppen. Weitere PEFCRs werden seit Ende 2019 in der sog. Transitionsphase entwickelt. Ziel der Kommission ist es, über PEF-Studien für Produkte jedweder Art und über deren gesamten Lebensweg zukünftig vergleichbare und belastbare Umweltleistungskennzahlen im Markt und für Konsumenten zur Verfügung zu haben. Die in dem Pilotprozess umfassten Produktgruppen reichen von Metallblechen über T-Shirts bis hin zu Festplattensystemen in Rechenzenten, aber auch Lebensmittel wie z. B. Wasser in Getränkeflaschen, Olivenöl oder auch Wein.

Die Ökobilanzierung baut auf einer Reihe entscheidender Prinzipien auf, die ihre Stärke und sehr breite Einsetzbarkeit begründen: Die Methode der Ökobilanzierung ist wissenschaftlich basiert, quantitativ, erfasst alle maßgeblichen Umweltwirkungen in konsistenter und integrierter Form, und erlaubt direkte Vergleiche von Optionen auf Basis ihrer technischen Gleichwertigkeit. Sie kann damit im kontinuierlichen Verbesserungsprozess für Produktdesignoptionen ebenso eingesetzt werden wie zum Vergleich konkurrierender, technisch gleichwertiger Produkte oder auch zum Vergleich von Technologien und sogar von strategischen und politischen Optionen.

Ökobilanzierungen von Kunststoffprodukten und -bauteilen werden inzwischen regelmäßig durchgeführt und der Europäische Verband der

Kunststoffhersteller PlasticsEurope unterstützt diese Analysen seit vielen Jahren mit branchenweiten Daten für die wichtigsten ca. 30 Kunststoffe. Die Ökobilanzierung hat maßgeblich dazu beigetragen, die Diskussion um die Umweltauswirkungen von Kunststoffen zu versachlichen und zu einem angemessenen und ausgewogenen Gesamtbild zu kommen. Seit 2012 erarbeitet das JRC auch eigene PEFCR.

Professionelle Ökobilanzsoftwarewerkzeuge mit umfangreichen Hintergrunddatenbanken sind in den letzten 30 Jahren immer weiterentwickelt worden und erlauben die effiziente Durchführung von Studien auch in der Produkt- und Verfahrensentwicklung im industriellen Kontext, ebenso wie Detailanalysen in der wissenschaftlichen Forschung. Eine unabhängige Zusammenstellung und Charakterisierung dieser Softwarewerkzeuge und Datenbanken sowie Dienstleister im Themenfeld Ökobilanzierung findet sich auf den Seiten der „European Platform on Life Cycle Assessment" der Europäischen Kommission: ▶ http://eplca.jrc.ec.europa.eu/ResourceDirectory/.

2.3.2 EU-Politik-Hintergrund

Während der 1990er-Jahre und stärker seit dem Jahr 2000 ist eine neue Art von Politik entwickelt worden, die eine integrierte Sicht auf die Umweltleistung von Produkten über deren gesamten Lebenszyklus nimmt. Allerdings hat das Fehlen von Leitlinien für Lebenszyklusanalysen oft zu unnötigen Abweichungen in den Ergebnissen und Empfehlungen aus Studien geführt. Aufgrund dieser mangelnden Ergebniskonsistenz und einer ebenfalls oft unzureichenden Qualitätssicherung war die Lebenszyklusanalyse – besser bekannt unter dem Namen Ökobilanzierung – nur eingeschränkt in der Politik und im Marktkontext nutzbar.

Mit der Kommunikation zur integrierten Produktpolitik von 2003 (COM (2003) 302) hat die Europäische Kommission einen Meilenstein hin zu mehr spezifischen lebenszyklusbasierten Politikinstrumenten gesetzt. Gleichzeitig hat die Kommission mit Blick auf die genannten Probleme angekündigt, ein Handbuch für gute Praxis in der Ökobilanzierung zu entwickeln, basierend auf dem besten erreichbaren Konsens. Dies war das Mandat für die Entwicklung des ILCD-Handbuches seit 2005. Der Anwendungsbereich des ILCD-Handbuches wurde später auf andere Politikinstrumente mit Lebenswegansatz erweitert:

Lebenszyklusdenken ist von grundlegender Bedeutung in der thematischen Strategie für eine nachhaltige Nutzung der natürlichen Ressourcen (COM (2005) 670) und der thematischen Strategie für Abfallvermeidung und -recycling (COM (2005) 666) und ein wichtiges Element der EU-Abfallrahmenrichtlinie (2008/98/EG). Ökobilanzstudien dienen zudem dazu, die Kriterien für das Umweltzeichen unter dem EU-Umweltzeichen-Verordnung (Verordnung (EG 66/2010)) zu identifizieren und werden zunehmend verwendet, um indirekte Effekte im Rahmen der EMAS III der Verordnung (EG 1221/2009) korrekt zu erfassen. Das Denken in Lebenszyklen ist ebenso von wachsender Bedeutung in der Folgenabschätzung politischer Optionen (Wirkungsanalyse Politik) sowie im Monitoring, um umweltliche Fortschritte hin zu nachhaltigerer Produktion und Konsum zu überwachen (Stichworte Ressourceneffizienz-Monitoring, Decoupling Indikatoren, Beyond-GDP).

Der Aktionsplan der Europäische Kommission für Nachhaltigkeit in Produktion und Verbrauch und für eine nachhaltige Industriepolitik (COM (2008) 397) integriert die oben genannten Richtlinien. Er stärkt den Einsatz von Ökobilanzen und bekräftigt die Notwendigkeit konsistenter Methoden und zuverlässiger Daten.

Die Kommunikation „Ein ressourceneffizientes Europa – Leitinitiative im Rahmen der Europa 2020-Strategie" (COM (2011) 21) bringt diese Entwicklungen auf die nächste Stufe: Diese Kommunikation fördert einen Lebenszyklusansatz, um EU-weit die Umweltauswirkungen von Ressourcennutzung zu verringern. Sie betont erneut die Notwendigkeit, mit einer konsequenten, analytischen Ansatz zu arbeiten. Der Rat der Europäischen Union, in seinen Schlussfolgerungen vom 13. Dezember 2010, in diesem Zusammenhang „ERSUCHT die Kommission und die Mitgliedstaaten, sich weiterhin dafür einzusetzen, dass europäische Ressourcen und Materialien während ihres gesamten Lebenszyklus nachhaltiger genutzt werden …" (…) „… wobei die im Zusammenhang mit dem internationalen Referenzsystem für Lebenszyklusdaten

(International Reference Life Cycle Data System – ILCD) und im Rahmen des UNEP durchgeführten Arbeiten zu berücksichtigen sind".

Die bereits genannte Entwicklung des Product Environmental Footprint (PEF) und des Schwesterprozesses zum Organisation Environmental Footprint (OEF) führt dies weiter. Im Single Market Act und dem Circular Economy Package der Europäischen Kommission haben diese Instrumente daher auch ihren festen Platz. Erste Politikinstrumente, die auf europäischer Ebene auf dem genannten PEF aufbauen, werden für etwa 2021 bis 2022 erwartet.

2.3.3 Ökobilanz in Industrie und Gesellschaft

2.3.3.1 Übersicht

Ökobilanzierung wird in der Industrie seit den späten 1980er-Jahren verwendet. Seine Verwendung durch andere Akteure (z. B. grüne und Verbraucherschutz Nichtregierungsorganisationen) ist jüngeren Datums, nimmt in den letzten Jahren aber stark zu.

Ökobilanzierung hilft Unternehmen und anderen Interessengruppen, fundiertere Entscheidungen zu treffen und unterstützt die öffentliche Kommunikation. Eine Vielzahl von Unternehmen und Verbänden fordern inzwischen die Politik auf, konsequent lebenszyklusbasierte Politiken zu entwickeln.

Anwendungen der Ökobilanzierung in der Praxis umfassen das industrielle Ökodesign, die Erstellung von Umweltproduktdeklarationen und Carbon-Footprints, das Abfallmanagement und andere Bereichen. Ökobilanzen werden zudem erfolgreich eingesetzt, um strategische Fragen zu Umweltauswirkungen und Verbesserungspotenzialen im Zusammenhang mit der Nutzung der natürlichen Ressourcen verlässlicher zu beantworten (Stichwort nachwachsende Rohstoffe vs. Nahrungsmittelproduktion vs. Naturerhalt). Sie wird zudem verwendet, um die Entwicklung von Technologiefamilien (z. B. Brennstoffzellen) zu steuern und um die Umweltverträglichkeit von Produktionsstätten und Unternehmen zu quantifizieren, wobei letztere Anwendung klare Einschränkungen hat, da der klare Bezug zu einem bestimmten Produkt oder Prozess fehlt.

2.3.3.2 Industrie

Anfangs haben vor allem große Unternehmen in den führenden Volkswirtschaften Ökobilanzierung in meist isolierten Projekten verwendet. Im Laufe der Zeit hat sich diese Situation grundlegend geändert: Durch die Zusammenarbeit entlang der Zuliefererkette und als Folge der Anforderungen seitens der Konsumenten und von Geschäftskunden wird Ökobilanzierung inzwischen in einer Vielzahl von Branchen eingesetzt und in gewissem Umfang auch in kleineren Unternehmen. Die Zahl der Länder, in denen Ökobilanzierung zumindest von einigen Unternehmen eingesetzt wird, hat ebenfalls erheblich zugenommen.

In größeren Unternehmen arbeiten inzwischen oft In-House-Experten oder -Expertenteams und der Ansatz wird zunehmend in die Produktentwicklung integriert. Es ist davon auszugehen, dass ein erheblicher oder gar der größere Anteil an Ökobilanzstudien innerhalb oder im Auftrag der Industrie erarbeitet wird, um die interne Entscheidungsfindung zu unterstützen, und daher nie veröffentlicht wird. Neben der Ebene einzelner Unternehmen wird Ökobilanzierung auch auf Verbandsebene genutzt, insbesondere in Form von Ökobilanzdatenbank Entwicklungen[1].

1　Beispiele beinhalten die Ökobilanzdatenbanken der folgenden Verbände, die über die European Reference Life Cycle Database (ELCD) seitens des Joint Research Centre der Europäischen Kommission veröffentlicht wurden: Alliance for Beverage Cartons and the Environment (ACE), Association of Plastics Manufacturers (PlasticsEurope), Confederation of European Waste-to-Energy plants (CEWEP), European Aluminium Association (EAA), European Cement Association (CEMBUREAU), European Confederation of Iron and Steel Industries (EUROFER), European Copper Institute (ECI), European Federation of Corrugated Board Manufacturers (FEFCO), Industrial Minerals Association Europe (IMA-Europe), International Zinc Association (IZA), Lead Development Association International (LDAI), Fertiliser Manufacturers Association (EFMA), The European Container Glass Federation (FEVE), sowie The Voice of the European Gypsum Industry (EUROGYPSUM). Weitere Verbände sind in Vorbereitung, Datensätze bereitzustellen. Quelle
► http://lct.jrc.ec.europa.eu/assessment/partners und
► http://lca.jrc.ec.europa.eu/lcainfohub/datasetCategories.vm.

Die Palette der Ökobilanzanwendungen in der Industrie ist ebenfalls stark erweitert worden. Ursprünglich war der Hauptzweck in der Regel, zu einem besseren Verständnis der Zuliefererketten zu kommen und quantitative Informationen über produktbezogene Umweltauswirkungen zu erhalten, ohne dabei spezielle Anwendungen oder Kommunikationswege zum Ziel zu haben. Inzwischen werden Ökobilanzen verwendet, um über spezielle Produktentscheidungen zu informieren und um Kunden, Konsumenten und die Politik entsprechend zu informieren. Strategische Studien zu Rohstoffbasen (Stichwort „Biobasierte Gesellschaft") und Technologiealternativen (z. B. Diesel vs. Benzin vs. Brennstoffzelle) sind seit etwa dem Jahr 2000 ein zunehmend wichtiger Anwendungsbereich. Ökobilanzen werden letztlich auch zur Erfassung und Überwachung der Umweltleistung von Unternehmen eingesetzt, z. B. um die indirekten Effekte im Rahmen der EMAS Verordnung („Gemeinschaftssystem für das Umweltmanagement und die Umweltbetriebsprüfung") korrekt zu erfassen.

In Kurzform: Ökobilanzen helfen Unternehmen, die gesamten Umweltauswirkungen von Optionen zu quantifizieren und zu fundierteren Entscheidungen zu kommen. Die Ökobilanzierung – wiewohl sie kein Ersatz für die Entscheidungsfindung sein kann – unterstützt Entscheidungsträger maßgeblich. Gleichzeitig ist die Ökobilanzierung selbstverständlich kein Allheilmittel, sondern ergänzt andere Instrumente der umweltlichen Bewertung (z. B. Risikobewertung, Einhaltung von Bestimmungen zu Emissionsgrenzwerten, usw.).

2.3.3.2.1 Kunststoffe

Kunststoffprodukte gehören mit zu den ersten Produkten die ökobilanziell untersucht wurden. Bereits Ende der 1980er-Jahre wurden Verpackungen und bald darauf Automobilbauteile analysiert. Der Verband der Kunststoffhersteller in Europa PlasticsEurope (damals noch unter dem Namen APME) hat bereits Anfang der 1990er-Jahre begonnen, branchenweite Durchschnittsdaten der Herstellung der wichtigsten Polymere zu erheben und öffentlich für Studien von Kunststoffprodukten bereitzustellen. Seit den Zeiten des Internets sind diese Daten auf den Webseiten des Verbandes verfügbar, seit 2007

sind sie zudem in der vom Joint Research Centre (JRC) der Europäischen Kommission veröffentlichten European Reference Life Cycle Database (ELCD) vorhanden, seit Mitte 2018 erfolgt die Veröffentlichung der Datensätze direkt über Onlinedatenbanken bei den Verbänden. Die aktualisierten Datensätze von PlasticsEurope sind in 2017 Teil der offizellen Environmental-Footprint-Datenbank der Europäischen Kommission geworden, über eine Zusammenarbeit mit dem Datenbankentwickler thinkstep (ehemals PE International). Auch die Datensätze einer Anzahl anderer Industrieverbände sind darin enthalten.

Auch praktisch alle großen Kunststoffproduzenten in Deutschland und die wichtigen Hersteller europaweit, in den USA und Japan haben interne Experten oder Arbeitsgruppen, die Ökobilanzdaten erheben und Studien zu Kunststoffanwendungen erarbeiten. Die wichtigsten Markttreiber sind die Kunststoffanwendungen im Baubereich, sowie im Verpackungsbereich und der Automobilindustrie.

Exemplarisch für die Vielzahl an Ökobilanzstudien zu Kunststoffen und Kunststoffprodukten sei hier eine Metastudie genannt, die ihrerseits Referenzen zu vielen spezifischen Studien enthält: „Life Cycle Assessment of PVC and of principal competing materials" wurde 2004 im Auftrag des Generaldirektorats „Unternehmen und Industrie" der Europäischen Kommission erstellt. Ziel war es eine fundierte umweltliche Grundlage zu haben, um eine Gesetzgebung zu PVC als Material zu informieren und um Informationslücken aufzuzeigen. Diese Studie zeigt – auf Basis der etwa 100 bereits seinerzeit öffentlich verfügbaren Studien zu Produkten aus PVC und Konkurrenzprodukten aus anderen Materialien – dass eine pauschale umweltliche Bewertung nur auf Ebene der speziellen Produkte möglich ist. Ebenso wie es keine technisch pauschal „guten" und „schlechten" Materialien gibt, gibt es auch keine umweltlich pauschal „guten" und „schlechten" Materialien: Materialien haben ihre umweltlichen Vorteile im Kontext der individuellen Produkte, da die umweltlich oft sehr bedeutsame Produktnutzungsphase und das Recycling produktspezifisch sind und das umweltliche Verhalten wiederum ebenfalls produktspezifisch vom Material abhängt.

Die genannte Metastudie hat zudem als Nebenergebnis gezeigt, dass es oft erneute Studien zu denselben Fragestellungen oder Produktgruppen gab, die in vielen Fällen zu konträren Ergebnissen kamen. Die Gründe hierfür waren einerseits Studien geringer Qualität (aufgrund mangelndem methodischen Verständnis/Erfahrung oder mangelndem Zugang zu guten Daten), andererseits eine unterschiedliche Interpretation der methodischen Vorgaben der ISO 14040ff. Diese beiden Einsichten haben erneut bestätigt, dass eine systematische Nutzung der Ökobilanzierung im Politikkontext Leitfäden für bessere Reproduzierbarkeit sowie Qualitätssicherung benötigt.

Anwendungsbeispiel (Forschung)

Energie- und Umwelteffizienz von CFK-Fertigungsprozessketten
Quantifizierung unterschiedlicher Optimierungsmaßnahmen
Seit Ende 2013 untersuchten die Fraunhofer-Einrichtung für Gießerei-, Composite- und Verarbeitungstechnik IGCV und das Fraunhofer-Institut für Bauphysik IBP – Abteilung Ganzheitliche Bilanzierung sowie das Management des Spitzenclusters MAI Carbon die Umweltwirkung unterschiedlicher CFK-Fertigungsprozessketten. Ziele des mittlerweile abgeschlossenen Projekts MAI Enviro waren:
- Schaffung von Transparenz zwischen den einzelnen Fertigungsprozessschritten,
- Identifikation der Haupteinflussgrößen bzw. der größten ökologischen Stellhebel,
- Ermittlung des ökologischen Optimierungspotenzials in der Herstellung von CFK-Strukturen.

Nach nun knapp dreieinhalb Jahren intensiver Arbeit sind für zehn Fertigungsprozessketten belastbare Datensätze für eine ökobilanzielle Bewertung verfügbar. Für jede Prozessroute wurde der Einfluss von bis zu 26 Produktionsparametern auf die Energie- und Umweltbilanz

untersucht. Sowohl für duroplastbasierte als auch für thermoplastbasierte CFK-Strukturen wurden sechs Optimierungsmaßnahmen quantifiziert und in vier übergeordneten Varianten zusammengefasst. Alle Ergebnisse wurden in einem Leitfaden publiziert, welcher beim Carbon Composites e. V. erhältlich ist. Datensätze sind als GaBi-Datenbank per Lizenz erhältlich.
Ausführlich siehe in: Hohmann et al. (2017) Energie- und Umwelteffizienz von CFK-Fertigungsprozessketten. In: WAK Jahresmagazin Kunststofftechnik 2017, Seite 36–39.

2.3.3.3 Marktumfeld, andere Akteure
Ökobilanzen werden zunehmend im Marktkontext eingesetzt. Hierzu zählt die Kommunikation der Industrie mit Geschäftskunden (z. B. mittels Umweltproduktdeklarationen, die insbesondere im Bereich der Bauindustrie eine wichtige Rolle spielen[2]). Ferner hat die Nutzung in der Kommunikation mit den Verbrauchern stark zugenommen (wie die wachsende Anzahl an lebenszyklusbasierten Carbon Footprint Labels belegt). Die Kommunikation mit Regierungsstellen hat ebenfalls zugenommen (z. B. im Rahmen der Konsultierung der interessierten Kreise bei Gesetzgebungsinitiativen und in Zusammenhang mit der Entwicklung von Umweltproduktkennzeichnungen).

Eine Reihe von grünen NGOs und Verbraucherschutz-NGOs nutzen inzwischen lebenszyklusbasierte Studien in ihrer Argumentation. Beispiele hierfür sind Publikationen und Eingaben im Kontext von Konsultierungen durch das European Environmental Bureau (EEB) als Dachorganisation von vielen europäischen grünen NGO und der European Consumer's Organization (BEUC) als Dachverband vieler europäischer Verbraucherschutz-NGO[3].

---

2   In Deutschland siehe z. B. die Webseiten der 2007 gegründeten Deutschen Gesellschaft für Nachhaltiges Bauen (DGNB e. V.) mit inzwischen über 1000 Unternehmen als Mitglied, unter ▶ www.dgnb.de.

3   Z. B. PAPER CRITERIA FOR THE EU ECOLABEL – EEB AND BEUC COMMENTS AFTER THE 4TH WORKING GROUP MEETING (13.04.2010) (▶ http://www.eeb.org/?LinkServID=3E527DB4-A82A-388D-BD8B7F465763CE33&showMeta=0) und weitere Dokumente unter ▶ www.eeb.org.

2.3.4 Normierung und Leitfäden

2.3.4.1 Relevante ISO-Normen

Ein erster „Code of Practice" für Öko-bilanzierung wurde von Arbeitsgruppen unter der „Society of Environmental Toxicology and Chemistry" (SETAC) in den frühen 1990er-Jahren entwickelt. Die Bedeutung der Ökobilanzierung wurde durch internationale Normierung in Form der DIN EN ISO 14040-Reihe im Jahr 1997 verstärkt. Die bisher letzte Revision im Jahr 2006 führte zu den beiden Kernnormen DIN EN ISO 14040 und 14044. Eine Reihe von anderen ISO Normen stützt sich auf 14040 und 14044: DIN EN ISO 14020:2001 (Umweltkennzeichnungen und -deklarationen – Allgemeine Grundsätze), DIN EN ISO 14021:2001 Umweltkennzeichnungen und -deklarationen – Umweltbezogene Anbietererklärungen (Umweltkennzeichnung Typ II), ISO 14024:2001 (Umweltmanagement und-deklarationen – Typ-I-Umweltkennzeichnung – Grundsätze und Verfahren), ISO 14025:2006 (Umweltmanagement und-deklarationen – Typ III Umweltdeklarationen – Grundsätze und Verfahren) und zum Beispiel ISO/DIS 14067:2017 (überarbeiteter Entwurf der Fassung von 2014)7 für einen Kohlenstoff-Fußabdruck, ISO 14046:2014 für einen Wasser-Fußabdruck, oder auch ISO 14063:2010 für die externe Kommunikation von umweltbezogenen Informationen. Als Beispiel für etwas spezifischere themenspezifische Standards sei noch die EN 15804 zu Bauprodukten genannt, die sich an ISO, ILCD und PEF orientiert und eine wichtige Referenz für die Baubranche ist.

Während die ISO- und EN-Normen eine unverzichtbare Grundlage für Ökobilanzen sind, garantieren sie alleine meist nicht die notwendige Reproduzierbarkeit und Qualitätssicherung, wie die schon genannte relevante Anzahl an ISO-konformen, aber vom Ergebnis her widersprüchlichen, Studien zeigen.

2.3.4.2 ILCD-Handbuch

Seit der Neuauflage der DIN EN ISO-Norm 14040 und Zusammenfassung von DIN EN ISO 14041, 14042 und 14043 zur neuen DIN EN ISO 14044 in 2006 gab es wichtige Weiterentwicklungen auf dem Weg, das Instrument Ökobilanzierung für die Anwendung im Politik- und Marktkontext zu

stärken: Das International Reference Life Cycle Data System (ILCD)Handbook spezifiziert und komplettiert die allgemeineren und sehr knapp gehaltenen Bestimmungen der ISO-Normen 14040 und 14044 für Ökobilanzierung. Kurz gesagt bietet dieses Handbuch die Grundlage für konsistente, robuste und qualitätsgesicherte Ökobilanzstudien, wie sie in einem politischen und Marktumfeld erforderlich sind. Die erste Ausgabe des ILCD-Handbuchs wurde im März 2010 durch den EU-Kommissar für Umwelt, Janez Potočnik vorgestellt.

Das ILCD-Handbuch ist eine Reihe von Leitfäden für alle Aspekte der Ökobilanzierung und für alle Arten von Fragestellungen und Studienobjekten. Das ILCD-Handbuch umfasst die folgenden Dokumente:

- ILCD Handbook – General guide for Life Cycle Assessment – Detailed guidance
- ILCD Handbook – General guide for Life Cycle Assessment – Provisions and Action Steps
- ILCD Handbook – Specific guide for Life Cycle Inventory data sets
- ILCD Handbook – Recommendations based on existing environmental impact assessment models and factors for Life Cycle Assessment in a European context
- ILCD Handbook – Framework and requirements for Life Cycle Impact Assessment models and indicators
- ILCD Handbook – Review schemes for Life Cycle Assessment
- ILCD Handbook – Reviewer qualification for Life Cycle Inventory data sets
- ILCD Handbook – Review scope, methods and documentation (in Entwicklung)
- ILCD Handbook – Nomenclature and other conventions
- ILCD Handbook – Terminology (in Entwicklung)

Weitere technische Informationen und kostenfreier Zugang zu den ILCD-Handbuch-Dokumenten sowie allen unterstützenden Dokumenten, Vorlagen und Softwareinstrumenten finden sich auf ▶ http://eplca.jrc.ec.europa.eu/?page_id=86 und referenzierten Seiten.

Das Kerndokument des ILCD-Handbuchs für Ökobilanzstudien ist der erstgenannte „General Guide". Es umfasst den Großteil der methodischen und anderen Vorgaben und verweist fallweise auf die anderen Dokumente. Die methodischen Vorgaben sind dabei dreifach differenziert:

- Zum Ersten für die Analyse und den Vergleich von Produktfragen und andere Fragen auf Mikroebene einschließlich auf betrieblicher oder Standortebene,
- zum Zweiten für strategische Studien auf gesellschaftlicher Ebene und andere Fragen auf Makroebene und
- zum Dritten für Monitoring-Anwendungen.

Ziel des ILCD-Handbuches ist die umfassende Behandlung aller Aspekte und Anwendungen. Daher ist es sehr generisch. Für spezielle Arten von Studien und Prozesstypen sind daher spezielle Beispiele und ausgearbeitete, vom ILCD-Handbuch abgeleitete Anleitungen hilfreich. Das ILCD-Handbook dient daher auch als „Eltern"-Dokument für die Entwicklung von anwendungsspezifischen, branchen- und produktspezifischen Leitfäden und die damit verbundenen Softwarewerkzeuge. Solche spezifischen Leitfäden und insbesondere Software, die keinen Ökobilanzexperten zur Bedienung benötigt, werden als die am besten geeigneten Lösungen für tagtägliche Entscheidungsunterstützung in Routinestudien gesehen, einschließlich der Verwendung in kleinen und mittleren Unternehmen (KMU). Solche spezifischen Leitfäden können von jeder Organisation entwickelt werden – bei Erfüllung der ILCD-Handbuch-Anforderungen, einschließlich eines qualifizierten und unabhängigen Reviews, ergänzen sie das ILCD Handbook.

2.3.4.3 Product Environmental Footprint-(PEF)-Leitfaden

Der eingangs erwähnte PEF-Leitfaden der Europäischen Kommission (letzte Fassung von 2019) ist Basis einer wachsenden Anzahl an produktgruppenspezifischen Leitfäden, die unter aktiver Industriebeteiligung und zumeist auch -leitung seit 2013 entwickelt und erprobt worden sind. Informationen über Produktgruppen, für die es derartige spezifische Leitfäden gibt, sowie über andere Weiterentwicklungen finden sich hier unter der Single Market for Green Products Initiative der Europäischen Kommission: ▶ http:// ec.europa.eu/environment/eussd/smgp/index.htm.

2.3.4.4 Ökobilanzierung von Kunststoffen

Grundsätzlich gibt es keine Besonderheiten für die Ökobilanzierung von Kunststoffen und Kunststoffprodukten, verglichen mit anderen Materialien.

Von besonderem Interesse für die Ökobilanzierung von Kunststoffen selbst ist allerdings der auf dem ILCD-Handbuch aufbauende Leitfaden von PlasticsEurope, mit dem Titel „Eco-Profiles and Environmental Declarations of the European Plastics Manufacturers". Dieser Leitfaden bezieht sich auf nicht compoundierte Polymerharze und reaktive Polymervorprodukte. Der Leitfaden leitet spezifische Regeln für diese Arten von Produkten ab bzw. für die Prozesse, über die diese produziert werden. Für Details verweist der Leitfaden auf das ILCD-Handbuch und bis 2020 auf einen Leitfaden der EU-Kommission.

2.3.5 Methodik der Ökobilanzierung

2.3.5.1 Übersicht und Prinzipien der Ökobilanzierung

2.3.5.1.1 Prinzipien der Ökobilanzierung

Im Laufe ihres Lebensweges sind Produkte (Waren und Dienstleistungen) nicht nur funktionell wertvoll für uns, sondern sie tragen auch zu den verschiedenen Umweltbelastungen bei und erschöpfen fossile und erneuerbare Ressourcen (◘ Abb. 2.17). Die Methode der Ökobilanzierung ist ursprünglich entwickelt worden, um diese Belastungen aufgrund Emissionen und Ressourcenverbräuchen von Produkten über ihren gesamten Lebenszyklus und die damit verbundenen Auswirkungen auf die Umwelt, die menschliche Gesundheit und die zukünftige Ressourcenverfügbarkeit zu quantifizieren und zu bewerten.

Die Stärke der Ökobilanzierung liegt dabei in der einzigartigen Kombination ihrer Prinzipien:

- Erstens bringt die Ökobilanzierung ein breites Spektrum von Umweltproblemen in einen integrierten Bewertungsrahmen. Zu diesen Umweltproblemen gehören der Klimawandel, toxische Effekte von Emissionen auf Menschen und Ökosysteme, saurer Regen, Sommersmog, Material-, Land- und Energie-Ressourcenverbrauch und eine Reihe

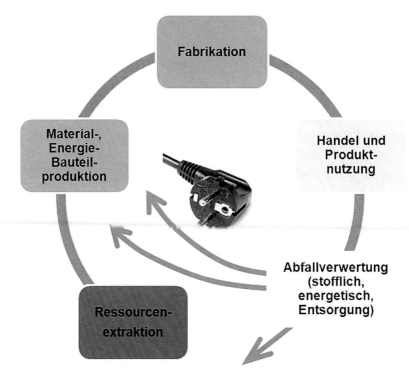

◘ Abb. 2.17   Lebensweg von Produkten, schematisch

andere. Diese integrierte Betrachtung hilft, eine pure Verlagerung von einem Umweltproblem auf andere zu vermeiden,

— Zweitens erfasst die Ökobilanzierung diese Umweltprobleme in einer wissenschaftlichen und quantitativen Weise. Durch Inventarisierung der Menge der diversen Emissionen und Ressourcenverbräuche ermöglicht sie eine absolute Analyse und erlaubt ein Monitoring der Umweltleistungen über die Zeit. Subjektive Elemente können weitgehend ausgeschlossen werden und werden andernfalls transparent gemacht und systematisch in die Auswertung der Ergebnisse einbezogen.

— Das dritte Prinzip ist, dass die Ökobilanzierung diese umweltlichen Belastungen und Schadenspotenziale auf ein bestimmtes definiertes System menschlicher Aktivitäten bezieht, wobei dieses System ein Gut sein kann, eine Dienstleistung, ein Unternehmen, eine Technologiestrategie, ein Land (als Summe aller erzeugten oder konsumierten menschlichen Aktivitäten) und andere.

— Gemäß des vierten Prinzips integriert eine Ökobilanz die Ressourcenverbräuche und

Emissionen über den gesamten Lebenszyklus des analysierten Systems, d. h. von der Ressourcengewinnung über die Material- und Energieträgerbereitstellung zur weiteren Verarbeitung sowie die Herstellung, Verteilung und Nutzung von Gütern bis zum Recycling/Verwertung und der Entsorgung aller nicht verwerteten Abfälle. Dies hilft eine andere Form von Problemverlagerung zu vermeiden: die Verlagerung entlang des Lebenszyklus. Andernfalls kann eine umweltliche Verbesserung bei der Produktion leicht zu einer schlechteren Performance während der Produktnutzung führen oder zu erhöhten Umweltbelastungen im Recycling oder bei der Abfallbehandlung und -entsorgung.

— Das fünfte Prinzip der Ökobilanzierung ist, dass sie Vergleiche der Umweltleistung der verschiedenen Systeme/Optionen strikt auf der Basis der technischen Gleichwertigkeit vornimmt. Dies wird durch den Vergleich alternativer Optionen ausschließlich auf der Grundlage ihrer sogenannten „funktionellen Einheit" erreicht. Die funktionelle Einheit ist die genaue, qualitative und quantitative Beschreibung der Funktion(en), die das analysierte System (z. B. ein Produkt) zur Verfügung stellt. Das heißt „was" es tut, „wie viel (die Menge)" Funktion es liefert, und „wie gut" und „wie lange" es dies tut. In andersartigen Vergleichen, die die funktionelle Gleichwertigkeit nicht berücksichtigen, wird oft ein Produkt oder eine Technologie, die weniger Funktionen oder weniger gute Funktionen bietet, im Vergleich zu seinen Konkurrenten unrichtigerweise umweltlich besser erscheinen. Die Ökobilanz erlaubt demnach faire Vergleiche.

2.3.5.1.1 Übersicht über die Methodik der Ökobilanzierung

Jede Ökobilanz muss, wie auch in ◘ Abb. 2.18 dargestellt, die Festlegung des Zieles, die Ableitung des Untersuchungsrahmens einschließlich der geeigneten spezifischen methodischen Vorgaben, die Sachbilanz (Datenerhebung), die Wirkungsabschätzung (Wirkung der erhobenen Sachbilanzdaten auf die Umwelt, den Menschen und zukünftige Ressourcenverfügbarkeit) und die Auswertung der Ergebnisse (Interpretation, Schlussfolgerungen, Einschränkungen) enthalten. Weitere wichtige Phasen sind die Dokumentation der Studie (die ein studienbegleitendes Ergebnis aller anderen Phasen ist) sowie eine bevorzugt unabhängige, externe kritische Prüfung der Studie, sofern es sich nicht um eine interne Studie handelt, wo oft auf ein formales Review verzichtet wird.

Anwendungen von Ökobilanzen, wie die in ◘ Abb. 2.18 angegebenen Beispiele, liegen außerhalb des Anwendungsbereiches der internationalen Normung und des ILCD-Handbuches, sollten aber stets auf ISO-, ILCD- oder PEF-konformen Ökobilanzstudien und/oder -daten aufbauen.

Die folgenden Kapitel skizzieren die Schritte der Ökobilanzierung. Sie sind bewusst knapp gehalten und haben keinen Anspruch auf Vollständigkeit, sondern dienen einer ersten Übersicht. Sie können und wollen weder die relevanten ISO-Normen noch das Arbeiten mit dem ILCD-Handbuch, dem PEF-Leitfaden oder mit produktgruppenspezifischen Leitfäden ersetzen.

Wichtig ist zudem die Erkenntnis, dass Ökobilanzstudien iterativ sind: Auf Basis anfänglich verfügbarer Informationen wird ein vereinfachtes Lebenswegmodell erstellt. Dieses zeigt auf, welche Teile des Lebensweges, Prozessschritte und Emissionen die höchste Relevanz haben. Es hilft zudem Lücken abzuschätzen und hilft so den Aufwand für die Arbeiten auf das Wesentliche zu fokussieren. Zwei bis drei Iterationen sind dabei üblicherweise anzusetzen, es sei denn, derartige Erkenntnisse sind in produktgruppenspezifischen Leitfäden bereits berücksichtigt.

Spezifische Leitfäden und vereinfachte Ökobilanzsoftware (oft auch Ökodesignsoftware genannt) können den Aufwand für Ökobilanzstudien entscheidend reduzieren. Insbesondere

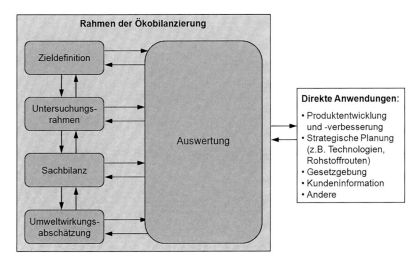

◘ **Abb. 2.18**   Phasen der Ökobilanzierung. Nicht dargestellt sind Dokumentation und Review. (Aus [60] übersetzt)

Software, die auf spezielle Produktgruppen und Fragestellungen zugeschnitten ist, kann von Produktingenieuren auch ohne echte Kenntnis der Ökobilanzierung bedient werden. Entscheidend dafür, dass diese Software dennoch verlässliche Ergebnisse liefern kann, ist, dass sie ISO- oder besser ILCD- oder PEF-konform ist, und insbesondere auf eine hinreichend enge und homogene Produktgruppe zugeschnitten ist sowie methodische Fehlbedienungen über enge Vorgaben ausschließt. Allgemein anwendbare, sog. „streamlined" Ökobilanzsoftware ist grundsätzlich nicht geeignet, verlässliche Ergebnisse zu liefern, da Vereinfachungen nur auf Ebene homogener und hinreichend enger Produktgruppen sinnvoll sind.

2.3.5.2 Zieldefinition

Der erste Schritt, der gleichzeitig auch die Weichen für den weiteren Verlauf der Arbeiten stellt, ist die Zieldefinition. Bestimmte Randbedingungen werden erst transparent, wenn Erkenntnisinteresse und Aufgabe klar formuliert sind. Gleiches gilt für eine Reihe von Aspekten des Untersuchungsrahmens, z. B. die speziell anzuwendende Methodikvariante, Reviewanforderungen usw., die im folgenden Schritt aus der Zieldefinition abgeleitet werden.

Inhalt der Zieldefinition ist es, folgende Punkte zu dokumentieren:
- Erkenntnisinteresse
- Gründe für die Durchführung der Studie
- Zielgruppe (z. B. intern/extern/öffentlich, technische oder nichttechnische Adressaten)
- Art der Fragestellung (z. B. vergleichende Ökobilanzstudie, Schwachstellenanalyse oder beschreibende Sachbilanzstudie)

Es empfiehlt sich, diesem Punkt angemessene Aufmerksamkeit zu widmen und ihn vom Beginn der Studie in eine eventuell durchzuführende kritische Prüfung einzubeziehen, da falsch aufgesetzte Studien am Ende praktisch eine komplette Neubearbeitung erfordern können, wie die Erfahrung zeigt.

2.3.5.3 Untersuchungsrahmen

Der Untersuchungsrahmen wird in DIN EN ISO 14044 gemeinsam mit der Zieldefinition behandelt. Da er aber von der Zieldefinition abgeleitet werden muss, wird er im ILCD-Handbuch als eigene Studienphase behandelt. Die Arbeiten zum Untersuchungsrahmen beinhalten unter anderem folgende Teile:
- Beschreibung des Systems, z. B. der spezifischen zu vergleichenden Produktalternativen
- Festlegung der funktionellen Einheit, d. h. was genau ist das Untersuchungsobjekt und was leistet es
- Festlegung der Systemgrenzen, d. h. welche Lebenswegschritte einzubeziehen sind und welche Aktivitäten/Prozesse mangels Relevanz weggelassen werden können usw.
- Anforderungen an die erforderliche Datenqualität, um die in der Zieldefinition genannten Fragen verlässlich beantworten zu können
- Dokumentation und Erläuterung getroffener Annahmen
- Lebenswegmodell und Behandlung von Prozessen mit mehreren Funktionen/Koppelprodukten (d. h. Festlegung der anzuwendenden Substitutions- und/oder Allokationsmethoden und Regeln)
- Auswahl der Wirkkategorien und vorgesehenen Methoden zur Wirkungsabschätzung
- Auswahl von Normierungs- und Gewichtungsfaktoren, falls anzuwenden, um die unterschiedlichen Umweltwirkungen zu einer einzigen Umwelteffektzahl zusammenfassen zu können
- Bestimmung der Anforderungen an eine kritische Prüfung. Diese sind strikter für zur Veröffentlichung vorgesehene Studien und nochmals strikter für vergleichende Studien, die die umweltliche Vorteilhaftigkeit oder Gleichwertigkeit von alternativen Optionen (z. B. konkurrierenden Produkten) feststellen sollen.

Im Folgenden werden einige Kernaspekte der Elemente des Untersuchungsrahmens näher erläutert.

2.3.5.3.1 Funktionelle Einheit

Die bereits in dem Kapitel zu den Prinzipien der Ökobilanzierung kurz erläuterte funktionelle Einheit kennzeichnet die Funktion des betrachteten Produktes und dessen technische Leistungsfähigkeit. Gleichzeitig dient die funktionelle Einheit als Bezugseinheit für die ermittelten Umwelteinwirkungen. Sie gewährt die Vergleichbarkeit der Ökobilanzergebnisse verschiedener, technisch vergleichbarer Produkte oder andersartiger Alternativen (z. B. Dienstleistungen, die dieselbe Funktion erfüllen). Neben Gütern kann die funktionelle Einheit demnach auch Dienstleistungen, Unternehmensstandorte, und andere Systeme charakterisieren.

2.3.5.3.2 Systemgrenzen

Die Festlegung der Systemgrenzen hat vier wesentliche Aspekte:
- die einzubeziehenden Lebenswegabschnitte (z. B. wird für die Bereitstellung eines ABS-Granulat-Produktionsdatensatzes die folgende Nutzungsphase und das Abfallmanagement sowie Recycling des Materials nicht einbezogen).
- die Frage, wie der Lebensweg des untersuchten Systems modelliert werden soll (z. B. beschreibend oder die indirekten Konsequenzen der analysierten Entscheidungen abbildend)
- die methodische Behandlung von Co-Funktionen und Koppelprodukten, die gemeinsam mit dem analysierten Produkt in einem gemeinsamen Prozess erzeugt werden, sowie
- die Bestimmung der Abschneidekriterien, die generisch festlegen, welche individuellen Prozesse (d. h. Aktivitäten und damit verbundene Güter und Dienstleistungen) aufgrund ihrer quantitativen umweltlichen Relevanz im Detail erfasst werden müssen, bzw. alle anderen Prozesse, die mangels Relevanz nicht betrachtet werden (müssen).

Die drei letztgenannten Aspekte sollen im Folgenden kurz erläutert werden – sie sind die zwischen Experten am meisten umstrittenen Methodenaspekte der Ökobilanz. Es kann vermutet werden, dass sie selbst bei hochqualitativen, ISO-konformen Ökobilanzen den größten Beitrag zu abweichenden Ergebnissen gleichartiger Studien verschiedener Experten(gruppen) liefern. Das „ILCD Handbook – General Guide for LCA – Detailed Guidance" widmet demnach diesen Aspekten einen größeren Raum.

Hinweis: Die in diesem Schritt – abhängig von der Art der Studie – festgelegten methodischen Verfahren werden erst in der noch folgenden Sachbilanz angewandt.

- **Lebenswegmodell**

Während das physische und ökonomische Lebenswegmodell eindeutig sind bzw. zumindest eindeutig nachvollziehbar sind, kann die Fragestellung einer Ökobilanz ein abweichendes Modell erfordern. Der Hauptaspekt hierbei ist die Frage von Konsequenzen untersuchter Optionen. Dies gilt für Designalternativen, Produktvergleiche, Analyse von Technologie oder Politikoptionen. Grundsätzlich liegt das Interesse der meisten Ökobilanzstudien darin, soweit möglich, den Effekt einer Entscheidung für eine Option gegenüber anderen Optionen zu quantifizieren.

„Klassische" Ökobilanzierung beschreibt den Lebensweg entlang der bestehenden Zuliefererkette, adressiert daher nicht explizit die Konsequenzen von Entscheidungen. Erste Methodenentwicklungen in Richtung einer entscheidungsorientierten Modellierung gehen dahin, aus der Entscheidung für z. B. eine Materialalternative (z. B. ABS vs. PC) direkt einen effektiv gestiegenen Bedarf des bevorzugten Materials abzuleiten und anzunehmen, dass dieses Material ausschließlich von zusätzlich in Betrieb genommenen Anlagen/Technologien stammt (d. h. der „marginalen Technologie" im Markt). In der Realität greifen allerdings eine Vielzahl von Mechanismen im Markt, Konsum, Politik, die diesen vereinfachten, theoretischen Effekt meist stark reduzieren, aber in manchen Fällen auch verstärken können. Das mangelnde genaue Verständnis der tatsächlichen Konsequenzen und die mangelnde Verfügbarkeit relevanter Daten sowie ein damit verbundener Verlust robuster Ergebnisse und reduzierte Praxisakzeptanz solch simplifizierter Methoden, schränken den Nutzwert solcher Methoden stark ein. Es wird vielfach argumentiert, dass die tatsächlichen Konsequenzen in Fällen von Fragen auf Produkt- und Unternehmensebene gering sind und daher die herkömmliche beschreibende, durchschnittliche Modellierung den Sachverhalt besser erfasst.

Daher sieht das ILCD-Handbuch solche marginalen Lebenswegmodelle ausschließlich für Studien vor, die weitreichende strategische Alternativen (z. B. Politikoptionen) analysieren, in denen massive Auswirkungen auf die Produktionsverfahren stattfinden. Zudem sieht das ILCD-Handbuch für diese „Macro Level"-Studien die zusätzliche Einbeziehung der wichtigsten bremsenden bzw. verstärkenden Mechanismen vor. Studien auf Produkt-, Standort-, oder Unternehmensebene sind als „Micro Level"-Studien demnach grundsätzlich mit einem beschreibenden (klassischen) Lebenswegmodell abzubilden.

Nichtsdestotrotz wird es je nach Fragestellung hilfreich sein, Varianten des Kernmodells zu analysieren (z. B. verschiedene Technologieszenarien der zukünftigen Strombereitstellung), um die Belastbarkeit des Ergebnisses zu überprüfen.

- **Multifunktionelle Prozesse**

Multifunktionelle Prozesse sind Prozesse, die mehrere Produkte (oder andere Funktionen) haben. Neben klassischen Fällen von Koppelproduktion und multifunktionellen Produkten sind dies auch gemischte Dienstleistungen, z. B. der gemeinsame Transport verschiedener Güter oder die gemeinsame Verbrennung verschiedener Abfälle.

Als Vorbereitung für die spätere Planung der Datenaufnahme und Modellierung sind die Regeln festzulegen, nach denen multifunktionelle Prozesse behandelt werden.

Um Daten der analysierten Produkte frei zu schneiden, soll laut ISO und ILCD dabei die Datenaufnahme auf der Ebene derjenigen einzelnen Prozessschritte (Prozessmodule) vorgenommen werden, die für das analysierte Produkt tatsächlich benötigt werden.

Oft ist es aber nicht möglich so den Lebensweg des analysierten Produktes zu isolieren, insbesondere wenn ein einzelner, nicht weiter unterteilbarer Prozessschritt (z. B. ein Synthesereaktor oder ein Verbrennungsofen) mehrere Produkte/Funktionen hat. Es gilt dann, diejenigen Teile des Prozesses dem analysierten Produkt zuzuweisen, die diesem zuzuordnen sind. In Reflexion der Zieldefinition sowie den Aspekten Datenverfügbarkeit und Robustheit des Lebenswegmodelles ist der nächste alternative Schritt die Substitution (bzw. bei Studien

die Produkte mit unterschiedlichem Funktionsumfang vergleichen die methodisch analoge Systemraumerweiterung). In Kurzform: Bei der Substitution werden den nicht analysierten Produkten/Funktionen entsprechende, anderweitig hergestellte Produkte/Funktionen identifiziert und deren Lebensweginventar wird vom Inventar des analysierten Systems subtrahiert. Je nach spezieller Situation und Fragestellung der Studie können dies spezielle, de facto lokal substituierte alternative Produkte/Funktionen sein, der Marktmix alternativer Produkte bzw. Herstellungsrouten des zu substituierenden Koppelproduktes/Co-Funktion, oder aber marginale Prozesse alternativer Routen (wobei letzteres laut ILCD-Handbuch wieder nur für Makro-Studien Anwendung findet).

Ist eine solche Substitution nicht möglich bzw. mit erheblichem, unzumutbarem Aufwand verbunden, wird als nächste Alternative Allokation angewandt. In einer Allokation werden anhand eines Verteilungsschlüssels die durch die Prozessierung entstandenen Aufwendungen und somit auch die Auswirkungen auf die Umwelt auf die einzelnen Koppelprodukte/Co-Funktionen verteilt.

Die Ableitung des angewandten Verfahrens zur Lösung der Multifunktionalität und die jeweiligen Schritte sind in jedem Fall zu dokumentieren.

Falls der erste Schritt der Datenaufnahme auf einzelnen Prozessschritten nicht hinreichend ist, um das untersuchte Produkt „frei zu schneiden" und demnach Substitution/Systemraumerweiterung oder Allokation zur Anwendung kommen, sind bei vergleichenden Studien, die zur Veröffentlichung vorgesehen sind, Sensitivitätsanalysen alternativer Verfahren darzustellen.

Hinweis: Die Behandlung von Recyclingströmen in der Ökobilanz stellt im Grunde eine Frage der Multifunktionalität dar, da die Bereitstellung eines Sekundärmaterials durch Recycling eine weitere Funktion des Materials (und damit des Systems/Produktes) ist. Während dies methodisch also gleichwertig mit Koppelproduktion ist, verursacht die Modellierung von Recycling und anderen Wiedergewinnungsschritten in der Praxis oft zusätzliche Schwierigkeiten, die spezielle methodische Anleitungen hilfreich machen.

- **Abschneidekriterien**

Zur Herstellung von Produkten wird in der Regel eine Vielzahl von Gütern und Dienstleistungen benötigt. Dies können Ressourcen, Vorprodukte, Bauteile, Betriebsstoffe, Energieträger etc. sein, aber auch Transport, Lager, Abfallbehandlung, Administration, und andere Dienstleistungen. All diese Güter, die direkt oder indirekt zur Bereitstellung der Dienstleistungen benötigt werden, mussten in Vorstufen aufbereitet und hergestellt werden, wobei auch zu deren Aufbereitung und Herstellung wiederum Güter und Dienstleistungen benötigt wurden. Alle Glieder dieser weit verzweigten Kette verursachen Einwirkungen auf die Umwelt, die grundsätzlich mit in Betracht gezogen werden müssen.

Allerdings ist es so, dass die große Mehrzahl dieser Güter und Dienstleistungen einen quantitativ extrem untergeordneten Beitrag stellen und somit keinen Einfluss mehr auf das Ergebnis der Bilanz haben. Um die Bilanz nicht mit unwichtigen Daten zu überfrachten, die die Qualität der Studie nicht weiter erhöhen, aber für einen erhöhten Bilanzierungsaufwand sorgen, werden Abschneidekriterien formuliert. Diese Kriterien müssen so festgelegt sein, dass keine wichtigen Anteile der Umweltbeeinflussung vernachlässigt werden.

Ein Kriterium kann sein, dass nur diejenigen Aktivitäten, Güter und Dienstleistungen explizit einbezogen werden, die zusammen 95 % der Umweltlasten beitragen. Die genaue %-Zahl hängt von der jeweiligen Studie ab: Wenn die Unterschiede zwischen den verglichenen Optionen groß sind, kann eine deutlich geringere Vollständigkeit (z. B. 80 %) hinreichend sein, um robuste Ergebnisse zu liefern. Die notwendige Vollständigkeit wie auch die letztliche Erreichung dieses Abschneidekriteriums wird über iterative Abschätzungen während der Sachbilanz und der Wirkungsabschätzung ermittelt (siehe auch das frühere Kapitel zur iterativen Natur von Ökobilanzen).

Andere Abschneidekriteren (Masse wichtiger chemischer Elemente der Studie (z. B. Kohlenstoff bei Verbrennungsprozessen), Kosten, Energiegehalt) sind laut ILCD-Handbuch nicht hinreichend, sondern können nur unterstützend zur Orientierung verwendet werden.

Die Praxiserfahrung zeigt zudem, dass die oft kritisierten Abschneidekriterien meist deutlich weniger Einfluss auf das Ergebnis haben als Datenunsicherheiten und mangelnde Repäsentativität sowie andere Modellannahmen.

2.3.5.3.3 Auswahl der Wirkkategorien und -methoden

- **Klassifizierung und Charakterisierung**

Während der späteren Wirkungsabschätzungsphase werden die notwendigen Schritte Klassifizierung und Charakterisierung sowie die optionalen Schritte Normalisierung, Gruppierung und Gewichtung unterschieden.

Klassifizierung und Charakterisierung sind der naturwissenschaftlich begründete Teil der Wirkungsabschätzung. Im Rahmen der Klassifizierung werden die Sachbilanzdaten der Rohstoffentnahmen und Emissionen entsprechend ihrer potenziellen Wirkung in Wirkkategorien zusammengefasst. Innerhalb der Wirkkategorien werden die Sachbilanzdaten über Transport-, Umwandlungs- und Wirkmodelle derart weiter modelliert, dass das charakteristische Wirkpotenzial jeder Emission ermittelt und den jeweiligen Wirkkategorien zugerechnet wird. Dieser Schritt wird als Charakterisierung bezeichnet. Dies wird allerdings in aller Regel nicht während der Ökobilanzstudie durchgeführt, sondern der Anwender greift auf fertige Wirkungsmethodendatensätze entsprechender Experten zurück, siehe auch ◘ Abb. 2.19.

Während in DIN EN ISO 14040 und 14044 keine Wirkkategorien zur Verwendung vorgeschrieben sind, gibt es unter dem ILCD-Handbuch empfohlene Wirkkategorien und korrespondierende Wirkungsmethodendatensätze für Europa. Diese wurden zusammengestellt mittels einer systematischen Analyse aller verfügbaren Wirkungsmethoden. Diese Wirkungsmethodendatensätze sind verfügbar mit den Charakterisierungsfaktoren für die ILCD-Elementarflüsse. Diese ILCD2011 LCIA Methodensammlung umfasst dabei die folgenden Wirkkategorien:

- Treibhauseffekt
- Stratosphärischer Ozonabbau
- Versauerung (terrestrische Ökosysteme)

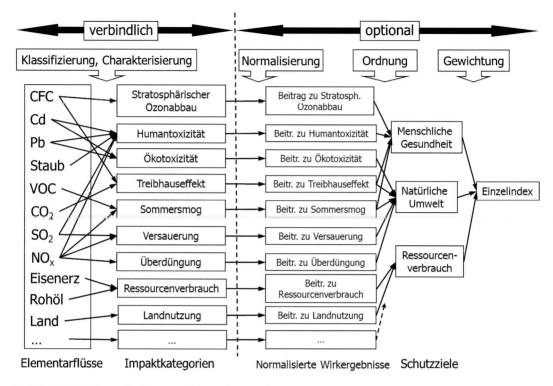

◘ Abb. 2.19 Wirkungsabschätzungsschritte, schematisch

- Überdüngung (terrestrische, limnische, marine Ökosysteme)
- Sommersmog
- Humantoxizität (krebserzeugende, nicht krebserzeugende Stoffe)
- Partikel/inorganische Atemwegserkrankungen
- Ökotoxizität (limnische Ökosysteme)
- Radioaktive Strahlung (Auswirkungen auf menschliche Gesundheit)
- Ressourcenverbrauch (Rohstoffe, Energie)
- Flächeninanspruchnahme und -umwandlung
- Wasserübernutzung

Diese Liste ist grundsätzlich so auch für den PEF übernommen worden, wobei es Weiterentwicklungen in mehreren der Wirkmethoden je Wirkkategorie gab.

Die Methodik zur Wirkungsabschätzung ist für einige Wirkkategorien weiterentwickelt und robuster als für andere, was sich in den unterschiedlichen Empfehlungsniveaus der ILCD2011 Wirkungsmethoden widerspiegelt. Insbesondere sind die Wirkmethoden zu Humantoxizität, Ökotoxizität mit sehr

hohen Unsicherheiten behaftet, weswegen sie im PEF zumindest bis Ende 2020 nicht in der externen Kommunikation verwendet werden sollen. Ferner sind die zwei Wirkmethoden für den Ressourcenverbrauch von Rohstoffen und von Energie sehr stark von Annahmen abhängig und können daher ebenfalls als nicht robust bezeichnet werden. Methoden zu weiteren Wirkungskategorien sind derzeit nicht hinreichend weit entwickelt, um empfohlen werden zu können. Zusätzliche differenzierte Methoden können angewandt werden; allerdings werden vom ILCD-Handbuch bestimmte Anforderungen an deren Auswahl gestellt.

Hinweis: Die Behandlung von Abfällen (Müllverbrennung, Deponie etc.) ist bei Ökobilanzen in das betrachtete Systemmodell zu integrieren und deren umweltliche Auswirkungen in den bekannten Wirkungskategorien zu beschreiben. Eine Ausnahme sind derzeit radioaktive Abfälle, da es noch keine akzeptierten Sachbilanzmodelle für die Behandlung und insbesondere radioaktive Endlagerung radioaktiver Abfälle gibt. Radioaktive Abfälle sind daher als Teil des Sachinventars zu interpretieren bis entsprechende Modelle verfügbar sind.

■ **Normalisierung, Ordnung und Gewichtung**

Im Zuge der optionalen Normalisierung und Gewichtung können in besonderen Fällen die Ergebnisse in den diversen Umweltwirkungen zu einer Gesamtwirkung zusammengefasst werden, um Hauptbeiträger identifizieren oder die Ergebnisse leichter mit anderen Ergebnissen vergleichen zu können. Ein ebenfalls optionaler Ordnungsschritt kann Wirkkategorien, normalisierte Wirkergebnisse oder auch gewichtete Wirkergebnisse gruppieren. ◘ Abb. 2.19 zeigt schematisch alle Schritte von der Sachbilanz der Elementarflüsse bis hin zum optionalen Einzelindex der (potenziellen) Gesamtwirkung.

Der Gewichtungsschritt beinhaltet dabei Werthaltungen. Für Produktvergleiche ist es laut ISO 14044 nicht zulässig. Eine alternative, naturwissenschaftliche Wirkmodellierung (z. B. zusätzliche Todesfälle oder zusätzlicher Artenverlust aufgrund Klimaveränderungen) ist nicht hinreichend weit entwickelt für die Mehrzahl der Wirkkategorien. In jedem Fall kann eine naturwissenschaftliche Modellierung nicht über die drei Schutzziele natürliche Umwelt, menschliche Gesundheit und natürliche Ressourcen vermitteln. Das bedeutet, dass der Weg zu einer vollaggregierten, einzigen Wirkkennzahl immer eine Gewichtung umfasst. Da zur Vereinfachung von Entscheidungen, insbesondere mit Blick auf Konsumenteninformationen, eine Zusammenfassung der Ergebnisse auf eine einzelne Kennzahl benötigt wird, nutzt der PEF die zusätzlichen Schritte der Normalisierung und Gewichtung.

Neben den LCIA-Methoden sind zu diesem Zeitpunkt auch eventuell zu verwendende Normalisierungs- und Gewichtungssätze auszuwählen und zu dokumentieren.

2.3.5.4 Sachbilanz

Die Hauptaufgabe einer Sachbilanz besteht in der Quantifizierung von Input- und Outputströmen über die einbezogenen Lebenszyklusstufen des analysierten Systems. In der Praxis ist die Sachbilanz in aller Regel der umfangreichste Arbeitsschritt. Allerdings müssen meist nur die fallspezifischen (Vordergrund) Prozessdaten erhoben werden. Umfangreiche Sachbilanzhintergrunddatenbanken zu z. B. Elektrizi-

tätsbereitstellung, Aluminiumproduktion, Abfallverbrennungsmodellen usw. sind inzwischen verfügbar und können modular mit den spezifischen, eigenen Daten verbunden werden. Fehlende Daten z. B. spezieller Materialien oder zur Produktion spezieller Zulieferer sind allerdings nach wie vor zu erheben.

Die benötigte Datenqualität ergibt sich aus der Fragestellung und die tatsächlich erreichte Qualität aus dem Zugang zu den Produktionsdaten sowie Emissionen und Ressourcenverbräuchen der Prozesse im Vordergrundsystem des untersuchten Lebensweges und der Qualität der genutzten Hintergrunddaten. In vielen Fällen dominieren die Hintergrunddaten das Gesamtergebnis einer Studie und deren Qualität ist daher von besonderer Bedeutung. Unabhängig extern begutachteten sowie gut dokumentierten Daten sollte daher stets der Vorzug gegeben werden. Methodisch müssen alle Daten hinreichend konsistent sein mit den Modellierungsmethoden, die in der Studie angewendet werden sollen (Stichwort: Lebenszyklusmodell, Lösung multifunktioneller Prozesse, usw.).

Das neue LCDN- (ehemals ILCD-) -Datennetzwerk ist eine Quelle solcher qualitätsgesicherter, begutachteter und methodisch konsistenter Daten aus diversen Quellen von Datenentwicklern. Das LCDN-Datennetzwerk schließt Datensätze der ELCD-Datenbank ein und damit eine Vielzahl von Datensätzen, die offiziell von den entsprechenden europäischen Industrieverbänden erarbeitet worden sind.

In ◘ Abb. 2.20 ist eine Auswahl oft wichtiger Input- und Outputströme exemplarisch dargestellt. Es wird zwischen Elementarflüssen, Produktflüssen und Abfallflüssen unterschieden:

- Elementarflüsse sind alle direkt mit der natürlichen Umwelt ausgetauschten Stoff- und Energieflüsse, wie insbesondere Material und Energierohstoffentnahmen, Emissionen in Luft, Wasser und Boden sowie anderen Arten direkter Interaktionen (z. B. Landnutzung).

- Produktflüsse sind ebenfalls sowohl input- wie outputseitig Güter und Dienstleistungen, die entweder eingesetzt werden, um den Prozess zu betreiben, oder aber Produkte des Prozessschrittes darstellen.

- Abfallflüsse sind entweder Ergebnisse eines Prozesses oder werden vom Prozess selbst verarbeitet (z. B. Stromerzeugung aus

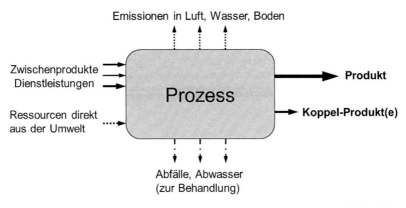

Abb. 2.20 Prozessschritt, schematisch

Abfallverbrennung). Anmerkung: In ISO 14040 werden Abfallflüsse nicht von Produktflüssen differenziert; eine Unterscheidung hat jedoch in der Praxis Vorteile.

Weitere Schritte bzw. Aspekte der Sachbilanz sind die Lösung von Multifunktionalität, die orientierende Anwendung von Abschneidekriterien, ferner begleitende Abschätzungen der erreichten Ergebnisqualität, usw. Die grundlegenden Regeln für die diese Schritte bzw. Aspekte sind während der Ableitung des Untersuchungsrahmens festgelegt worden; sie werden während der Sachbilanz lediglich angewandt.

Der letzte Schritt der Sachbilanz ist es, alle Module des Lebensweges über die ausgetauschten Zwischenprodukte und Abfälle zu verbinden. Alle eingesetzten Produktflüsse sowie alle Abfallflüsse sind demnach solange mit vorgelagerten und – im Falle von Abfallflüssen – nachgelagerten Prozessen in Beziehung zu setzen, bis nur noch Elementarflüsse die Bilanzgrenze des analysierten Systems überschreiten.

Ergebnis der Sachbilanz ist demnach einerseits das detaillierte Lebenswegmodell, das detaillierte Analysen von Hauptbeiträgen zum Ergebnis usw. erlaubt und auch Grundlage für ein begleitendes oder nachgeschaltetes Review ist. Andererseits liefert die Sachbilanz das aggregierte Ergebnis, das Lebensweginventar des untersuchten Produktes. War das Ziel der Studie die Erarbeitung eines Ökobilanzdatensatzes (z. B. zur Bereitstellung an Kunden) ist dies das Hauptergebnis der Studie. Die nachfolgenden Schritte sind aber dennoch durchzuführen, zumal sie im Rahmen der iterativen Ökobilanz helfen, Fehler aufzuzeigen und die Ergebnisqualität sowohl sicherzustellen als auch zu quantifizieren.

2.3.5.5 Wirkungsabschätzung

In der Wirkungsabschätzung werden die Daten der Sachbilanz auf Umweltwirkungen abgebildet, um Aussagen über die spezifischen Umweltwirkungen des analysierten Systems treffen zu können. Die in der Sachbilanz erhobenen Daten stellen daher die Grundlage für die Wirkungsabschätzung dar; sie werden mit den Wirkungsmethoden verrechnet, die während der Phase des Untersuchungsrahmens ausgewählt wurden. Untersucht wird hierbei die potenzielle Umweltbeeinflussung (wie z. B. Klimaveränderung, Ozonabbau, saurer Regen, usw.), die von den über den gesamten Lebenszyklus auftretenden Input- und Outputströmen verursacht wird. Erstes Ergebnis der Wirkungsabschätzung ist die Wirkbilanz.

Im Fall, dass Normalisierung und Gewichtung Schritte der Studie sind, werden die ebenfalls während des Untersuchungsrahmens ausgewählten Normalisierungs- und Gewichtungsfaktoren mit den Wirkbilanzergebnissen verrechnet. Ergebnis in diesem Fall sind normalisierte und gewichtete Wirkbilanzergebnisse. Letztere können zudcm aufaggregiert werden zu einer Gesamtumweltwirkung des untersuchten Produktsystems. Diese hochaggregierte Zahl ist allerdings nach ISO 14040 und 14044 nicht für veröffentlichte vergleichende Aussagen zu verwenden. Im PEF-System wird dagegen mit derartigen Werten gearbeitet.

2.3.5.6 **Auswertung**

Im Rahmen der Auswertung werden die Ergebnisse der Wirkungsabschätzung und Sachbilanz analysiert und daraus Schlussfolgerungen und Empfehlungen abgeleitet. Ein weiterer Aspekt ist die transparente Darstellung der Resultate der Ökobilanz sowie aller getroffenen Annahmen. Diese Phase gliedert sich in drei Abschnitte:

- Identifizierung der signifikanten Parameter auf Grundlage der Ergebnisse der Sachbilanz- und Wirkungsabschätzungsphasen;
- Beurteilung, die die Vollständigkeits-, Sensitivitäts- und Konsistenzprüfungen berücksichtigt;
- Schlussfolgerungen, Einschränkungen und Empfehlungen.

Um die Kernaussagen zu erhalten, sind die Hauptbeiträge je Wirkungskategorie (welche Prozesse und welche Emissionen sind je Kategorie dominant?) zu ermitteln. Relevante Sachbilanzdaten (insbesondere radioaktive Abfälle), die nicht über Wirkkategorien erfasst werden, sind in die Betrachtung zu integrieren. Anhand der Ergebnisse der ersten Iteration (d. h. Modellierung nur anhand direkt verfügbarer Vordergrunddaten und Hintergrunddaten sowie Abschätzung von Lücken) lässt sich die weitere Arbeit auf die wesentlichen Beiträger fokussieren, für die dann oft bessere/genauere Daten benötigt werden.

Zur Auswertung gehört zudem eine Überprüfung der Vollständigkeit, der Sensitivität und der Konsistenz der erkannten Prozesse oder Lebensphasen. Die Vollständigkeit/Erreichung der Abschneidekriterien kann durch Bilanzen der Masse wichtiger chemischer Elemente (z. B. Kohlenstoff bei Verbrennungsprozessen, Stahl, Aluminium, usw. bei PKW) von Energiebilanzen sowie eine Überprüfung der Vollständigkeit der Erfassung von Kostenstellen (wichtig insbesondere für Dienstleistungsprozesse) operationalisiert werden. Die letztlich erreichte Vollständigkeit muss laut ILCD-Handbuch aber stets anhand der erreichten Vollständigkeit der Umweltwirkungen quantifiziert/abgeschätzt werden.

Die Sensitivität kann durch Szenarienbildung unterschiedlicher Prozesse oder Parameterwahl ermittelt werden. Die Stärke der Auswirkungen der unterschiedlichen Annahmen auf das Endergebnis stellt die Sensitivität dar.

Es ist sicherzustellen, dass die zur Interpretation notwendigen Informationen und Daten vollständig vorhanden sind. Ebenso ist zu überprüfen, inwieweit Unsicherheiten, etwa durch das Abschätzen von Daten oder die Verwendung ähnlicher Prozesse oder Produkte bei Datenlücken, das Ergebnis beeinflussen können. Diese Unsicherheiten können durch Berechnung eines vernünftigen Minimal-Maximal-Intervalls ermittelt werden. Wichtig ist es ferner sicherzustellen, dass die Auswertung im Rahmen der Zieldefinition und des Untersuchungsrahmens stattfindet, d. h. dass die Ergebnisse mit Blick auf die Grenzen der Interpretation ausgewertet werden.

Die Überprüfung der Konsistenz der angewandten Methodik einschließlich in den Hintergrunddaten soll zum einen die Übereinstimmung mit der Zieldefinition gewährleisten und zum anderen sicherstellen, dass Methodik und Regeln konsequent angewandt wurden.

Wenn nach einer oder zwei Runden der Verbesserung der Datenlage die Auswertungs- und Interpretationsphase erneut bearbeitet wird, lassen sich anhand der datenseitig nunmehr abgeschlossenen Studie jetzt die Kernaussagen formulieren. Abhängig von der Fragestellung können dies unter anderem vergleichende Aussagen zu Materialalternativen, verglichenen Produkten oder auch Politikoptionen sein, oder aber – oft relevant für interne Studien – Aussagen zu den wichtigsten Beiträgern zu den Gesamtumweltlasten, da erkannt werden kann, welche Lebenswegschritte, Zulieferer, Prozesse oder Emissionen/Ressourcen dominant sind.

2.3.5.7 **Berichterstattung**

Die Dokumentation der Ökobilanzierung erfolgt parallel zu den Arbeiten und wird am Ende in aller Regel in einem Bericht zusammengefasst. Sind Datensätze das Ergebnis der Studie (als Hauptergebnis einer Sachbilanzstudie oder als Teilergebnisse einer Ökobilanzstudie), empfiehlt es sich eine kondensierte Dokumentation im Datensatz bereitzustellen, um sicherzustellen, dass der Anwender bei der zukünftigen Nutzung der Datensätze schnell alle wesentlichen Informationen parat hat, ohne in längeren Berichten suchen zu müssen. Zudem ist eine gute Dokumentation Voraussetzung für ein kosteneffizientes Review.

Der genaue Mindestumfang für die Berichterstattung ist sowohl in DIN EN ISO 14044 als auch dem ILCD-Handbuch festgelegt. Eine Vorlage für Ökobilanzberichte sowie ein elektronisches Dokumentationsformat für Sachbilanzdatensätze sowie die zugehörigen grundlegenden Datenobjekte (Elementarflüsse, usw.) und ein Datensatzeditor sind Teil der Entwicklungen des ILCD-Systems und kostenfrei online verfügbar auf ▶ http://eplca.jrc.ec.europa.eu/LCDN/developer.xhtml. Derart formatierte und dokumentierte Datensätze können zum Beispiel über das LCDN-Datennetzwerk bereitgestellt werden. Dies erlaubt es, kostenfreie Datensätze ebenso anzubieten wie lizensierte Datensätze. Das ILCD-Format und die weiterentwickelte ILCD/EF-Elementarflussliste sind auch im PEF zu verwenden; Schnittstellen sind verfügbar in den meisten relevanten Ökobilanzwerkzeugen, teilweise ist auch die Dokumentation der Datensätze direkt im Softwarewerkzeug möglich.

2.3.5.8 Kritische Prüfung

Sofern während der Phase des Untersuchungsrahmens festgelegt, ist eine kritische Prüfung Teil der Arbeiten. Das ILCD-Handbuch, und fast gleichartig das PEF System sieht ein unabhängiges externes Review durch qualifizierte Reviewer für alle veröffentlichten Studien vor, einschließlich Datensätzen, die öffentlich zur Verwendung bereitgestellt werden. Für vergleichende Studien ist zudem, wie auch in DIN EN ISO 14044 vorgesehen, ein Panel-Review unter Einbeziehung interessierter Kreise durchzuführen.

Die Qualifikation und Erfahrung der Prüfer sollte ebenso wichtig sein wie deren Unabhängigkeit. Die Akzeptanz der Ergebnisse einer Studie und damit deren Wert hängt deutlich von einem akzeptierten Review ab.

Um unliebsame Überraschungen am vermeintlichen Ende der Studie zu vermeiden, insbesondere die Notwendigkeit zusätzlicher Datenaufnahme oder fundamentale Neubearbeitungen aufgrund grundlegender Probleme während der Festlegung des Untersuchungsrahmens, empfiehlt es sich das Review studienbegleitend anzulegen.

Die Identifizierung qualifizierter Prüfer wird anhand der ILCD Reviewer Self-registry des JRC unterstützt, die allerdings seit einiger Zeit im Aufbau ist. Siehe ▶ http://eplca.jrc.ec.europa.eu/ResourceDirectory/faces/reviewers/reviewerList.xhtml.

2.3.6 Einschränkungen der Ökobilanzierung und Ausblick Nachhaltigkeitsbewertung

Die Methode der Ökobilanzierung und die DIN EN ISO Normen 1440 und 14044 sowie das ILCD Handbook haben den Fokus auf Umweltthemen. Die umweltliche Ökobilanzierung selbst hat einige Einschränkungen, die damit auch für die Normen und das ILCD-Handbuch gelten: Während alle Belastungen auf Umwelt, Mensch und Ressourcenverfügbarkeit, die über Ressourcenentnahme aus der Umwelt oder über reguläre Emissionen in die Umwelt wirken, prinzipiell Teil der Methode sind, werden die folgenden Wirkpfade und bedingte potenzielle gesundheitliche Auswirkungen nicht erfasst:

- Produktanwendung auf den Menschen (Creme, Shampoo, usw.)
- Einnahme von Produkten (Nahrungsmittel, Medizinprodukte, usw.)
- Exposition am Arbeitsplatz und allgemein in Innenräumen
- Unfälle und andere Vorfälle, d. h. aus dem nichtregulären Betrieb.

Allerdings können diese Arten von Pfaden und Wirkungen mit denen der klassischen Ökobilanzierung integriert werden. Methodische Entwicklungen werden derzeit insbesondere im Bereich Exposition am Arbeitsplatz und Innenraumbelastungen (Arbeitsumfeld-Lebenszyklusanalyse) sowie die Integration von Unfällen (Lebenszyklus-Unfallanalyse) vorangetrieben.

Für eine integrierte Bewertung der Nachhaltigkeit sind zudem soziale und wirtschaftliche Aspekte der untersuchten Systeme zu erfassen. Auch die Integration solcher Ansätze ist möglich: Soziale Ökobilanzierung und Lebenszykluskostenrechnung sind konzeptionell eng miteinander verbundene Instrumente. Die methodischen Rahmen hierfür gehen bis auf die Produktlinienanalyse aus dem Jahre 1987 zurück. In der Ganzheitlichen

Bilanzierung sind sie seit 2003 in ein professionelles Ökobilanzsoftware- und Datenbanksystem integriert.

2.4 Bewertung und Bilanzierung von Bauteiloberflächen

Matthias Harsch

2.4.1 Ressourceneffizienz in der Oberflächentechnik – ökobilanzielle und ökonomische Betrachtung einer Kunststofflackierung

2.4.1.1 Ressourceneffizienz in der Oberflächentechnik

Die europäische Kommission hat Ressourceneffizienz mit der „Roadmap to a Resource Efficient Europe" [61] zu einem Schwerpunktthema für die nächsten Jahrzehnte gemacht. Erweitert hat dies ergänzend die Bundesregierung mit ihrem Vorschlag einer G20-Ressourcenpartnerschaft [62]. Das Ziel ist eine optimale Ausschöpfung eingesetzter Ressourcen und eine Entkopplung des Wirtschaftswachstums vom Ressourceneinsatz und dessen Umwelteinwirkungen.

Dies kann auf zwei Wegen geschehen (vgl. [63]):
1. bei konstantem Einsatz von Ressourcen den Ertrag steigern oder
2. bei konstantem Ertrag den Einsatz von Ressourcen senken.

Als Ressourcen sind dabei Rohstoffe, Material und Betriebsmittel, Geldmittel, Arbeitskraft, Energie und Zeit zu verstehen. Die Steigerung der Ressourceneffizienz verfolgt folgende Ziele (vgl. [64]):
- Verringerung oder Deckelung des Ressourceneinsatzes
- Verringerung oder Deckelung stofflicher Emissionen
- Steigerung der Ausschöpfung eingesetzter Ressourcen

Gerade für Betriebe der Oberflächentechnik gilt Ressourceneffizienz als Erfolgsfaktor für nachhaltiges Wirtschaften. Energie- und materialintensive Prozesse sowie potenzielle Emissionen auf der einen Seite und eine Verteuerung von Strom, Wärme und Material auf der anderen Seite fordern zwingend eine abgestimmte und optimierte Gestaltung der Produktionsprozesse.

2.4.1.2 Ökobilanz als Maß der Ressourceneffizienz

Die Ökobilanz ist eine Methode zur vergleichenden Analyse und Bewertung von Umweltauswirkungen von Produkten, Prozessen oder Dienstleistungen. Je nach Zielsetzung wird dabei der gesamte Lebenszyklus des untersuchten Systems (sog. „Cradle-to-grave"-Analyse), einzelne Lebenszyklusphasen oder sogar nur Einzelprozesse betrachtet. Ökobilanzen sind international genormt durch die Normenreihen EN ISO 14040 und 14044 [65, 66].

Für einen ökobilanziellen Vergleich muss immer in allen betrachteten Systemen eine einheitliche Vergleichsbasis definiert werden. Diese sogenannte „funktionelle Einheit" ist meist das erzeugte Produkt. (Im nachfolgenden Beispiel „Exemplarische ökobilanzielle Betrachtung von Korrosionsschutz" werden Korrosionsschutzkonzepte verglichen: 1 m² eines beschichteten Bleches.)

Die Durchführung einer Ökobilanz erfolgt in zwei grundlegenden Schritten:
1. In der Sachbilanz werden im Rahmen einer Stoffstromanalyse zunächst alle im System auftretenden Energie- und Materialflüsse sowie Emissionen quantitativ erfasst.
2. In der Wirkungsabschätzung werden Elementarflüsse, also Flüsse, welche die Systemgrenzen passieren und als Inputstrom (z. B. Erdöl als Ressource) in das System eingebracht oder als Outputstrom (z. B. CO_2-Emission) das System verlassen, bezüglich potenzieller Umweltauswirkungen untersucht.

◻ Abb. 2.21 gibt eine zusammenfassende Darstellung der Ökobilanz als Abfolge von Sachbilanz und Wirkungsabschätzung.

Innerhalb der Wirkungsabschätzung werden für ausgewählte Wirkungsendpunkte („Endpoint"-Indikatoren, z. B. Klimaveränderung)

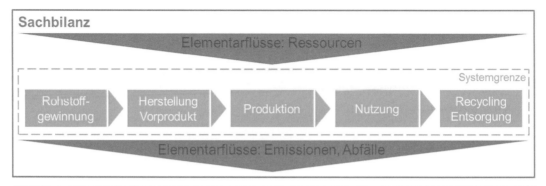

□ Abb. 2.21   Vereinfachte Darstellung der Ökobilanz als Abfolge von Sachbilanz und Wirkungsabschätzung

Wirkungskategorien („Mid-point"-Indikatoren, z. B. das Treibhauspotenzial zur Beschreibung der Klimaveränderung) festgelegt. Die anschließende Charakterisierung beschreibt die Wirkung der Elementarflüsse auf die jeweiligen Umweltwirkungskategorien quantitativ in Bezug auf eine für die Kategorie charakteristische Referenzsubstanz (z. B. wird 1 kg CH_4-Emission in Luft dem Treibhauspotenzial zugeordnet und entspricht in dieser Kategorie dem Äquivalent von 25 kg CO_2-Emission in Luft).

Die Wirkungsabschätzung dient zur Verdichtung der Sachbilanzergebnisse auf ein interpretierbares Maß von wenigen Kennzahlen, von denen jede eine Umweltwirkungskategorie quantitativ darstellt.

Bei den meisten Ökobilanzen sind die Systeme sehr umfangreich, daher werden Sachbilanz und Wirkungsabschätzung erst durch den Einsatz von Computerprogrammen handhabbar.

2.4.1.3 Einsatz von Simulationsmodellen

Wie erwähnt ist die Nutzung von spezieller Software zur Erstellung von umfangreichen Ökobilanzen praktisch unverzichtbar. Es zeigt sich jedoch vielfach, dass Anwender in Unternehmen weder die Zeit noch das Geld investieren können, um solche Programme professionell zu nutzen. Abhilfe kann hier die Nutzung von Simulationsmodellen schaffen, die in gängigen Tabellenkalkulationsprogrammen erstellt werden. Hier kann eine spezielle Prozesskette mit allen wesentlichen Parametern bzgl. Energie- und Materialverbrauch sowie Emissionen und Abfallaufkommen transparent und für den Nichtexperten nachvollziehbar aufgebaut werden. Dieser Bereich des Simulationsmodells stellt die bereits angesprochene Sachbilanz dar. Um die Elementarflüsse einer Bewertung umweltrelevanter Aspekte, wie Primärenergie, Treibhaus- und Oxidantienbildungspotenzial (vgl. □ Tab. 2.7) zuzuführen, können die notwendigen Ökoprofile zur Wirkungsabschätzung aus öffentlich zugänglichen, lizensierten Datenbanken oder von erfahrenen Experten erzeugten Datensätze eingefügt und mit der Sachbilanz logisch verknüpft werden.

Die Nutzung von Simulationsmodellen hat in vielerlei Hinsicht Vorteile. Es entsteht ein auf den speziellen Prozess im jeweiligen Unternehmen abgestimmtes virtuelles Modell der Produktionsabläufe. Dieses dient nicht nur der Ökobilanzierung, sondern stellt eine wesentliche Grundlage für intensive Analyse von Einsparpotenzialen, Optimierungsmöglichkeiten, Identifizierung von Hot Spots, Prozessvergleichen, Auswertung von Parametervariationen, etc. dar.

■ **Kalibrierung mit Messwerten**

Vielfach sind Angaben zum tatsächlichen Energie- und Materialverbrauch von einzelnen Maschinen nur schwer beschaffbar. Die meisten gängigen Prozesse und Maschinen können jedoch mit Erfahrungswerten hinterlegt oder anderweitig abgeschätzt werden. Mit ausgewählten Messwerten kann das Simulationsmodell kalibriert und z. B. mit dem tatsächlichen jährlichen Energieverbrauch abgeglichen werden. Mit Pareto-Prinzip (80/20 Regel) ist erfahrungsgemäß eine Genauigkeit so kalibrierter Modelle von ±10 % erreichbar.

■ **Flexibilität und Anpassbarkeit**

Um die Ergebnisse von Ökobilanzen für den betrieblichen Alltag und zukünftige Entscheidungen nutzbar zu machen, dürfen Ergebnisse nicht statische Momentaufnahmen sein. Das Simulationsmodell gibt auch Nichtexperten die Möglichkeit, in gewissem Rahmen Anpassungen an neue Produktionsbedingungen vorzunehmen und hinsichtlich ihrer umweltspezifischen Auswirkungen erneut zu bewerten. Nur so kann die Lebenszyklusbetrachtung ein lebendiger Teil des Prozessmanagements sein.

■ **Grundlage für Managementsysteme**

Unabhängig von der Ökobilanzierung bilden Simulationsmodelle die Grundlage für weitere Anwendungen, z. B. Energie- und Stoffstrom-Monitoring oder IST-Analyse der Produktion. Sie sind somit ein wesentlicher Grundstein für die Implementierung von Umweltmanagement- (EN ISO 14001, [67]) oder Energiemanagementsystemen (EN ISO 50001, [68]).

2.4.1.4 Exemplarische ökobilanzielle und ökonomische Betrachtung einer Kunststofflackierung

Zur Darstellung der Anwendung einer Ökobilanz wird die Lackierung eines dreidimensionalen Gehäuses aus Kunststoff betrachtet. Um darüber hinaus einen ganzheitlichen Ansatz zu verfolgen, werden zusätzlich die Lebenszykluskosten integriert. Des Weiteren werden innerhalb dieses Beispiels Entwicklungsstadien der Lackiertechnik der vergangenen Jahre beschrieben und für eine ökobilanzielle und ökonomische Betrachtung gegenübergestellt.

Im Rahmen des Forschungsvorhabens ENSI-KOM wurde ein neuer, sehr effizienter Lackierprozess für dreidimensionale Kunststoffteile entwickelt. In Anlehnung an diesem Kunststoffgehäuse wird das ökologische und ökonomische Potenzial der technologischen Entwicklungsschritte untersucht. In ☐ Tab. 2.6 ist dazu die Ökobilanz beispielhaft definiert und deren Umfang zusammengefasst.

Die Systemgrenzen spiegeln den zu betrachtenden Rahmen der Ökobilanz wider und geben direkten Aufschluss über enthaltene oder auch ausgeklammerte Schritte. Vor allem bei vergleichenden Bilanzen sind richtig gewählte Systemgrenzen Grundvoraussetzung und der Schlüssel zur Vergleichbarkeit. ☐ Abb. 2.22 zeigt die wesentlichen betrachteten Prozessschritte der Lackierung, d. h. Spritzkabine (inklusive Applikationstechnik), Abdunstzone, Trockner, Kühlzone und die zusätzlich notwendigen peripheren Bereiche Hallentechnik, Fördertechnik und eventueller Abluftreinigung (nur wenn notwendig, siehe Beschreibung der Entwicklungsstadien). Da die Nutzung bei gleichen Gehäuseteilen als identisch anzusehen ist, wird diese Phase für die Bilanz nicht weiter betrachtet.

Ökologische Bilanzparameter dienen zur Erfassung von direkten und indirekten Umweltbelastungen, um danach ein Produkt oder einen Prozess zu bewerten. In ☐ Tab. 2.7 sind die Parameter der Sachbilanzebene und der Wirkungskategorie durch Beschreibungen und Beispiele erklärt.

Die Auswahl der Umweltwirkungskategorien erfolgt in Anlehnung an die Empfehlungen aus dem ILCD-Handbuch [75].

Der erste Auswertungsschritt einer Ökobilanz ist die Sachbilanz, d. h. die Energie- und Stoffströme innerhalb der festgelegten Systemgrenzen. Diese ist in ☐ Abb. 2.23 anhand des Parameters Primärenergie dargestellt. Damit wird ein Vergleich des eingesetzten Materials (hier: lösemittelbasierter Decklack als Ökoprofil der gesamten Herstellungskette) und den Prozessenergien (dargestellt als direkte Prozessenergie [direkt] plus Ökoprofil der Energiebereitstellungskette [PE]) möglich. Aufgrund der geringen Materialeffizienz des Ausgangslackierprozesses (vgl. ☐ Tab. 2.6) hat vor allem die Lackherstellung hier einen wesentlichen ökologischen Einfluss. Beim Lackierprozess sind die Spritzkabine und der Trockner, bedingt

◻ **Tab. 2.6** Vereinfachte Ziel- und Umfangsdefinition der Ökobilanz und der ökonomischen Betrachtung der Lebenszykluskosten

Ziel der Ökobilanz	
Definition	Vergleich der Kunststoffteilelackierung von dreidimensionalen Gehäuseteilen je Entwicklungsstadium der Lackiertechnik
Umfang der Ökobilanz	
Funktionelle Einheit	Ein in Ordnung beschichtetes Gehäuseteil aus Kunststoff
Zu vergleichende Technologien	Schrittweise Entwicklung der Kunststoffteilelackierung gemäß folgender Beschreibung
Systemgrenzen	Ressourcenaufbereitung, Material- und Energiebereitstellung, Lackierprozess, Verwertung von Lackoverspray und Lackfestkörper am Lebensende (vgl. ◻ Abb. 2.22)
Technische Prozessbeschreibung	1-Schichtlackierprozess für Kunststoffgehäuse (ohne Vorbehandlung) 2-Schichtbetrieb, 4.250 h/a, Klimadaten Standort Berlin für Wärmebedarf Spritzkabinenklimatisierung Lösemittelbasierter Decklack (50 % organische Lösemittel), 40 μm Schichtdicke, manueller Lackierprozess mit 20 % Auftragswirkungsgrad
Datengrundlage	Energie- und Stoffstromsimulationen von industriellen Lackierprozessen [69] Material- und Energieökoprofile aus LCS-Ökobilanzdatenbank umfasst freigegebene Industriedaten, Patente, Literatur, Ökobilanzdatenbanken [70–73] und LCS-Berechnungen Forschungsvorhaben ENSIKOM [74] und Aktualisierung auf aktuelle Entwicklungen der Kunststoffteilelackierung [69]
Bilanzparameter Ökologie	Primärenergie, Ressourcenverbrauch, Treibhauspotenzial und Oxidantienbildungspotenzial, siehe Beschreibungen in ◻ Tab. 2.7
Ökologische und ökonomische Auswertung	Ökologie: Sachbilanz, Wirkungsabschätzung und Normierung auf Referenzwerte, d. h. Umweltlasten der Region EU28 der ausgewählten Bilanzparameter Ergebnisdarstellung in den einzelnen Entwicklungsschritten der Kunststoffteilelackierung (hier: ohne Durchführung eines Critical Reviews) Ökonomie: Lebenszykluskosten

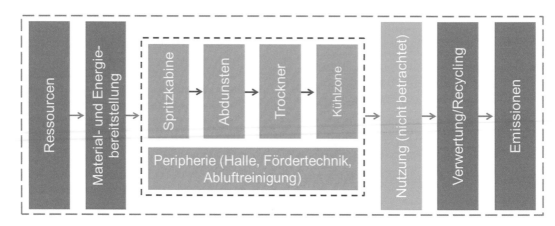

◻ **Abb. 2.22** Systemgrenzen der ökologischen Betrachtung

❏ Tab. 2.7	Auswahl von Umweltwirkungskategorien zur Auswertung der Ökobilanz			
Parameter Sachbilanzebene	**Einheit**	**Beschreibung**	**Beispiele**	
Primärenergie	MJ	Heizwertsumme der fossilen Energieträger und regenerativen Energien (Wasserkraft, Wind, etc.)	Erdöl, Erdgas, Kohle, Uran	
Parameter Wirkungskategorie	**Einheit**	**Beschreibung**	**Beispiele**	
Ressourcenverbrauch (ADP, fossil)	MJ	Verbrauch von nicht regenerativen Ressourcen	Erdöl, Kohle	
Treibhauspotenzial (GWP)	kg CO_2-Äquiv.	Emissionen in Luft, die den Wärmehaushalt der Atmosphäre beeinflussen	CH_4, CO_2	
Oxidantienbildungspotenzial (POCP, Sommersmog)	kg Ethen-Äquiv.	Emissionen in Luft, die als Ozonbildner in Bodennähe fungieren	Kohlenwasserstoffe	
Versauerungspotenzial (AP)	kg SO_2-Äquiv.	Emissionen in Luft, die eine Regenwasserversauerung verursachen	NO_x, SO_2	
Eutrophierungspotenzial (EP)	kg PO_4-Äquiv.	Überdüngung von Gewässern und Böden	P- und N-Verbindungen	

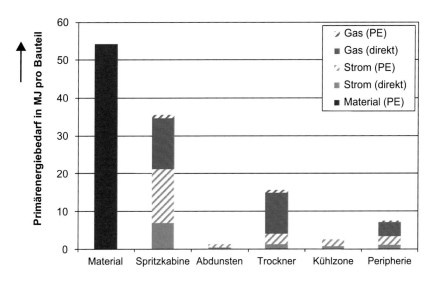

❏ Abb. 2.23   Sachbilanzergebnis: Primärenergiebedarf Lackierprozess und Materialbereitstellung

durch die Bewegung und Konditionierung der Luftmengen, die Hauptenergieverbraucher. Zusätzlich ist in ❏ Abb. 2.23 erkennbar, dass die Energieträger Erdgas und Strom (hier: Strom Mix Deutschland 2016) stark unterschiedliche Wirkungsgrade bzw. Ökoprofile aufweisen. Neben dem Versuch des effizienten Stromeinsatzes kann das Ökoprofil Strom durch den Ein-

satz einer Kraft-Wärme-Kopplung oder durch Nutzung regenerativer Quellen (z. B. Wind- oder Wasserkraft) optimiert werden.

Der zweite Auswertungsschritt einer Ökobilanz stellt die Wirkungsabschätzung dar, d. h. die potenziellen Umweltauswirkungen der Energie- und Stoffströme (Sachbilanzebene) gemäß der ausgewählten Umweltkategorien

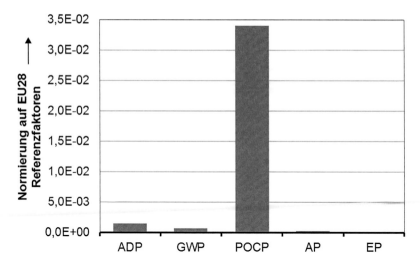

■ Abb. 2.24   Wirkungsabschätzung und Normierung auf EU28-Referenzfaktoren

(vgl. ■ Abb. 2.24 und ■ Tab. 2.7). Als Ergänzung sind die ausgewählten Umweltkategorien in ■ Abb. 2.24 auf die Region EU28 normiert, d. h. die jährlichen Umweltlasten des Lackierprozesses werden auf die jährlichen Umweltlasten einer Region bezogen. Damit entstehen relative Kennzahlen, die gegenübergestellt und interpretiert werden können. Für den Lackierprozess wird erkennbar, dass die Umweltkategorie POCP, repräsentativ für die VOC-Emissionen aus dem Lackierprozess ohne eine Abluftreinigung, die größte relative Bedeutung hat. Damit lässt sich auch begründen, dass die Umsetzung der VOC-Richtline aus ganzheitlicher Sicht richtig war. Deutlich dahinter kommen die Umweltkategorien ADP und GWP, die für den Energieeinsatz repräsentativ sind. Die Kategorien AP und EP haben für das gewählte Beispiel keine besondere ökologische Relevanz und werden daher im Folgenden nicht weiter betrachtet.

Die Kunststofflackierung hat sich innerhalb der letzten 25 Jahre technologisch verändert und weiterentwickelt. Diese Entwicklungsschritte beeinflussen die ökologische und ökonomische Bilanz und sind im Folgenden näher erläutert.

— Ausgangssituation (Start): manueller Lackierprozess mit 20 % Auftragswirkungsgrad, Einsatz von lösemittelbasierter Lacksysteme

— Schritt 1: keine Prozess- und Materialmodifikationen; Integration einer Abluftreinigung zur Einhaltung der VOC-Richtlinie (31. BImSchV)

— Schritt 2: Umstellung auf wasserbasierte Lacksysteme ohne Abluftreinigung, weiterhin manueller Lackierprozess

— Schritt 3: Umstellung auf Roboterapplikation mit wasserbasierten Lacksystemen, Nutzung von optimierter Anlagentechnik zur Steigerung der Energie- und Materialeffizienz

— Schritt 4: Umsetzung der Forschungsergebnisse des ENSIKOM-Projekts. Im Wesentlichen wurde dies durch eine kompakte Anlagentechnik (Spritzbereich und UV-Vernetzung unter CO_2-Atmosphäre) und durch Recycling des Lackoversprays (Festkörper und organische Lösemittel) erreicht. Hierzu wurden neue lösemittelhaltige UV-Lacksysteme entwickelt, die zusätzlich einen höheren Qualitätsstandard bzgl. Kratzfestigkeit und Chemikalienbeständigkeit haben.

In ■ Abb. 2.25 sind je Entwicklungsschritt für einen kompletten Lebenszyklus die ökologischen Leitparameter Primärenergiebedarf, Carbon Footprint, POCP (Photochemisches Oxidantienbildungspotenzial, d. h. Sommersmog), sowie die Lebenszykluskosten dargestellt.

Fazit aus dem ökologischem und ökonomischem Potenzial einer neuen effizienten dreidimensionalen Kunststoffteilelackierung: Das Forschungsvorhaben hat ein neues Verfahren mit vielversprechendem Potenzial entwickelt. Neben dem Qualitätssprung wird eine deutliche Reduzierung der Umweltbelastungen ersichtlich,

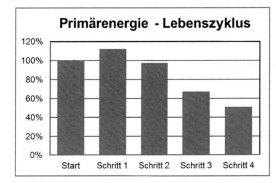

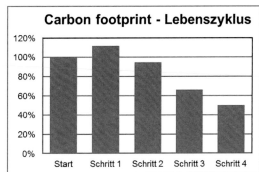

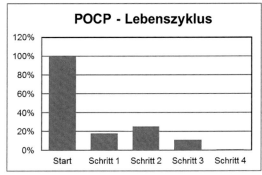

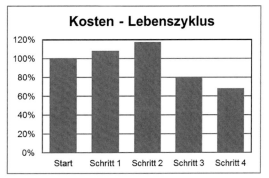

◘ Abb. 2.25   Ökologisches und ökonomisches Potenzial einer neuen sehr effizienten dreidimensionalen Kunststoff-teilelackierung

siehe ◘ Abb. 2.25. Ebenso verzeichnet auch die Betrachtung der Lebenszykluskosten einen deutlichen Rückgang und zeigt, dass eine wirtschaftliche Umsetzung möglich ist.

2.4.1.5 Zusammenfassung

Die Ökobilanz ist das einzige standardisierte Analysewerkzeug, das alle Lebenszyklusphasen betrachtet und somit phasenübergreifende Zielkonflikte aufzeigt. Damit können Produkte bzw. Technologien ganzheitlich bzgl. unterschiedlicher Fragestellungen, wie Ressourceneffizienz, Optimierungspotenziale, nachhaltige Entwicklungsstrategien, etc., untersucht und optimiert werden. Die Umsetzung von Ökobilanzen (als Erweiterungsoption: Lebenszykluskostenbetrachtung) in einfache projektnahe Software- bzw. Simulationsmodelle ermöglicht auch Nichtexperten eine umfassende Szenario- bzw. Sensitivitätsanalyse, um die signifikanten Parameter und Prozesse zu erkennen. Ein zusätzlicher Nutzen der Ökobilanz ist die Verwertbarkeit der Ergebnisse im betrieblichen Umwelt- bzw. Energiemanagement.

Literatur

1. Datenquelle: Consultic: Produktion, Verarbeitung und Verwertung von Kunststoffen in Deutschland 2015 („Consultic-Studie"). ▶ https://www.bkv-gmbh.de/fileadmin/documents/Studien/Consultic_2015__23.09.2016__Kurzfassung.pdf
2. VDI-Gesellschaft Entwicklung Konstruktion Vertrieb (Hrsg) (2000) Konstruieren recyclinggerechter technischer Produkte, Grundlagen und Gestaltungsregeln. VDI Richtlinie 2243, Düsseldorf
3. Job S (2014) Recycling composites commercially. Reinforced Plastics 58(5):32–38 (September-October 2014)
4. Limburg M, Quicker P (2016) Entsorgung von Carbonfasern – Probleme des Recyclings und Auswirkungen auf die Abfallverbrennung. In: Thomé-Kozmiensky K, Beckmann M (Hrsg) Energie aus Abfall, Bd 13. TK-Verlag, Neuruppin, S 135–144
5. Bledzki AK, Goracy K (1993) Verwertung von Duroplasten. In: Sutter H (Hrsg) Erfassung und Verwertung von Kunststoff. EF-Verlag, Berlin, S 177–185
6. Bledzki AK, Kurek K, Barth C (1992) Eigenschaften von SMC mit Regenerat. Kunststoffe (Zeitschrift) 82(11):1093–1096
7. Association of Plastic Manufacturers in Europe (APME) (Hrsg) (2001) Biodegradable plastics – position. APME, Brüssel
8. Bandrup J (Hrsg) (1995) Die Wiederverwertung von Kunststoffen. Hanser, München

9. Nickel W (Hrsg) (1996) Recycling-Handbuch, Strategien – Technologien – Produkte. VDI Verlag, Düsseldorf

10. Käufer H, Thiele A (1993) Geschlossene Materialkreisläufe für Kunststoffe durch Wiederverwertung von Abfall. Spektrum Wiss (Zeitschrift) 1993:102–106

11. Thiele A (1994) Materialrecycling von Thermoplasten über Lösen. In: Käufer H (Hrsg) Schriftenreihe Kunststoff + Recycling, Bd 10. Kunststoff-Recycling-Zentrum, Berlin

12. Arends D, Schlummer M, Mäurer A (2012) Removal of inorganic colour pigments from acrylonitrile butadiene styrene by dissolution-based recycling. J Mater Cycles Waste Manage 14(2):85–89

13. Wanjek H, Stabel U (1994) Rohstoffrecycling – die Verfahrenstechnik. Kunststoffe (Zeitschrift) 84(2):109–112

14. Korff J, Keim K-H (1989) Hydrierung von synthetisch organischen Abfällen. Erdöl Erdgas Kohle (Zeitschrift) 105(5):223–226

15. Geiger T, Knopf H, Leistner G, Römer R, Seifert H (1993) Rohstoff-Recycling und Energie-Gewinnung von Kunststoffabfällen. Chem-Ing-Tech (Zeitschrift) 65(6):703–709

16. Kaminsky W (1993) Pyrolyse von Kunststoffen in der Wirbelschicht. In: Sutter H (Hrsg) Erfassung und Verwertung von Kunststoffen. EF-Verlag, Berlin, S 187–201

17. Thomé-Kozmiensky KJ (Hrsg) (1994) Thermische Abfallbehandlung. EF-Verlag, Berlin

18. Kaminsky W, Sinn H (1990) Verwertung von polymeren Abfallstoffen durch Pyrolyse. Nachr Chem Tech Lab (Zeitschrift) 38(3):333–338

19. Ministerium für Wirtschaft, Mittelstand und Technologie NRW, Initiativkreis Ruhrgebiet (Hrsg) (1994) ARiV III: Automobil-Recycling im Verbund. Bericht, Vertrieb durch Fa. OrgConsult, Essen 22.11.1994

20. Pickering S, Benson M (1993) Recovery of material and energy from thermosetting plastics. In: Neitzel M, Lambert JC, Menges G, Kelly A (Hrsg) ECCM recycling concepts and procedures. Tagungsband, European Association for Composite Materials, 22–23 September 1993, Bordeaux/France, Cambridge, S. 41–46

21. Pickering SJ (2006) Recycling technologies for thermoset composite materials—current status. COMPOS PART A-APPL S 37(8):1206–1215. ▶ https://doe.org/10.1016/j.compositesa.2005.05.030

22. Forschungsvereinigung Automobiltechnik (FAT), Umweltbundesamt (UBA), Verband kunststofferzeugende Industrie (VKE) (Hrsg) Müller H, Haberstroh E (1986) Verwendung von Kunststoff im Automobil und Wiederverwertungsmöglichkeiten. FAT-Schriftenreihe Nr. 52. Frankfurt/Main

23. Christmann A, Keldenich K (1994) Verbrennung. In: Tiltmann KO (Hrsg) Recyclingpraxis Kunststoffe. Loseblattsammlung. TÜV Rheinland, Köln

24. European Commission: A European strategy for plastics in a circular economy. Communication from the Commission to the Europan Parliament. COM (2018) 28 final. Brussels, 16.01.2018

25. Henning F (2011) Einführung in den Fahrzeugleichtbau. Vorlesungsunterlagen, Karlsruhe Institute of technology KIT

26. Vestas Deutschland GmbH (2010) Bericht V80 2.0 MW, Husum

27. BASF, Pinkow S (2010) Wie Windflügel den Kräften der Natur trotzen. Wissenschaft populär 224/10

28. Bittmann E (2002) Viel Wind um GFK-Werkstoffe und Verfahren im Rotorblattbau. Kunststoffe 92:119–124

29. Webel S (2007) Strom vom weißen Riesen. Pictures of the Future (Zeitschrift) Herbst 2007:60–62

30. Schmidl E, Hinrichs S (2010) Geocycle provides sustainable recycling of rotor blades in cement plant. DEWI Magazin No. 36 (Zeitschrift), 6–14

31. Hau E (2008) Windkraftanlagen – Grundlagen, Technik, Einsatz, Wirtschaftlichkeit. Springer, Berlin

32. Gesetz für den Vorrang Erneuerbarer Energien (Erneuerbare-Energien-Gesetz – EEG), erste Fassung: 25.10.2008 (BGBl. Teil 1, S. 2074); zuletzt geändert: 22.12.2011 (BGBl. Teil 1, S. 3044)

33. Goodman JH (2010) Architectonic reuse of wind turbine blades. SOLAR 2010, American Solar Energy Society

34. Goodman JH (2010) Persönliche Information: Architectonic reuse of wind turbine blades, am: 14.09.2010

35. 2012Architecten: Wikado. 2007, zitiert am: 15.09.2010. ▶ http://www.flickr.com/photos/2012architecten/sets/72157601410839178/

36. de Krieger J (2010) Persönliche Information Spielplatz aus Rotorblättern am 22.09.2010

37. Richtlinie 2008/98/EG des Europäischen Parlaments und des Rates vom 19. November 2008 über Abfälle zur Beseitigung und zur Aufhebung bestimmter Richtlinien, erste Fassung: 19.11.2008 (Amtsblatt der Europäischen Union, Jhg. 2008, Reihe L 312, S. 3); Europäische Union (EUR-Lex)

38. Martens H (2011) Recyclingtechnik – Fachbuch für Lehre und Praxis. Spektrum Akademischer, Heidelberg

39. bvse Bundesverband Sekundärrohstoffe und Entsorgung e. V. (2012) Werkstoffliches Recycling. Zitiert am: 10.01.2012. ▶ http://www.bvse.de/314/457/4__Werkstoffliches_Recycling

40. van der Woude J (2010) Bericht Nachhaltigkeit von Faserverbundkunststoffen. AVK – Industrievereinigung Verstärkte Kunststoffe e. V., Arbeitskreis „Nachhaltigkeit", Frankfurt a. M.

41. Woidasky J (2008) Kunststoffe und Bauteile- Umwelt und Recycling. In: Eyerer P, Elsner P, Hirth T (Hrsg) Kunststoffe – Eigenschaften und Anwendungen. Springer, Berlin, S 146–154

42. Schäfer P (1998) Duromere Werkstoff in der Kreislaufwirtschaft-Vision oder Wirklichkeit?. 1. AVK/TV Tagung, Baden-Baden

43. Schäfer JH (2010) Gesamtverband der Aluminiumindustrie e. V., Geschlossene Kreisläufe für eine optimale Ökobilanz. 2010 zitiert am. ▶ http://www.aluinfo.de/index.php/kreislaufwirtschaft-und-aluminium.html

44. Schmidl E (2009) Verwertung von faserverstärkten Kunststoffen. Internationale AVK-Tagung, Stuttgart

45. Fraunhofer-Intern (2010) Persönliche Information: Angaben führenden WKA-/Rotorblatt-Hersteller, die

auf Grund von Geheimhaltungsvereinbarungen im Rahmen dieser Arbeit zu anonymisieren sind

46. SeawolfDesign (2010) FRP fiberglass scrap recycling systems. ▶ http://www.seawolfindustries.com/recycle.html. Zugegriffen: 2. Dez. 2010

47. Schiebisch J (1996) Zum Recycling von FaserverbundKunststoffen mit Duroplastmatrix. Dissertation, Lehrstuhl für Kunststofftechnik, Erlangen

48. Franz M (2008) Treibstoffherstellung aus Kunststoffabfällen. Müll und Abfall 12:609–616

49. Akesson D et al (2012) Microwave pyrolysis as a method of recycling glass fibre from used blades of wind turbines. J Reinf Plas Compos 31(17):1136–1142

50. Woidasky J (2011) Recyclingfähigkeit und End-of-Life-Konzept im Leichtbau. In: Henning F (Hrsg) Handbuch Leichtbau. Hanser, München, S 1191–1204

51. NN (2011) CFK-Recyclinganlage von Karl Meyer offiziell in Betrieb. EUWID Recycling und Entsorgung Nr. 6, S. 11

52. Tötzke M (2005) Untersuchungen zum Recycling von Kohlenstofffaserverstärkten Kunststoffen durch Depolymerisation im Metallbad. Dissertation, Martin-Luther Universität, S. Otte and K. Schulte

53. Grove-Nielsen E (2010) RreFiber Aps, Recycling technology for composites. 2010b, aktualisiert: 2004. ▶ http://www.refiber.com/technology.html. Zugegriffen: 20. Sept. 2010

54. Grove-Nielsen E (2010) Persönliche Information zu Pyrolyse von Rotorblattmaterial am 02.08.2010

55. Halliwell S (2006) End of life options for composite waste. National Composites Network, Bericht

56. Eyerer P, Elsner P, Hirth T (2005) Die Kunststoffe und Ihre Eigenschaften. Sicherheit, Umwelt und Recycling. Springer, Berlin, S 1370–1372

57. Käufer H, Seijo-Bollin HP (1995) Verfahren für das Recycling von Epoxidharz enthaltenden Erzeugnissen. WIPO; WO 96/16112

58. Spaak ML (2012) Reycling thermoset composites for surface transport. European Composites Recylcing Services Company (ECRC), Training Introduction – EURECOMP Project, Brüssel, 05.04.2012

59. Meinlschmidt, Seiler (2017) ▶ https://windenergietage.de/wp-content/uploads/sites/2/2017/11/26WT0811_F15_1145_IWES.pdf

60. ILCD Handbook – General Guide for Life Cycle Assessment – detailed Guidance

61. EUROPEAN COMMISSION 2011. Roadmap to a Resource Efficient Europe COM(2011) 571 final. Mitteilung der Kommission an das Europäische Parlament, den Rat, den Europäischen Wirtschafts- und Sozialausschuss und den Ausschuss der Regionen zum Fahrplan für ein ressourcenschonendes Europa. ▶ http://ec.europa.eu/environment/resource_efficiency/pdf/com2011_571.pdf. Veröffentlicht am 20. September 2011

62. Pressemitteilung Nr. 089/17, Internationale Umweltpolitik, Gemeinsame Pressemitteilung mit dem Bundesministerium für Wirtschaft und Energie, 16.03.2017

63. Thomas A, Heimann M (2010) Effiziente Ressourcennutzung als Beitrag zur Arbeitsplatzsicherung. Vortrag Branchentreffen Landmaschinenbau am

26. Mai 2010. ▶ www.igmetall.de/cps/rde/xbcr/SID-0A456501-EB72E069/internet/100526A_Thomas_0162623.pdf

64. VDI Zentrum Ressourceneffizienz. Online-Glossar. ▶ www.vdi-zre.de/home/was-ist-re/glossar/a/. Zugegriffen: 9. Aug. 2012

65. Umweltmanagement – Ökobilanz – Grundsätze und Rahmenbedingungen (ISO 14040:2006). ▶ www.beuth.de

66. Umweltmanagement – Ökobilanz – Anforderungen und Anleitungen (ISO 14044:2006). ▶ www.beuth.de

67. Umweltmanagementsysteme – Anforderungen mit Anleitung zur Anwendung (ISO 14001:2015). ▶ www.beuth.de

68. Energiemanagementsysteme – Anforderungen mit Anleitung zur Anwendung (ISO/DIS 50001:2017). ▶ www.beuth.de

69. LCS Life Cycle Simulation. Energie- und Stoffstromsimulationen von industriellen Lackierprozessen und Material- und Energieökoprofile aus LCS Ökobilanzdatenbank und LCS Berechnungen. ▶ www.lcslcs.de. aktualisiert 2018

70. thinkstep AG (2018) GaBi 8 Software-System und Datenbank für Life Cycle Assessment. ▶ www.gabi-software.com

71. Ecoinvent. Datenbank. ▶ www.ecoinvent.ch

72. European Commission. ELCD Datenbank. ▶ http://lca.jrc.ec.europa.eu

73. Öko-Institut. GEMIS Datenbank. ▶ www.oeko.de

74. Harsch M (2013) Entwicklung, Simulation und prozesssichere Umsetzung zur umweltfreundlicheren und wirtschaftlicheren Beschichtung von komplexen Kunststoffbauteilen (ENSIKOM), Teilprojekt: Untersuchung der Nachhaltigkeit, BMBF Forschungsvorhaben, Abschlussbericht, Förderkennzeichen 033R030D, Februar 2013

75. European Commission – Joint Research Centre – Institute for Environment and Sustainability 2010. International Reference Life Cycle Data System (ILCD) Handbook – General guide for Life Cycle Assessment – Detailed guidance. First edition March 2010. EUR 24708 EN. Publications Office of the European Union, Luxembourg

Weiterführende Literatur

76. Baur E, Osswald TA, Rudolph N (Hrsg) (2013) Saechtling Kunststofftaschenbuch, 31. Aufl. Hanser, München. ISBN 978-3-446-43729-6

77. Fink JK (2017) Reactive polymers: fundamentals and applications. A concise guide to industrial polymers, 3. Aufl. Elsevier, Amsterdam (ISBN: 978-0128145098, Plastics Design Library)

Weiterführende Literatur zu Abschn. 2.1.1

78. Adamy M (2017) Die Recyclingkette wächst zusammen. Kreislaufgedanke treibt Integration und Vernetzung voran. Kunststoffe 8:62

79. Adamy M (2017) Recycling beginnt mit der Compoundierung. Kunststoffe 9:60–63

80. Albert D, Schnell H (2013) Ohne Wenn und Aber. Recycling. Kunststoffe 1:24–28

81. Ehrhardt M (2017) Schluss mit Zurückhaltung. Intelligente und biobasierte Lebensmittelverpackungen. Kunststoffe 4:38–39
82. Heitzinger M (2013) Gegenstrom-Prinzip verbessert Produktivität. Recycling. Kunststoffe 12:86–89
83. Ulmer B, Lang ML, Bastian M, Vogt A (2017) Neue Wege für alte Kunststoffe. Recycling von Polyethylen-Polypropylen-Mischfraktionen. Kunststoffe 11:75–78

Weiterführende Literatur zu Abschn. 2.1.2.1

84. Formisano B, Bonten C (2017) Jetzt kommt es richtig dick. Hochviskose Rezyklate aus Gusspolyamid 6. Kunststoffe 12:64–70
85. Manis F, Wölling J, Schneller A (2016) Ganzheitliche Recycling-Prozesskette für Carbonfasergewebe und Gelege. lightweight.design 5:14
86. Neuber V (2017) Kunststoffrecycling bei Automobilen. Kunststoffe 12:64–66
87. NN (2017) Organobleche aus recycelten Carbon-Stapelfasergarnen. lightweight.design 3:20–25
88. NN (2012) Can epoxy composites be made 100 % recyclable? REINFORCEDplastics September/October 2012, 26–28
89. Rudolph N, Kiesel R, Aumnate C (2017) Understanding plastics recycling. Hanser, München. ISBN 978-1-56990-676-7

Weiterführende Literatur zu Abschn. 2.1.2

90. Bockisch A, Bankmann D, Kernbaum S (2017) Recycling beginnt bereits bei der Wahl der Verbundstoffe. Kunststoffe 8:32–37
91. Fink JK (2017) Reactive polymers: fundamentals and applications. A concise guide to industrial polymers, 3. Aufl. Elsevier, Amsterdam (ISBN: 978-0128145098, Plastics Design Library)
92. Fischer H, Schmid H (2013) Qualitätskontrolle für rezyklierte Carbonfasern. Prüftechnik. Kunststoffe 11:88–91
93. Gandert E (2017) Closed-Loop mit CFK. Plastverarbeiter 12:52–53
94. Gandert E (2017) In der Rezyklat-Qualität liegt ein Schlüssel. Kreislaufwirtschaft erfordert intelligente Technik. Plastverarbeiter 12:18–19
95. Gründel F (2017) Mit Zuckerbrot und Peitsche. Kunststoffverpackungen liegen im Fokus der Kreislaufwirtschaft und werden kontrovers diskutiert. Kunststoffe 4:34–37
96. Menz V, Schwake M, Fulev S (2013) Weich bleibt weich. PUR-Recycling. Kunststoffe 11:79–82

Weiterführende Literatur zu biologisch abbaubaren Polymeren

97. Siebert T, Schlummer M, Mäurer A (2013) Bioverpackungen wiederverwerten. Kunststoffe 7:79–82

Weiterführende Literatur zu Abschn. 2.1

98. Fiedler-Winter R (2007) Nachhaltigkeit in der Praxis. Kunststoffe 97(10):36–42

99. Fink JK (2017) Reactive polymers: fundamentals and applications. A concise guide to industrial polymers, 3. Aufl. Elsevier, Amsterdam (ISBN: 978-0128145098, Plastics Design Library)
100. Henning F, Moeller E (2011) Handbuch Leichtbau. Methoden, Werkstoffe, Fertigung. Hanser, München
101. Rudolph N, Kiesel R, Aumnate C (2017) Understanding Plastics recycling. Hanser, München. ISBN 978-1-56990-676-7
102. Simon C-J, Lindner C (2007) Stabile und hohe Verwertung bestätigt – Consultic Studie 2005. Kunststoffe 97(2):30–33
103. Welle F (2007) Reinigen bis zum Neuware-Niveau – PETRecycling. Kunststoffe 97(5):82–85
104. Würdinger E et al (2002) Kunststoffe aus nachwachsenden Rohstoffen: Vergleichende Ökobilanz für Loose-fill-Packmittel aus Stärke bzw. Polystyrol. Endbericht (DBU-Az 04763), DBU, Berlin, 3/2002

Weiterführende Literatur zu Abschn. 2.2

105. Henning F, Moeller E (2011) Handbuch Leichtbau. Methoden, Werkstoffe, Fertigung. Hanser, München
106. Zotz F, Kling M, Langner F, Hohrath P, Born H, Feil A (2019) Entwicklung eines Konzepts und Massnahmen für einen ressourcensichernden Rückbau von Windenergieanlagen, (Hrsg) Texte 117/2019. ISSN 1862-4804

Weiterführende Literatur zu Abschn. 2.3

107. Baitz M, Wolf MA (2006) Metals and plastics – competition or synergy? In: von Gleich A et al (Hrsg) Sustainable metals management. Springer, Dordrecht, S 519–534 (Book Chapter 21)
108. DIN EN ISO 14040:2006: Umweltmanagement – Ökobilanz – Grundsätze und Rahmenbedingungen
109. DIN EN ISO 14044:2006: Umweltmanagement – Ökobilanz – Anforderungen und Anleitungen
110. Eyerer P (Hrsg) (1996) Ganzheitliche Bilanzierung, Werkzeug zum Planen und Wirtschaften in Kreisläufen. Springer, Berlin
111. European Commission – Joint Research Centre – Institute for Environment and Sustainability (2010 und 2011) International Reference Life Cycle Data System (ILCD) Handbook. Series of guidance documents for good practice in Life Cycle Assessment. First edition 2010–2011. Publications Office of the European Union, Luxembourg
112. European Commission. 2013. PEF Guide – Annex II to Recommendation (2013/179/EU) and the Product Environmental Footprint Pilot Guidance, Official Journal of the European Union number L124 from 4 May 2013 which includes the Recommendation 2013/179/EU: Commission Recommendation of 9 April 2013 on the use of common methods to measure and communicate the life cycle environmental performance of products and organisations
113. Kaßmann M (2017) Packender Wettbewerb. Deutscher Verpackungspreis begleitet Entwicklung der Kunststoffverpackungen. Kunststoffe 4:24–27

114. Kelterborn U (2017) Kunststoffverpackungen schonen die Umwelt. Waren schützen und gleichzeitig Ressourcen sparen. Kunststoffe 4:30–32
115. PE Europe et al (2004) Life Cycle Assessment of PVC and of principal competing materials. Studie im Auftrag des General-Direktorates „Unternehmen und Industrie" der Europäischen Kommission
116. PlasticsEurope (2011) Eco-profiles and environmental declarations – life cycle inventory methodology and Product Category Rules (PCR) for uncompounded polymer resins and reactive polymer precursors. Version 2.0 of April 2011. ▶ www.plasticseurope.org
117. Wolf MA, Baitz M, Kreissig J (2010) Assessing the sustainability of polymer products. In: The handbook of environmental chemistry – polymers – opportunities and risks II. 1–53. ▶ https://doi.org/10.1007/698_2009_10

Weiterführende Literatur zu Abschn. 2.4

118. Harsch M et al (2017) Comprehensive eco-indicators fort he development of coating in the future. Vortrag am 6.–7. November 2017, Car body painting automotive circle conference, 34th Workshop, Bad Naunheim

Ausblick zu Polymer Engineering

Peter Eyerer, Kay André Weidenmann und Florian Wafzig

© Springer-Verlag GmbH Deutschland, ein Teil von Springer Nature 2020
P. Eyerer et al. (Hrsg.), *Polymer Engineering 3*, https://doi.org/10.1007/978-3-662-59839-9_3

Die folgenden kurzen Teilkapitel befassen sich überwiegend mit technischen Inventionen, die schon auf dem Weg zu Innovationen sind oder als Hoffnungsträger einmal den Markt erobern sollen. Entscheidend für einen Ausblick sind aber vor allem die wirtschaftlichen und organisatorischen Strukturen sowie die Werte und Regeln der das Engineering umsetzenden Firmen.

Im Rahmen eines Produkt Engineerings befasste sich die Forschung und Entwicklung in den vergangenen Jahrzehnten mit Werkstoffen für besondere Funktionalitäten auf der Basis von Erdöl für das Polymer Engineering. Diese Basis verschiebt sich gegenwärtig immer mehr hin zu alternativen Rohstoffquellen und biobasierten, multifunktionellen Werkstoffen. Biobasierte Rohstoffe liegen 2020 jedoch massenmäßig noch unter 3 % der petrobasierten Rohstoffe. Zukünftige Anstrengungen zielen auf die Entwicklung von Technologien für globale industrielle Herausforderungen. Dazu gehören einerseits branchenübergreifende Lösungen mit geringeren individuellen Kundenwünschen, andererseits ist im Bereich der Consumer Products ein zunehmender Trend zur Produktindividualisierung festzustellen, der neue Herausforderungen für die Prozesstechnik birgt. Eine wesentlich schnellere internationale Umsetzung von multidisziplinärer Forschung und Entwicklung in global vermarktbare Produkte ist zukünftig gefragt. Dazu wird es globale Forschungs- und Entwicklungskooperationen zwischen akademischen und industriellen und branchenübergreifenden industriellen Zusammenarbeiten geben, um Kosten zu reduzieren und Effizienz zu steigern.

Eine Auswahl an zukünftigen Werkstoff-Technologien bietet die folgende Auflistung. Polymerbezogene Technologien bilden Untermengen darin.

- Kohlenstoff-Fasern: low-cost-CF, Recycling, Wettbewerbsfähigkeit zu anderen Werkstoffen (insbesondere zu Glasfasern)
- Bio-Fasern
- Smart Fabrics: Monitoring von biomedizinischen Parametern, antimikrobielle Textilien, Remote Monitoring, Gewebereparatur
- Smart Packaging für erhöhte Haltbarkeit mit O_2- oder Ethylenfänger
- (Bio)Funktionale Materialien
- Bio-Faserverbundwerkstoffe, zum Beispiel sojabasierte Biokomposite, carbonisierte Apatit-Biokomposite, Keratin-Zellulose-basierte Biokomposite, seidenfaserbasierte Biokomposite, Lignin- und zellulosebasierte Biokomposite, Einsatz von Naturfasern (Hanf, Jute, Flachs) in faserverstärkten Kunststoffen
- Filter-Technologien, zum Beispiel super-wasserabweisende Oberflächen, Reverse-Osmose-Wassertechnik, Wasseraufbereitung
- alternative Rohstoffe für Chemikalien und Treibstoffe, zum Beispiel Ölsande, Stranded Gas, Biomass to liquid, Gas to liquide, Shale Oil
- Graphene Technologien und Carbon-Nano-Tubes in Composites, zum Beispiel Super-Tribologie, flexible Schaltungen, Batterietechnik
- Batterieentwicklungen, zum Beispiel leitfähige Additive und Polymere, Leichtbau, Ladungsdichte, flexible Ladungszyklen, Lösung von Dichtproblemen, Batterieschutz im Betrieb
- Speichertechniken
- Oberflächentechniken (Medizin, Verfahrenstechnik, Dekor, Schutz, Nano-Oberflächen)
- alternative Umwandlungen (Wärme in Elektrizität)
- Sensorikmaterialien
- Materialentwicklungen, die völlig neue, steuerbare Strukturmerkmale ergeben (Meta-Werkstoffe), auxetische Werkstoffe, selbstheilende Materialien

Aufgrund der Kosten- und Eigenschaftsstruktur ist es in den seltensten Fällen sinnvoll, ein kosten- und masseeffizientes System aus einem Werkstoff herzustellen. Daher ist ein Trend zum sogenannten „Multi-Material-Design" zu beobachten: Unterschiedliche Werkstoffe (auch aus unterschiedlichen Werkstoffgruppen) werden zu einem hybriden Werkstoff vereint oder zu hybriden Bauteilen zusammengesetzt.

Ein solches Werkstoff- oder Bauteilkonzept erlaubt es, die individuellen, werkstoffspezifischen Vorteile von z. B. Metallen und (faserverstärkten) Kunststoffen und ggf. sich ergebenden Synergien zu nutzen. Das Resultat ist dann mehr als die Summe seiner Teile.

Ziel aktueller Forschungs- und Entwicklungsarbeiten ist die sinnvolle Zusammenführung der jeweiligen werkstoffspezifischen Vorteile zu einem leichten, multifunktionellen, wirtschaftlich interessanten und ressourcenschonenden hybriden Materialverbund bei signifikanter Reduzierung der Einzelbauteile und einer energetischen Gesamtoptimierung der Fertigungsprozesse.

Alle Hybridkomponenten bringen dabei ihre individuellen Vorteile mit ein. Metallische Leichtbauwerkstoffe wie Stahl, Aluminium oder Magnesium sind für die punktuelle und drehmomentenbelastete Krafteinleitung hervorragend geeignet und verhalten sich isotrop bezüglich ihrer hohen Festigkeiten und Steifigkeiten. Kunststoffe hingegen bieten optische und haptische Aspekte oder Dämpfung und können mittels Faserverstärkung gleichzeitig über gezielte Faseranordnung ihre lastpfadorientierte Anisotropie nutzen.

3.1 Polymer Engineering

3.1.1 Werkstoffherstellung, Synthese

Seit den 1980er-Jahren findet in der chemischen Industrie ein tiefgreifender Strukturwandel statt. Die Pharmaindustrie wurde herausgelöst. Zwischen der reifen Industrie (Grundstoffchemie auf Erdölbasis) mit geringen Wachstumsraten und jungen Industrien (Spezialchemie) mit zweistelligen Wachstumsraten wird heute differenziert, ◘ Abb. 3.1.

Die Tendenz der vergangenen Jahrzehnte setzt sich innerhalb der Kunststoffchemie in Zukunft fort: Neue Kunststoffe werden kaum noch synthetisiert. Sofern große Absatzmengen locken, wird es höchstens Mischungen aus bekannten Polymeren (Copolymerisationen, Blending) geben. Neue Katalysatorsysteme, wie etwa die Metallocen-Technologie, sind bereits in den Markt eingeführt und werden vor allem bei der Polypropylen und -ethylensynthese bereits großtechnisch zur Steuerung der Taktizität eingesetzt. Auch hier sind Weiterentwicklungen zu erwarten, ein sich abzeichnender Trend ist dabei die Synthese von amorphem Polypropylen. Mittelfristig wird es mehr Polymerisationen in Wasser und in Masse oder längerfristig auch in supercritical fluids (SCF) anstelle in Lösemittel geben. Eine Reduktion von Rückständen des Monomeren, Lösemittels und Zusätzen wie Emulgatoren wird das Ziel sein, sofern die Synthesekosten dabei auch gesenkt werden. Dies geschieht ohnehin permanent durch Verfahrensanalysen.

Insgesamt wird die Reduktion von Nebenprodukten (100 % Umsatz) oder deren Verwertung ein Entwicklungsthema sein. So werden Rezepturen für Polymere angestrebt, die migrationsfreie, halogenfreie und wiederverwertbare Produkte (schwermetallfreie Additive) liefern.

Ein absehbarer großer Schritt in Richtung der Synthese von biobasierten Polymeren – weg vom

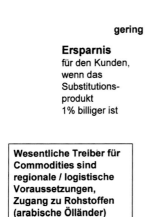

gering

Ersparnis
für den Kunden,
wenn das
Substitutions-
produkt
1% billiger ist

Spezialitäten

Commodities

**Wesentliche Treiber für
Commodities sind
regionale / logistische
Voraussetzungen,
Zugang zu Rohstoffen
(arabische Ölländer)
oder niedriges
Lohnniveau
(China / Indien)**

hoch

Kosten / Risiken
für den Kunden
bei Produktwechsel

**Spezialitäten sind
attraktiver wegen
höherer
Wachstumsraten,
geringerer
Zyklizität,
höherer Margen
und besserem
Potential zur
Differenzierung.**

**Sie bieten die
günstigere
Perspektive für
rohstoffarme
Industrieländer
(Europa / Japan)**

◘ Abb. 3.1　Commodities vs. Spezialitäten (A. Oberholz [1])

Erdöl, hin zu Zucker, Cellulose, Stärke, Ölen und Fetten oder Lignin als Rohstoff – wird die Polymerchemie verändern. Gleichzeitig stellt sich die Frage nach der Konkurrenz mancher dieser alternativen Rohstoffe zur Nahrungsmittelproduktion. Langfaser-, gewebe-, gestrickverstärkte oder örtlich hybridfaserverstärkte Thermoplaste werden in Richtung Großserie und Strukturbauteile Boden gewinnen. Insbesondere die Verwendung von Hochleistungsthermoplasten kann hier helfen, die mangelnde Kriechbeständigkeit zu überwinden und somit faserverstärkte Thermoplaste für die Verwendung in Strukturbauteilen zu qualifizieren.

Im Bereich der Duromersysteme sind ähnliche Trends zu beobachten. Hier zielt die Entwicklung neuer Rezepturen insbesondere auf die Beschleunigung von Aushärteprozessen, um Hochleistungsfaserverbunde bezüglich der Zykluszeiten ihrer Herstellprozesse konkurrenzfähig zu machen. Im Bereich der Sheet Molding Compounds (SMC) wird die Verwendung von Kohlenstofffasern zum Trend, was ebenfalls die Entwicklung neuer, mehrstufig reagierender epoxidbasierter Harzsysteme forciert. Gleichzeitig ist hier die Recyclingfragestellung relevant, um mittelfristig auch für diese Werkstoffgruppe Alternativen zum thermischen Recycling zu entwickeln, die sogar eine Rekuperation der Matrix ermöglichen. Das Lösen der organischen Komponenten in überkritischen Flüssigkeiten ist hier ein Forschungsansatz.

Nanocomposites und Nanopartikel ergänzen hier in Richtung höhere Festigkeit, Steifigkeit, Leitfähigkeit u. a. auch bei transparenten Kunststoffen.

3.1.2 Werkstoffeigenschaften

Die Vision der variabel, im Betrieb über Sensoren steuerbaren Eigenschaften von Kunststoffen wird mittel- bis langfristig Realität werden. Bei der Entwicklung neuer Hochleistungsfaserverbundbauteilen liegt ein Trend bei sogenannten „Smart Materials". Über Sensoren und Aktuatoren werden Werkstoffeigenschaften verändert, um diese den Umgebungsbedingungen anzupassen (z. B. Reduktion von Schwingungen). Funktions-, Struktur- und Gradientenwerkstoffe im Polymer Engineering verbreitern ihre Anwendungen. Weitere Entwicklungen, insbesondere im automobilen Umfeld, zielen auf

- verbesserte Formstabilität und Kriechbeständigkeit, s. Abb. 3.2
- höhere Energieaufnahmevermögen in der Kälte
- schadenstolerante oder selbstheilende Werkstoffe
- verbessertes Brandverhalten (Toxizität, Rauchgase)
- umweltgerechtere Schäumsysteme
- Kombination von Werkstoffen (Hybridsysteme) u. a. Mehrschichtschläuche oder Umspritzen von Faserverbundkunststoffen mit Struktureinlagen
- hohe örtliche elektrische Leitfähigkeit
- emissionsfreie Kunststoffe
- kratzfest beschichtete Kunststoffscheiben
- Polymere LED
- flächige Leuchtdioden zur Illumination
- Flüssigkristallbildschirmanwendungen
- Eigenschaftsverbesserungen durch Nanopartikel und Nanocomposites [2]
  - höhere katalytische Aktivität (Pt@Al_2O_3)
  - höhere mechanische Verstärkung (Carbon Black in Gummi)
  - Superparamagnetismus (Fe_2O_3)
  - niedrigere Sintertemperatur (TiO_2)
  - Blauverschiebung optischer Spektren
  - erhöhte Lumineszenz von Halbleitern (Si, GaAs)
  - transparenter UV-Schutz (ZnO, TiO_2)

◻ Abb. 3.2 zeigt, welche Eigenschaftsverbesserungen bei 100 Jahre bestehenden Kunststoffen (Phenol-Formaldehydharz) heute und in Zukunft möglich sind! Am Beispiel nanoverstärktes Epoxidharz wird anhand ◻ Abb. 3.3 das altbekannte Dilemma deutlich, wonach mit traditionellen Füllstoffen eine verbesserte Festigkeit oder Steifigkeit zulasten der Schlagzähigkeit geht bzw. umgekehrt. Wie Ergebnisse zeigen, beispielsweise [3], lassen sich mittels Nanoverstärkungen die Schlagzähigkeit und der Modul steigern. Die Entwicklung derartiger Nanocomposites steht dabei erst am Anfang.

3.1.3 Verarbeitung, Verfahrenstechnik

Der Trend zur Kombination von verschiedenen Verarbeitungstechniken mit Integration von Funktionen in Kunststoff- oder Hybridbauteile

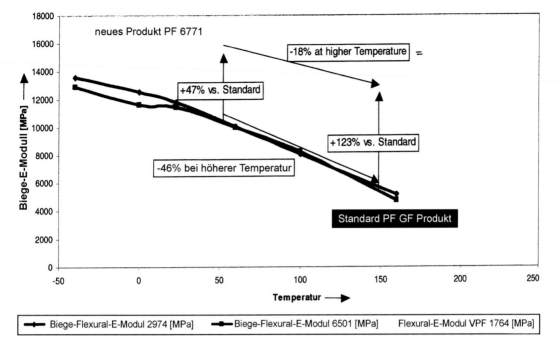

● Abb. 3.2   Beispiel verbesserte Formstabilität bei höchster Festigkeit beim Standardprdukt Phenolharz PF (Schwab)

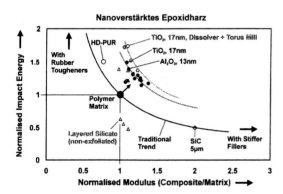

● Abb. 3.3   Nanokomposite überwinden Grenzen: nanoverstärktes Epoxidharz [3]

wird sich dynamisch aus Kostengründen fortsetzen. Die großserienfähige Verarbeitung von thermoplastischen, langfaserverstärkten Verbundwerkstoffen mit örtlicher Gewebe- oder Kohlenstofffaserverstärkung hat sich in laufende Serien eingedrängt.

Eine kostengünstigere, qualitätssicherere Duroplastverarbeitung (SMC/BMC) ist vereinzelt umgesetzt. Eine weitere Qualitätssteigerung ist durch reproduzierbarere Einstellung des Halbzeugzustandes oder eine Vermeidung dieses produktionstechnischen Zwischenschrittes zu

erwarten. Die direkte Prozessführung (D-SMC) ermöglicht schon heute die Bauteilfertigung aus den SMC-Rohstoffen in einer durchgängigen Prozesskette. Gerade durch die hohen erzielbaren Oberflächenqualitäten sind SMC-Werkstoffe heute in der automobilen Außenhaut großtechnisch etabliert. Der nächste Schritt wird der Einsatz in tragenden Bauteilen (Struktur-SMC) sein, wofür durch den verstärkten Einsatz von Kohlenstofffasern und die Kombination aus Lang- und Endlosfaserverstärkung die werkstofftechnischen Voraussetzungen geschaffen werden.

Andere reaktive Verarbeitungen wie Polyamid aus Caprolactam, PUR-RIM/RRIM und SRIM[1], RTM und TRTM[2] sowie den PUR-basierten Fasersprühverfahren LFI[3], FCS[4], SCS[5] oder CSM[6], wie auch die Extrusion zeigen deutliche Fortschritte.

---

1   PUR-RIM/RRIM ... Polyurethan-Reaction Injection Molding/Reinforced RIM, SRIM ... Polyurethan-Reaction Injection Molding/Structural RIM.

2   RTM ... Resin Transfer Molding (mit Duroplasten), TRTM ... Thermoplastic RTM.

3   LFI ... Long Fiber Injection.

4   FCS ... Fiber Composite Spraying.

5   SCS ... Structural Component Spraying.

6   CSM ... Composite Spray Molding.

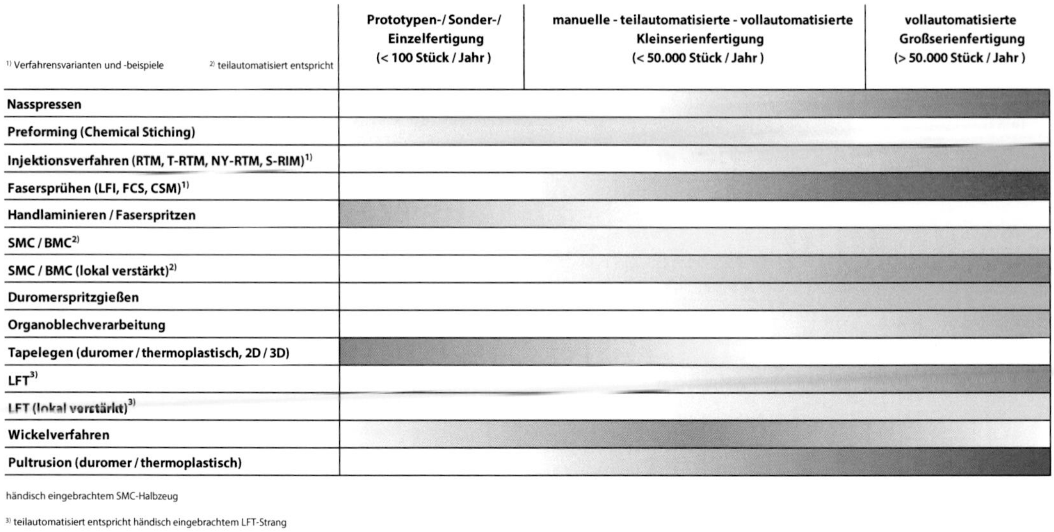

[1] Verfahrensvarianten und -beispiele [2] teilautomatisiert entspricht	Prototypen-/ Sonder-/ Einzelfertigung (< 100 Stück / Jahr)	manuelle - teilautomatisierte - vollautomatisierte Kleinserienfertigung (< 50.000 Stück / Jahr)	vollautomatisierte Großserienfertigung (> 50.000 Stück / Jahr)
Nasspressen			
Preforming (Chemical Stiching)			
Injektionsverfahren (RTM, T-RTM, NY-RTM, S-RIM)[1]			
Fasersprühen (LFI, FCS, CSM)[1]			
Handlaminieren / Faserspritzen			
SMC / BMC[2]			
SMC / BMC (lokal verstärkt)[2]			
Duromerspritzgießen			
Organoblechverarbeitung			
Tapelegen (duromer / thermoplastisch, 2D / 3D)			
LFT[3]			
LFT (lokal verstärkt)[3]			
Wickelverfahren			
Pultrusion (duromer / thermoplastisch)			

händisch eingebrachtem SMC-Halbzeug

[3] teilautomatisiert entspricht händisch eingebrachtem LFT-Strang

◘ Abb. 3.4 Fertigungsverfahren für Faserverbundbauteile der Automobilindustrie im Überblick. (Fraunhofer Institut für Chemische Technologie, Pfinztal, 2016, Quelle: VDMA Studie, Automobilzulieferer, OEM)

Gleiches gilt für die Verarbeitungstechnologien der Pultrusion und des Duromerspritzgießens, welche durch weiterentwickelte materialspezifische Formulierungen immer mehr an Bedeutung gewinnen. Dies gilt insbesondere für die Reduktion der Aushärtezykluszeiten, die im vergangenen Jahrzehnt um fast eine Größenordnung gesenkt werden konnten.

Die bereits genannten, wie auch weitere Prozesse sind in ◘ Abb. 3.4 aufgeführt und liefern einen Überblick über die aktuell in der Automobilindustrie eingesetzten Fertigungsverfahren. Die für die Erstellung der Abbildung notwendigen Bewertungskriterien basieren auf den verfahrensabhängigen, jährlich zu produzierenden Stückzahlen der Automobilindustrie sowie den automatisierbaren Einzelprozessschritten, welche u. a. die oben erwähnten Aushärtezykluszeiten beinhalten.

◘ Abb. 3.4 zeigt, dass die Automobilindustrie im Bereich der automatisierten Kleinserien- wie auch Großserienfertigung sowohl auf duromere als auch thermoplastische Produktionstechnologien setzt. Beiderseits ist ein sehr hoher Grad der Automatisierung erreicht. Auf duromerer Seite lassen sich aufgrund weiterentwickelter Systemkomponenten und der Verkettung einzelner Prozess- und Reaktionsschritte (B-Stage-Materialsysteme), Zykluszeiten von wenigen Minuten realisieren. Hiermit und gerade auch mit Blick auf zukünftig kombinierbare Prozess-,

◘ Abb. 3.5 Dreidimensionale Faserverbundstruktur, hergestellt durch das Hand- Ablegeverfahren „xFK in 3D" von AMC

aber vor allem Multimaterialansätze können hybride Bauteillösungen verfolgt werden.

Darüber hinaus werden integrierte Prozesse (Reaktion, Compoundierung und Formgebung), die auf der Kombination verschiedener Verfahrensschritte basieren, zunehmend an Bedeutung gewinnen, da dadurch ein mehrfaches Erwärmen und Abkühlen von Kunststoffen wegfällt. Die Bedeutung der Mikrowellentechnik beim Trocknen, Schweißen, Kleben, Erwärmen/Schmelzen, einschließlich der Plasmatechnik zum Reinigen und Beschichten wächst, weil Vorteile in Funktionen, Kosten und Umwelt erkannt werden.

Bei dem Verfahren „xFK in 3D" (◘ Abb. 3.5) handelt es sich um eine sehr einfache, kostengünstige, hochflexible, nachhaltige und nahezu beliebig räumlich gestaltbare

Faserverarbeitungstechnologie (s.a. ▶ Abschn. 3.1.3). Defizite bestehen noch in der reproduzierbaren Automation der Bauteileigenschaften (Qualitätssicherung).

Durch den Einsatz thermoplastischer Tapes in flexiblen Tapelegeverfahren lässt sich dieser Ansatz der lokalen Verstärkung auch auf den Bereich der thermoplastbasierten Faserverbunde übertragen. Während kommerzielle Tapelegeverfahren noch auf flächige Vorformlinge beschränkt sind, befinden sich mehrdimensional arbeitende, robotergestützte Ablegeeinheiten bereits in der Entwicklung, s.a. ▶ Abschn. 3.1.3.

Neue Ansätze in der Verfahrenstechnik führen zu einer Prozessintensivierung (Mikroverfahrenstechnik, Plasmatechnologie, Vortex-Verfahren, Hochdrucktechnik, Hybridverfahren, mobile Skid-Technologie, Mehrzweckanlagen, standardisierte Apparate).

Die Biotechnologie liefert energie- und ressourcenschonende Verfahren (aus [1]):
- Weiße Biotechnologie
  - Nachwachsende Rohstoffe
    - werden langfristig immer kompetitiver
    - reduzieren den CO_2-Ausstoß
    - schonen die fossilen Ressourcen
  - Neue Prozesse
    - verbesserte Ökonomie und Ökologie durch selektivere Prozesse
    - vereinfachte Prozesse durch Integration mehrerer Stufen
Ganzzellbiokatalyse
Fermentation

  - Neue Produkte
    - Biopolymere
    - Biopharmazeutika
    - Enzyme, z. B. für Detergentien
    - Biokraftstoffe
- Grüne Biotechnologie (Transgene Pflanzen)
  - Status
    - bislang liegt der Schwerpunkt der Entwicklungen auf der Verbesserung der agroökonomischen Eigenschaften von Pflanzen – Trockenheits- und Herbizidtoleranz, … (input traits)
    - zur Produktion nachwachsender Rohstoffe für die chemische Industrie spielen transgene Pflanzen noch eine untergeordnete Rolle

  - erhebliche Vorbehalte in der europäischen Bevölkerung gegenüber gentechnisch veränderten Pflanzen
- Trends
- Gewinnung nachwachsender Rohstoffe aus speziell optimierten Pflanzen – Raps mit optimiertem Fettsäurespektrum, Kartoffeln mit für technische Anwendungen optimierter Stärke bzw. optimiertem Pektin, …
- Entwicklung pflanzlicher Produktionssysteme für Biopolymere – Polyhydroxybuttersäure
- Entwicklung pflanzlicher Produktionssysteme ür Biopharmazeutika

◻ Abb. 3.6 verdeutlicht den Einfluss der Biotechnologie auf die chemische Industrie [4].

3.1.4 Werkzeugtechnik

Werkzeugfallende Produkte und Komponenten (Integration von Produktionsfolgeschritten in das Ur- oder Umformwerkzeug) wie Instrumententafel, Scheinwerfer, Türkonzepte, Stoßfänger u. a. werden von der Vision zur Kleinserie und später zur Großserie gelangen [6]. Dazu gehören nacharbeitsfreie Werkzeugsysteme einschließlich der praxisnahen Vorhersage des Formfüllvorganges für neu entwickelte (kombinierte) Verarbeitungstechniken.

In dem in ▶ Abschn. 3.1.3 Band 2 beschriebenen 3DSW-Verfahren des C-Faser-Legens mit Vorrichtungen entfallen für manche Anwendungen aufwendige Werkzeugformen. Mittels Robotertechnik werden in Zukunft kostengünstigst aus Sicht der Werkzeugtechnik Bauteile im Ultraleichtbau herstellbar sein. Dasselbe gilt für den Einsatz generativer Fertigungsverfahren, die es erlauben werden, werkzeugfrei Bauteile zu generieren. Nachteilig hierbei ist die im Moment immer noch eingeschränkte Werkstoffpalette (für teilkristalline Werkstoffe ist die Verzugsproblematik im Moment noch ungelöst) und die vergleichsweise langsamen Prozesszeiten. Der Weg vom Rapid Prototyping (Demonstratorfertigung) hin zu strukturellen Bauteilen ist hier noch lang und birgt noch viele Fragestellungen im Materialdesign. Voraussichtlich wird sich

3

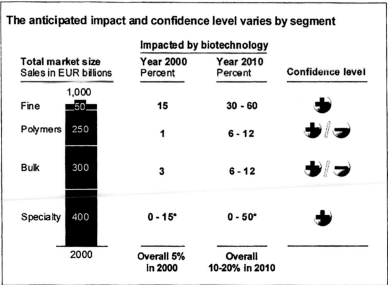

◘ Abb. 3.6   Einfluss der Biotechnologie auf die chemische Industrie [4]

diese Technologie im Massenmarkt mittelfristig zunächst in der Individualisierung von z. B. spritzgegossenen Grundbauteilen oder der lokalen Funktionalisierung wiederfinden.

3.1.5 Konstruktion, Berechnung

Dimensionier- und Konstruktionsmethoden innerhalb des Simultaneous Engineering werden weiter verfeinert. Beispielsweise wird die Berechnung von Schwindung und Verzug bei (lang)faserverstärkten Kunststoffen erarbeitet und dem Verarbeiter und Bauteilentwicklung angeboten werden. Das Gleiche gilt für die bessere Berücksichtigung des anisotropen und viskoelastischen Werkstoffverhaltens. Insbesondere für endlosfaserverstärkte Faserverbundkunststoffe beeinflussen die einzelnen Prozessschritte vom Zuschnitt über das Drapieren im Preforming, die Formfüllung im Infiltrationsprozess sowie die Aushärtung des Polymersystems im Konsolidierungsschritt jeder für sich die resultierenden Bauteileigenschaften. Nur eine durchgängige CAE-Kette ist langfristig in der Lage, ausgehend vom vorhandenen Bauraum das optimale Bauteildesign unter Berücksichtigung

aller Rahmenbedingungen zu realisieren. Hierzu müssen allerdings noch durchgängige Modellierungsansätze entwickelt werden, die eine Verkettung der einzelnen Simulations- bzw. Prozessschritte erlaubt.

Die Erstellung und Erweiterung von FE-Modellen für die Berechnung (mit rationellem Übergang von CAD zu FE-Modellen) werden die Folge sein, einschließlich computerunterstützter Suche nach masseoptimierten Konstruktionen bei Vorgabe von Konstruktionsvariablen.

Die Miniaturisierung und Modulbauweise von Komponenten schreitet voran bei Wanddickenreduktion, Geräuschdämmung und lösbaren Verbindungen. Die Vorausberechnung des akustischen Verhaltens von Formteilen und Komponenten wird Standard werden. Kostengünstige Montage und Verbindungstechnik bleibt eine Dauerforderung.

Folgende Forderungen des Kunden bestimmen beim Automobil die kommenden Jahre:

— Leichtbau (Verbrauch geht in Richtung 1–3 l/100 km) dadurch mehr Kunststoffanwendungen im Motorbereich, Antriebsstrang, Fahrwerk; ein Beispiel für intelligenten Leichtbau ist in ◘ Abb. 3.7 dargestellt.

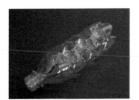

Abb. 3.7   PET-Flasche, versteift durch Beulstrukturen während der Blasformabkühlung im Werkzeug nach Mirtsch. (Foto: Fraunhofer ICT)

- Dachmodule
- Unterbodenmodule mit thermischem Schutz
- Kabelbäume durch Bordnetze ersetzen (drive by wire)
- Hybridbauweisen aus Metallen und Kunststoffen/Faserverbundwerkstoffen
- verbesserte Crash-Sicherheit (Insassenschutz), Fußgängerschutz
- bessere Rundumsicht
- Rundumverglasung aus Polymeren
- integrierte Nutzungsvariationen z. B. Cabrio im Sommer, Limousine im Winter
- Schutz vor Vandalismus
- Teilautomatisiertes Fahren in Richtung Vollautomatisierung
- Alternative Antriebe: Kunststoffbrennstoffzelle, Schutz von integrierten Batteriesystemen, E-Mobilität, Wasserstoffantriebe;
- werkzeugfallende Dichtsysteme

3.1.6   Oberflächentechnik

Wirtschaftlichere und umweltgerechtere Oberflächentechniken wie beispielsweise durchgefärbte Produkte, hinterspritzte bzw. -prägte Folien (polierbar im Außenbereich) sind in die Großserie eingezogen.

Angesichts der wirtschaftlichen Aspekte wird der Kunde Class-A-Oberflächen nicht mehr bezahlen wollen. Die Integration des Lackierprozesses in das Werkzeugsystem trifft das Kostenbewusstsein vieler Verbraucher.

Visionen und Ziele bleiben:
- Folien ersetzen lackierte Flächen
- selbstreinigende und/oder selbstheilende Oberflächen
- über Sensoren gesteuerte variable Farbanpassung der Außenhaut an die Umgebung (helle Farben in der Dämmerung,

Abb. 3.8   Holografische Strukturen durch sprenggeprägte Werkzeugeinsätze im Inneren des Bumerangs. (Foto: Fraunhofer ICT) (günstiger Patentschutz bei Massenartikel)

reflektierende Folien in der Nacht, grelle Elemente bei drohendem Unfall)
- transparente leitfähige Beschichtungen mit ITO (leitfähige Nanopartikel aus Indium-Zinnoxid werden im Lack dispergiert)
- sprenggeprägte Hologramme als Werkzeugeinsätze für Oberflächeneffekte, siehe Abb. 3.8 und auch als Patentschutz.

Ein großes Potenzial haben in vielen Anwendungsfeldern Nanotechniken innerhalb von Oberflächen (Schutz, Funktion, Dekor):
- leitfähige Beschichtungen für Solarzellen, LED-Displays, Rolling Mask Lithography Systems
- Haftvermittlung und/oder elektrische Isolation (v. a. in Kunststoff-/Metallhybriden)
- wasser- und ölabweisende Oberflächen
- Antireflexion von Oberflächen
- Nanostrukturierte Beschichtungen
- Oberflächen mit geringer Toxizität
- Biofunktionale Beschichtungen
- Maßgeschneiderte, örtlich differenzierte Oberflächen
- Nano-Bio-Beschichtungen, zum Beispiel antibakterielle Beschichtungen gegen E. coli und Methicillin Resistant Staphylococcus Aureus-(MRSA-)Bakterien für Mobiltelefone, Tablets, Laptops etc.
- Antifouling-Nanobeschichtungen auf Basis Plasmabeschichtung (PACVD)

3.1.7   Qualitätsmanagement

In-line-Prüftechniken (bevorzugt zerstörungsfrei) garantieren während der Synthese und vor allem der Verarbeitung eine Null-Fehler-Qualität engen Serienstreuungen extrem ein (durch noch intelligentere Steuer- und Regelsysteme während des Verarbeitungs- und Montageprozesses). Im Moment sind diese Prüftechniken in der Großserienverarbeitung von Faserkunststoffverbunden vor allem auf die optische Kontrolle beschränkt. Lediglich in der Endkontrolle finden elaborierte Methoden (Ultraschall, Thermografie) Anwendung. Ein Trend ist hier, aussagekräftige Techniken, die eine Volumeninformation liefern (Radiografie und Computertomografie) zu beschleunigen und in-line auch innere Defekte von Bauteilen zu detektieren und auszuwerten. Generell muss bei Faserverbunden auch über die Relevanz von Fehlern bezüglich der resultierenden Bauteileigenschaften gesprochen werden: Welcher Fehler ist wirklich kritisch für den späteren Bauteileinsatz? Die Einflüsse verschiedener Defektarten auf die Eigenschaften (Effects of Defects) gilt es hierbei zu berücksichtigen.

Vor allem werden dadurch teure Rückrufaktionen infolge Engineering deutlich minimiert und Reparaturkosten gedrückt. Die Lebensdauer von Produkten wird besser vorhersagbar.

Der Einsatz von Faserverbundstrukturen in der tragenden Struktur von Automobilen (Leichtbau) bedingt einfache, praxistaugliche zerstörungsfreie Prüfmethodiken für Reparaturbetriebe. Hier besteht noch großer Forschungsbedarf. Auch hinsichtlich der geschilderten aufwendigeren Schadensdetektion werden Sensorsysteme (Structural Health Monitoring) verstärkt Bedeutung und Eingang in Reparaturkonzepte finden. In der Anwendung befindliche Baukastensysteme für die Reparatur von Faserverbundstrukturen führen per se zu einer lokalen Schwächung durch die Integration zusätzlicher Fügestellen. Dies muss bei der Auslegung der Primärstruktur bereits mit ins Kalkül gezogen werden, weshalb das werkstoffliche Leichtbaupotenzial dieser Werkstoffklasse nicht voll ausgeschöpft werden kann.

3.1.8 Serienfertigung

Serienanläufe sind seit Jahrzehnten schon immer die Stunde der Wahrheit. Zeit und Kosten sind jedoch in jüngster Vergangenheit wettbewerbsentscheidende Faktoren geworden. Daher ist Simultaneous Engineering zur Verkürzung der Entwicklungszeiten und für reduzierte Anlaufkosten immer wichtiger. Im Fokus steht dabei die frühe Reifmachung von „unreifen" Prozessen.

Produktionsintegrierter Umweltschutz bei höchster Prozesssicherheit im Hinblick auf Produkt und Mensch bleibt höchstes Niveau in Deutschland und Europa. Die Rationalisierung neuer und alter Techniken war und bleibt im globalen Wettbewerb überlebensnotwendig.

Eine Stärke in Deutschland sind Erfindungen (Inventionen). Die Schwäche liegt seit ca. 60 Jahren in der großserienfähigen Umsetzung am Markt (Innovation) derartiger Inventionen. Individuelle Kundenwünsche, Modellvielfalt und verkürzte Entwicklungszeiten kommen obiger Schwäche entgegen. Asien als Markt bleibt dominant.

Das Beispiel aus der Polymerelektronik mit gedruckten Kunststofftransistoren (Polymer Electronic Printing) über Rollendruckmaschinen, entwickelt an der Universität Chemnitz [7] setzt Maßstab und Ausblick zugleich und zeigt, wo wir uns in Zukunft verstärkt engagieren müssen. Ein weiteres positives Beispiel stellen die Duroplaste dar, die in den vergangenen Jahrzehnten von den Thermoplasten immer mehr zurückgedrängt wurden. Infolge höherer spezifischer Leistungen und Bauraumverknappung steigen die thermischen Anforderungen an polymere Bauteile im Motorraum so stark an, dass häufig Duroplaste wieder eine Chance zur Anwendung erhalten.

Beispiele hierfür sind:

- Saugmodul BMW 8-Zylinder
- Drosselklappengehäuse
- Turboladergehäuse
- Bremskolben
- Benzinpumpenteile
- Kurbelwellenflansch
- Riemenscheiben
- Wasserpumpen
- Wählscheibe für Automatikgetriebe
- Kolben und Zylinder in Hydrauliksystemen
- Elektormotor-Antriebe
- Brennstoffzellen
- Batteriesysteme

Die Entwicklung geht dabei sogar soweit, dass bereits in den 80er-Jahren entwickelte Konzepte zur Entwicklung eines polymerbasierten Verbrennungsmotors wieder aufgegriffen werden [8]. Im Fokus steht hierbei der Einsatz von Hochleistungsthermoplasten. Alternative Konzepte sehen aber auch vor, metallische Einzelkomponenten durch (spritzgegossene) Duromerkomponenten zu ersetzen. Der Einsatz von Faserkunststoffverbunden birgt dabei auch Vorteile im Schwingungs- und Akkustikverhalten. Auch eine reduzierte Wärmeabstrahlung im Vergleich zu metallischen Motorkomponenten ist nachgewiesen.

Neu modifizierte Werkstoffe, wie beispielsweise die genannten Duromere, dürfen aber nicht nur die geforderten höheren (thermischen) Stabilitäten erfüllen, sondern müssen in den Kosten mindestens gleich zum Wettbewerbswerkstoff sein. Dies bedeutet, dass Duroplaste in den Zykluszeiten im Vergleich zu den Thermoplasten deutlichen Nachholbedarf haben, woran aber, wie oben geschildert, aktuell gearbeitet wird.

Ein weiteres Beispiel bezieht sich auf die Integration von Folgeprozessen wie Stanzen, Umformen oder/und das Umspritzen bei hybriden Bauteilen und Fügeprozesse. So kann beispielsweise ein Spritzgießprozess an eine Presse als modulare Einheit adaptiert werden. Dadurch lassen sich Stanz-, Biege- und Umspritztechniken in direkter Folge in einer Maschine integrieren.

Weitere Prozessschritte wie Montage, Prüfen, Beschriften führen beispielsweise bei Kunststoff/Metall-Verbundteilen zu höchst wirtschaftlicher Bauteilfertigung [9].

3.1.9 Umweltaspekte, Recycling, Entsorgung

Als Schwachstellenanalyse während der Produktentwicklung hat sich die Ganzheitliche Bilanzierung (technisch, wirtschaftlich, umweltlich) in Konzernen durchgesetzt.

Kleine und mittlere Unternehmen (KMU) sind dafür noch zu gewinnen. Kosten und Handhabbarkeit des Instrumentariums Ganzheitliche Bilanzierung sind dazu weiter zu senken und zu verbessern. Risikomanagement, wirtschaftliche Fragestellungen, vor allem Kosten, sowie soziale Aspekte werden integriert.

Produktentwicklung muss sich noch mehr um die Reduktion von Logistik und damit von Mengenströmen kümmern. Ein wirtschaftliches Stoffrecycling ist bei hohem Rohölpreis

vorstellbar. Voraussetzung ist aber auch das Vorhandensein recyclebarer Stoffflüsse. Zwar werden zunehmend Faserverbundmaterialien verwendet, der Stoffkreislauf wird jedoch erst am Ende der Lebensdauer geschlossen. Daher fallen im Moment primär Recyclingmaterialien aus Industriebereichen an, in denen sich Faserkunststoffverbunde bereits etabliert haben, wie in der Luftfahrt oder der Windenergietechnik. Nichtsdestotrotz gilt es schon heute Verfahren zu entwickeln, künftige Stoffkreisläufe zu nutzen. Nicht nur am Lebensende fallen wiederverwertbare Werkstoffe an: Verschnitt von Endlosfasermaterial ist schon heute eine relevante Rohstoffquelle! So können z. B. Restmaterialien aus dem Zuschnitt von Endlosfasermaterialien (z. B. aus dem RTM-Prozess) bei entsprechender Passung das Fasersizing in Langfaserverbunden (z. B. als SMC) weiterverarbeitet werden. Nicht zuletzt dieser Umstand führt im Moment zu verstärkten Forschungsarbeiten im Bereich des kohlenstofffaserverstärkten SMC. Die Beherrschung kritischer Schadstoffe insbesondere bei der energetischen Verwertung und Beseitigung (Additive, Stäube, Emissionen) ist weiter zu optimieren, auch wenn das Ziel sein muss, den Anteil der thermischen Verwertung signifikant zu reduzieren. Werkstoffe und Verfahren sind zukünftig stärker im Zusammenhang mit einer weltweiten nachhaltigen Entwicklung zu sehen.

3.1.10 Ausbildung

Ein Ausblick über Polymer Engineering wäre ohne Reflexionen zur Ausbildung höchst unvollständig. Daher hierzu einige knappe Informationen. Eine Studie der Technischen Akademie Baden-Württemberg [10, 11] ergab vor ca. 20 Jahren bei einer Umfrage unter Ingenieuren im Beruf als Antworten auf die Frage „Wie beurteilen Sie rückblickend die Qualität Ihrer Ausbildung?":

Die Ausbildung an deutschen Schulen und Hochschulen ist
- praxis- und berufsfern
- zu abstrakt und theoretisch
- nicht teamorientiert.

Um diesen Nachteilen entgegenzuwirken, integriert TheoPrax [12, 13] seit 1996 Projekte aus der Wirtschaft in die Lehre an Schulen und Hochschulen und betreibt Lehrerfortbildungen [14].

3

Literatur

1. Oberholz A (2003) Chemie 2010 – Systemlösungen für die Kunden. Vortrag WING, Weimar, 30.10.2003
2. Schmidt HW (2007) Advanced polymer materials based on Nanostructures. Vortrag auf 13. Nat. Symp. SAMPE Deutschland, 21./22.02.2007, Bayreuth
3. Wetzel B, Haupert F, Zhang MQ (2003) Epoxy nanocomposites with high mechanical and tribological performance. Composites Sci Tech 63(14):2055–2067
4. McKinsey Studie: Einfluss der Biotechnologie auf die chemische Industrie (2003), Berlin
5. McKinsey Studie: Der Ökotrend befeuert die Chemieindustrie (2008), Berlin
6. Eyerer P (2006) Cost and weight reduction developments in vehicle polymer part engineering. Vortrag First Automotive Engine Plastic Part Conference, ask Otto Altmann, 30./31.10.2006, Shanghai
7. Naica-Loebell A Gedruckte Kunststoff Transistoren. ► www.telepolis.de/deutsch/inhalt/lis/16314/1.html und ► www.bmbf.de, sowie ► www.tu-chemnitz.de
8. ► http://plasticker.de/Kunststoff_News_24963_Solvay_Entwicklung_des_Vollkunststoffmotors_Polimotor_2; 20.5. 2015
9. Anderl J (2007) Integrierte Stanz-, Umform- und Umspritztechnik bei hybriden Bauteilen – vom Blechstreifen und Granulathorn in einem Schritt zum fertigen Bauteil. Vortrag am 14./15.02.2007 in Baden-Baden: Spritzgießen 2007, VDI Kunststofftechnik
10. Pfenning U, Renn O (2001) Berufserfahrungen von Ingenieuren. Kurzbericht zu den Ergebnissen der Umfrage. Akademie für Technikfolgenabschätzung in Baden-Württemberg, Stuttgart
11. Renn O, Pfenning U et al (2002) Strategien zur Vermeidung eines Mangels an Naturwissenschaftlern und Ingenieuren. Akademie für Technikfolgenabschätzung in Baden-Württemberg, Stuttgart
12. Eyerer P (2000) TheoPrax – Bausteine für Lernende Organisationen – Projektarbeit in Aus- und Weiterbildung. Klett-Cotta, Stuttgart
13. ► www.theo-prax.de
14. Krause D (2002) Lehreraus- und -weiterbildung – Projektarbeit lernen durch Selbsterleben. Vortrag 5. TheoPrax-Tag am Fraunhofer ICT, Pfinztal, 25. Sept. 2002

Weiterführende Literatur

15. Fink JK (2013) Reactive polymers: fundamentals and applications. A concise guide to industrial polymers, 3. Aufl. Elsevier, Amsterdam (ISBN 978-0128145098, Plastics Design Library)
16. Henning F, Moeller E (2011) Handbuch Leichtbau. Methoden, Werkstoffe, Fertigung. Hanser, München

Epilog zu Polymer Engineering

Peter Eyerer, Helmut Schüle und Peter Elsner

© Springer-Verlag GmbH Deutschland, ein Teil von Springer Nature 2020
P. Eyerer et al. (Hrsg.), *Polymer Engineering 3*, https://doi.org/10.1007/978-3-662-59839-9_4

Die vorliegenden drei Bände Polymer Engineering (2. Auflage) wurden in der Zeit von 1969 bis 2020 erarbeitet. Mit diesen lexikonvergleichbaren Büchern versuchen die Herausgeber sowie hochqualifizierte, praxiserfahrene Ingenieure, Chemiker/Physiker und Betriebswirte den aus unserem Leben – heute als auch zukünftig- nicht mehr wegzudenkenden Werkstoff Kunststoff (Polymer) und Faserverbunde umfassend zu beschreiben. Neben der Werkstoffkunde bzw. -chemie Band 1, der Konstruktion samt Simulation Band 2 und der Materialprüfung und Umwelt Band 3 werden Verarbeitungsverfahren, Werkzeug- und Oberflächentechniken, aber auch Hightech-Fertigungsstrategien von Praxisleuten aufbereitet (Band 2). Aus Fachzeitschriften, Vortragsreihen, Büchern sowie Dissertationen werden mittels Internetrecherchen weiterführende, aktuelle Erkenntnisse erfasst und eingearbeitet. Anhand von unzähligen Praxisbeispielen, -daten und Fotos werden theoretische Ausführungen verständlich und nachhaltig untermalt.

Die Fachkompetenz „Polymer" in Wechselwirkung mit Technologiewissen „Maschinen- und Verfahrenstechnik" führt somit in den drei Bänden zu einem qualifizierten „Polymer Engineering".

Auch besteht die Möglichkeit für in der Kunststofftechnik tätige, Mitarbeiter durch die Nutzung dieses umfangreichen Nachschlagewerks die Qualität ihrer Arbeit unter verschiedensten, insbesondere zukunftsweisenden Gesichtspunkten (→ Wirtschaftlichkeit, Bauteiloptimierung, Ressourcenschonung, Umweltverträglichkeit u. a.) weiterzuentwickeln.

Festzuhalten ist an dieser Stelle, dass eine Fachkompetenz innerhalb der Kunststofftechnik grundsätzlich ein Spiegelbild unserer Lebensqualität und somit unseres Wohlstands ist. Dies wird sicherlich auch zukünftig so sein, sofern mit Kunststoffen „qualifiziert" umgegangen wird!

So werden – aus heutiger Sicht und auch zukünftig – Kunststoffe aus nachfolgenden, exemplarisch ausgewählten Lebensbereichen nicht mehr wegzudenken sein.

- Energieeinsparung durch Leichtbau (niedrige Dichte) bei bewegten Massen
- Elektrische Isolation (u. a. Elektrokabel, Elektromotoren)
- Wärmedämmung (thermische Isolation)
- Verbesserte Haltbarkeit und Hygiene von Lebensmitteln (Verpackungen)
- Produktschutz/Ressourcenschonung durch Stoßabsorption (Verpackungen)
- Höchste Mobilität durch Gummireifen (Verkehr)
- Sicherheitsgurte in Fahrzeugen (Stoßabsorption)
- Elektronische Bauteile
- Freizeiterlebnisse (Ski, Klettern, Wandern, Ballspiele, Fahrrad, Wassersport, Tennis usw.)
- Kleidung, Textilien (Tragekomfort, Haltbarkeit)
- Ernteerträge in der Landwirtschaft (Abdeckungen, Netze, Zäune, Bewässerung, Silage)
- Medizinische Heilung (Verbände, Spritzen, Schläuche, Pflaster, Implantate usw.)

Und bei allen Anwendungen von Kunststoffen sind diese meist kostengünstig.

In geringerem Umfang wird in Polymer Engineering 1–3 auf wirtschaftliche und/oder umweltrelevante Gesichtspunkte eingegangen (Band 3). Hierzu wurde vom Mitherausgeber P. Eyerer im Springer Verlag „Polymers – Chances and Risks" 2010 publiziert.

Festzuhalten ist, dass Kunststoffe aufgrund ihrer extrem hohen Variantenzahl (Werkstoffe nach Maß für jede Anwendung) neben überragenden Vorteilen (siehe oben) auch gravierende Nachteile (→ Additiv-und Recyclingproblematik) haben.

So erleben wir seit etwa 30 Jahren, wie Kunststoffe – sprich Plastik – nach und nach durch „auffällige" Umweltereignisse in der öffentlichen Meinung immer mehr in Verruf geraten. Zu nennen sind hier u. a.:

- Feinstaubbelastungen (Mikroplastik) infolge Reifenabrieb, Sportplätze mit künstlichem Rasen
- Nanopartikel aus Kosmetika, Fasern aus Bekleidungsteilen führen zu Plastik in den Weltmeeren, im Boden und in der Luft. Polymerpartikel (Kunststoffprimärteilchen mit Additiven) wandern über die Essensaufnahme in Mensch und Tier.
- Recyclingquoten und Kreislaufwirtschaft bis hin zum Verbot von Einwegprodukten in immer mehr Ländern weltweit

- Gesundheit der Verbraucher infolge Emissionen (auch Additive) aus Verpackungen und Dämmmaterialien sowie Bodenbelägen im Bauwesen u. v. m.
- Verringerte Feuchtigkeitsaufnahme von Ackerböden infolge eingemischter Zersetzungsprodukte aus PE von Abdeckfolien usw.

Diese und unzählige, weitergehende Themen werden in den drei Buchbänden der zweiten Auflage Polymer Engineering ihrer Bedeutung weniger gerecht, sodass wir dieser Thematik wenigstens den Epilog widmen wollen.

Grundsätzlich ist an dieser Stelle festzuhalten, dass es oberstes Gebot sein muss, bei den Verbrauchern durch ehrliche, offene Aufklärung ein faktentreues Bewusstsein zu erzeugen. Erkannte Fehlentwicklungen und Schieflagen sind mit aller Deutlichkeit und verständlich beim Namen zu nennen. Genauso wichtig ist es aber auch, unentbehrliche, umweltschonende, Menschenleben rettende, lebenserleichternde und verschönernde Folgen von Kunststoffanwendungen aufzuzeigen und zu würdigen.

Kunststoffe sind Werkstoffe nach Maß und genau dieser Vorteil wird aus heutiger Sicht zunehmend zum großen Nachteil bei den derzeitigen Möglichkeiten hinsichtlich Wieder- Weiterverwertung und Wieder-Weiterverwendung (Kreislauf-Wirtschaft). Dieser Umstand kann sich jedoch zukünftig ändern. So können Kunststoffabfälle, sofern chemische Recyclingverfahren (katalytisches Cracken u. a.) weiterentwickelt werden, sodass in Zukunft der Kunststoff selbst wieder zur Rohstoffquelle wird, eine völlig neue Wertschätzung erhalten. Mittels Solarenergie ist hierbei das Erreichen einer CO_2-neutralen, klimaschonenden Ökobilanz grundsätzlich möglich!

Bei Glas, Metall, Keramik, Holz verhält es sich hinsichtlich einer Kreislaufwirtschaft ähnlich. Mengenmäßig kleinere, sortenreine Stoffströme sind bei Kunststoffen zahlenmäßig wesentlich größer.

Bei hochfesten, legierten Stahlblechen für Autokarosserien existiert das gleiche Problem der sortenreinen Wiederverwertung im zweiten und folgenden Leben eines vergleichbar beanspruchten Bauteils, wie bei z. B. bei Fensterrahmen aus PVC.

Bei Metallen ist der Bedarf an Fraktionen niedrigerer Eigenschaften weltweit gigantisch. Sie lassen sich ähnlich wie bei Thermoplasten einschmelzen und neu legieren und schließlich als Normalstahl verwenden, hier beispielsweise Baustahl.

Bei 30 Jahre alten PVC-Fensterrahmenrezepturen ist das bedingt auch möglich, jedoch sind die erreichbaren Volumenströme viel geringer bei gleichzeitig deutlich höheren Logistikkosten. Additivneuentwicklungen über die Jahrzehnte verhindern darüber hinaus deren Verwendung als Aet-Additive nach 20 Jahren.

Ohne Kunststoffe gäbe es Mobilität nur auf Basis von Holz, Metall und Keramik (keine Gummireifen).

Ohne Kunststoffe würden Naturfasern für Kleidung für die gesamte Menschheit nicht ausreichen bzw. die Anbauflächen zu knapp sein.

Ohne Kunststoffe verbrauchten wir das Erdöl für Heizung und Verkehr noch schneller (Kunststoffe reduzieren Ressourcenverbrauch).

Ohne Kunststoffe gäbe es keine elektrischen Geräte, keine elektrischen Motoren und elektronischen Bauteile.

Ohne Kunststoffe hätten wir keinen Oberflächenschutz (Korrosion).

Ohne Kunststoffe wäre die Medizintechnik samt Hygiene auf dem Stand von vor hundert Jahren.

Und ohne Kunststoffe gäbe es keine Weltraum- und Luftfahrttechnik.

Richtig ist, dass die bisher seit 1950 (2 Mio. t p. a.) bis 2020 einschließlich (etwa 400 Mio. t p. a.) erzeugten etwa 9 Mrd. t Kunststoffe die Weltmeere destruktiv belasten und Tieren sowie Pflanzen darunter leiden.

Dieser zuletzt genannte Punkt ist etwas zu vertiefen. Aus (nur) 4 % der jährlich geförderten Erdölmenge produziert die chemische Industrie Kunststoffe. Je 45 % Erdöl fließen in Heizung und Kühlung und den Verkehr, weitere 4 % in Pharmazieprodukte. Diese üblichen Masseprozente verfälschen das Bild. Aufgrund der niedrigen Dichte von Kunststoffen (0,1 g/cm^3 bei Schäumen bis zu 2,0 bei glasfaserverstärkten Verbundwerkstoffen) im Mittel etwa bei 1,2 g/cm^3) sind deren Volumen sehr viel größer. Nur so ist es zu erklären, dass Deponien überquellen, die Landschaft verschmutzt ist und die Meere voll von weggeworfenen Kunststoffprodukten sind, weil 15 große Flüsse (vier davon in

Europa) Unmengen an Abfall in die Meere spülen.

Obwohl es die Menschen sind, manche skrupellos kriminell, die Kunststoffe unachtsam entsorgen, wäre die erzeugende Industrie aber auch der Gesetzgeber – hier auf internationaler Ebene – klug beraten gewesen, schon vor Jahrzehnten nachhaltig gegenzusteuern. Ein sofortiges Handeln und die Durchsetzung der Maßnahmen ist hier zwingend notwendig.

Leisten einerseits die Medien einen sehr wichtigen Beitrag, um Umweltdelikte aller Art aufzudecken, so wird im gleichen Atemzug immer wieder auf eine sachliche, seriöse Darstellung der Zusammenhänge verzichtet. Eine unbegründete, oft auf zu allgemeine Aussagen abhebende Verunsicherung der Verbraucher wird hervorgerufen.

Am Beispiel „Vergleich Tragetaschen – aus Polyethylen und aus Stoff" kann emotionales falsches Bewerten der Bevölkerung am Übeltäter Kunststoff widerlegt werden.

Die ◘ Tab. 4.1 versucht einen Faktenvergleich zwischen Kunststofftragetasche (KTt) und Stofftragetasche (STt). Aufgrund der stark verkürzten Darstellung im Epilog kann hier nur grob verglichen werden. Ganzheitliche Bilanzierungen und Ökobilanzen sind ausgefeilte Methodikwerkzeuge, die – korrekt ausgeführt – gute Hilfestellungen zur Entscheidungsfindung liefern. Sie leiten fehl, wenn parteiisch und unvollständig oder/und methodisch unsauber durchgeführt.

◘ **Tab. 4.1** Vergleich Tragetaschen (Tt): Kunststofftragetasche (KTt) versus Stofftragetasche (STt). (Für den Vergleich wurden verschiedene Studien verwendet. Auf deren Kompatibilität wurde geachtet, ist aber nicht immer gesichert)

Kriterien	Kunststoff	Stoff-Tragetasche
Material	**Tragetasche (KTt)** **PE (Polyethylen)**	**(STt)** **Baumwolle**
Masse Masseanteil von Tt in D Material je mittlere Tt/Tragfähigkeit Inhalt (Volumen in ltr)	0,3 % im Plastikwertstoff 20 g/15–20 kg (18–22 l)	? 180g (Faktor 9)/25 kg (17–33 l)
Primärenergie Energieverbrauch je mittlere Tt	0,45 kWh	8,01 kWh (Faktor 19)
Ressourcenverbrauch Erdölverbrauch für Tt je Bürger in Österreich Verbrauch aller Tt in Deutschland	0,66 l Diesel etwa 13 km mit Klein-PKW 0,08 % des Erdöls in D p. a.	? ?
Emissionen GWP je Tt in kg CO_2 eq	0,04 eq	0,9 eq (Faktor 22)
Nutzung Benutzungshäufigkeit Benutzungshäufigkeit von Tt bis Break-even bei CO_2-Verbrauch Zahl von benutzten Tt je EU Bürger p. a./je Deutscher Werbeträger Schutz vor Nässe Hygiene	1–3 mal (max. 8) 1-mal/2-mal 65/76 (40 davon nur 1x gebraucht, 36 mehrfach) gut geeignet ja gegeben	Reale Zahlen unbekannt entsprechen 131/327 Umläufe (theoretisch) ? durchschnittlich (verwaschen) nein nein, wöchtl. bei 60 °C waschen, dann ja
Abfall Anteil am Hausmüll Abfall bei der Herstellung (Roh- und Reststoffe)	5 % 420 g	verschwindend klein im Textilabfall 1800 g (Faktor 4,3)
Wirtschaft Arbeitsplätze in D und EU für Tt Marktvolumen in EU	15.000–20.000 0,7 Mio. t KTt p. a.	Arbeitsplätze in Fernost ?

So belegen die Zahlen in Tab. 1, dass eine STt umweltlich, technisch, wirtschaftlich bei einigen Kriterien nachteiliger zu bewerten ist als eine KTt.

Bild 1 zeigt für verschiedene Anwendungen u. a. auch für die KTt den Vergleich zwischen Vermutungen der Bevölkerung und berechneten CO_2-Werten. Sowohl Tab. 1 als auch Bild 1 belegen, wie oft emotionales Empfinden und quantitative Klarstellungen auseinanderliegen.

Anzuführen ist auch folgende Begebenheit:

In einem Gesetzentwurf des Bundesumweltministeriums vom 06.11.2019 sagte Ministerin Svenja Schulze im Bundestag: „Plastiktüten sind der Inbegriff der Ressourcenverschwendung. Sie werden aus Rohöl hergestellt und oft nur wenige Minuten genutzt".

Wer gegen das Gesetz verstößt, kann mit einem Bußgeld von bis zu 100.000 € bestraft werden.

Hier stellt sich, wie im nachfolgenden Beispiel, wahrlich die Frage:

„Wo bleibt da die Verhältnismäßigkeit auf Basis von Fakten und wo bleibt der gesunde Menschenverstand?"

So verbietet die EU 2019 Einwegtrinkhalme eines bestimmten Durchmesserbereichs. Die Firma Tecnaro, Ilsfeld beliefert seit 2019 den Trinkhalmmarkt mit 100 % Biopolymeren, die schnell biologisch abbaubar sind. Leider sind diese Trinkhalme jetzt auch nicht mehr erlaubt, weil die EU-Verwaltung offensichtlich vergaß, Biopolymere zuzulassen.

Fazit

Kunststoffe haben stoffliche Vor- und Nachteile. So kann aufgrund von Praxisanforderungen in aller Regel ein maßgeschneiderter Werkstoff hergestellt werden. Nachteilig stellt sich aus heutiger Sicht oft die Frage nach der Entsorgungsmöglichkeit.

Soll Kunststoff in unserer Welt sinnvoll und nachhaltig eingesetzt werden, so ist es Aufgabe der Fachleute (Chemiker, Physiker, Ingenieure, Betriebswirte, Pädagogen, Einkäufer und Verkäufer, Journaliste) mit kompetentem Fachwissen und aus Sicht der Gesellschaft seriös damit umzugehen. Eine überragende Stellung nimmt auch der Verbraucher ein, der verantwortungsvoll mit den vorhandenen Ressourcen umgehen muss. Dies setzt jedoch die geforderten wahrheitsgetreuen Informationen voraus. Da dies leider nicht erfolgt, wie der Zustand unserer Lebensumwelt weltweit belegt, ist es Aufgabe der Fachleute, gemeinsam mit nationalen und internationalen Gesetzgebern zeitnah Lösungen bereitzustellen, um eine Verschlimmerung der Umweltproblematik zu verhindern und Verbesserungen (endlich global) einzuleiten.

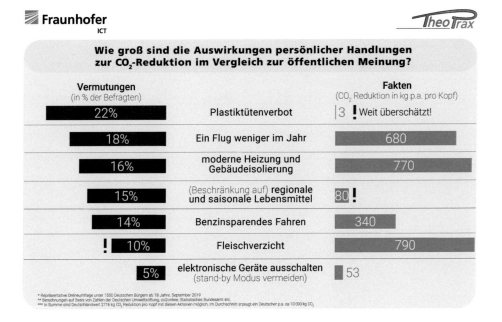

Serviceteil

Stichwortverzeichnis zu Band 3 – 161

Stichwortverzeichnis zu Band 3